DIE

BAYERISCHE STAATSBIBLIOTHEK

IN HISTORISCHEN BESCHREIBUNGEN

DIE

BAYERISCHE STAATSBIBLIOTHEK

IN HISTORISCHEN BESCHREIBUNGEN

K · G · SAUR

MÜNCHEN · NEW YORK · LONDON · PARIS

1992

Herrn Dr. phil. Franz Georg Kaltwasser

Direktor
der Bayerischen Staatsbibliothek
von 1972 bis 1992

Auswahl und Kommentierung der Texte:
Klaus Haller

Auswahl der Abbildungen und Liste der Zimelien:
Karl Dachs

Übersetzungen und Register:
Claudia Fabian

Die Deutsche Bibliothek – CIP-Einheitsaufnahme

Die **Bayerische Staatsbibliothek in historischen Beschreibungen** / [Ausw. und Kommentierung der Texte: Klaus Haller. Ausw. der Abb. und Liste der Zimelien: Karl Dachs. Übers. und Reg.: Claudia Fabian]. – München ; New York ; London ; Paris : Saur, 1992
ISBN 5-398-11149-5
NE: Haller, Klaus [Hrsg.]

Gedruckt auf säurefreiem Papier
Printed on acid-free paper

Printed in the Federal Republic of Germany

Fotosatz: Herbert Buck, Kumhausen
Druck/Binden: Jos. C. Huber, Dießen/Ammersee
ISBN 3-598-11149-5

Inhalt

Verzeichnis der Abbildungen

Farbtafeln

Schwarzweiß-Abbildungen

Tafel 1
Bußpsalmen von Orlando di Lasso. Herzog Albrecht V. von Bayern. Mus.Ms. A I, S. 2

Tafel 2
Erdglobus von Philipp Apian. Mapp. XXVI, 1 h

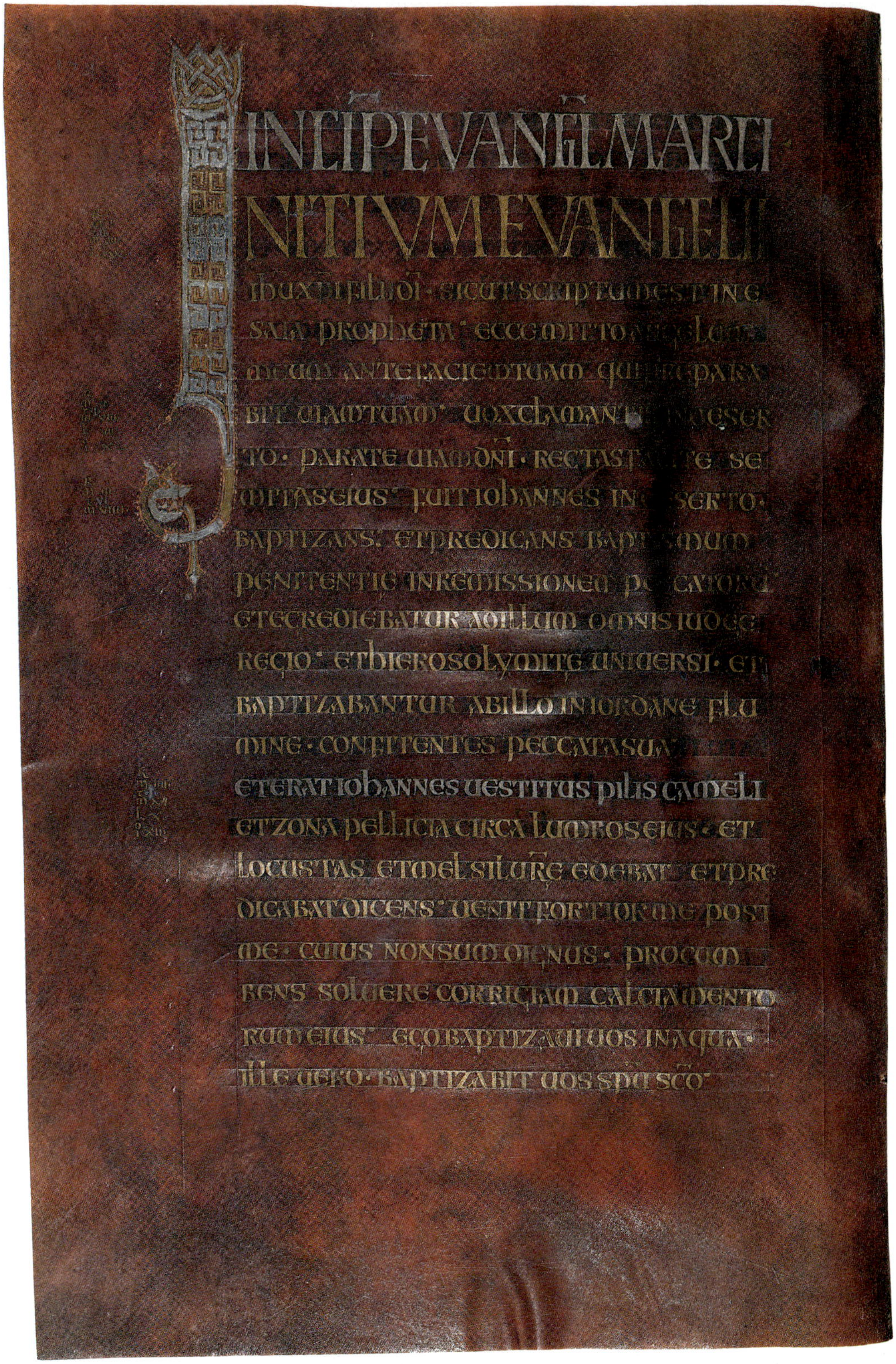
INCIP EVANGEL MARCI
INITIUM EVANGELII
IHU XPI FILII DI SICUT SCRIPTUM EST IN E
SAIA PROPHETA ECCE MITTO ANGELUM
MEUM ANTE FACIEM TUAM QUI PREPARA
BIT VIAM TUAM VOX CLAMANTIS IN DESER
TO PARATE VIAM DNI RECTAS FACITE SE
MITAS EIUS FUIT IOHANNES IN DESERTO
BAPTIZANS ET PREDICANS BAPTISMUM
PENITENTIE IN REMISSIONEM PECCATORUM
ET EGREDIEBATUR AD ILLUM OMNIS IUDEE
REGIO ET HIEROSOLYMITE UNIVERSI ET
BAPTIZABANTUR AB ILLO IN IORDANE FLU
MINE CONFITENTES PECCATA SUA
ET ERAT IOHANNES UESTITUS PILIS CAMELI
ET ZONA PELLICIA CIRCA LUMBOS EIUS ET
LOCUSTAS ET MEL SILUESTRE EDEBAT ET PRE
DICABAT DICENS UENIT FORTIOR ME POST
ME CUIUS NON SUM DIGNUS PROCUM
BENS SOLUERE CORRIGIAM CALCIAMENTO
RUM EIUS EGO BAPTIZAUI UOS IN AQUA
ILLE UERO BAPTIZABIT UOS SPU SCO

Tafel 3
Purpur-Evangeliar. Initialseite. Clm 23631, S. 174

Tafel 4
Lutherbibel 1560/61. Melanchthon. 2° L.impr.membr. 21, Bd. 1, fol. III r

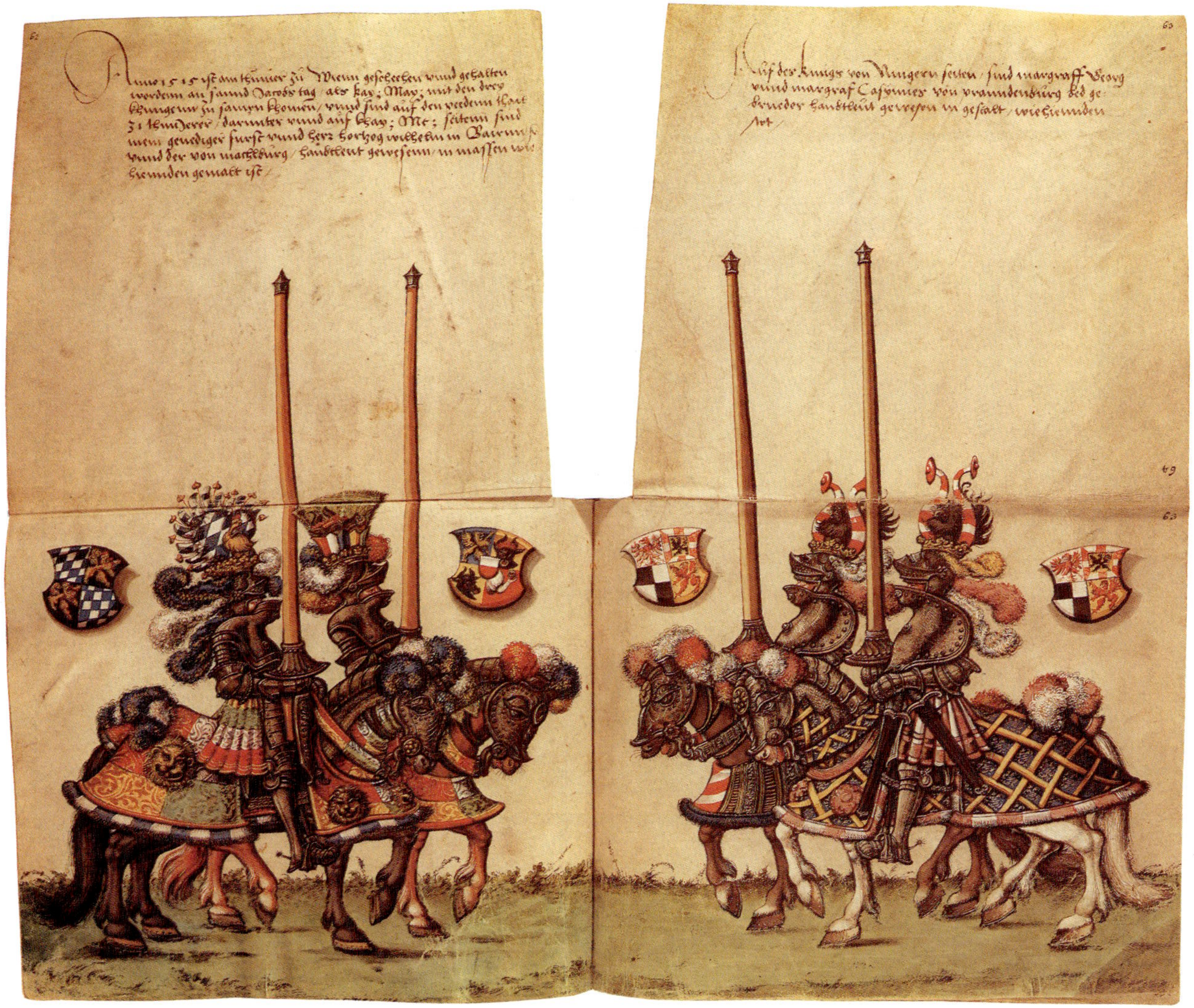

Tafel 5

Turnierbuch Herzog Wilhelms IV. von Bayern. Cgm 2800, S. 62 – 63

Tafel 6
Boccaccio von Jean Fouquet. Rad der Fortuna. Cod.gall. 6, fol. 200 v

Tafel 7
Gebetbuch Kaiser Maximilians I. 2° L.impr.membr. 64, fol. 28 r

Tafel 8
Gebetbuch Lorenzos de' Medici. Verkündigung. Clm 23639, fol. 13 v – 14 r

Tafel 9
Gebetbuch Kurfürst Maximilians I. Heimsuchung. Clm 23640, fol. 20a v – 21 r

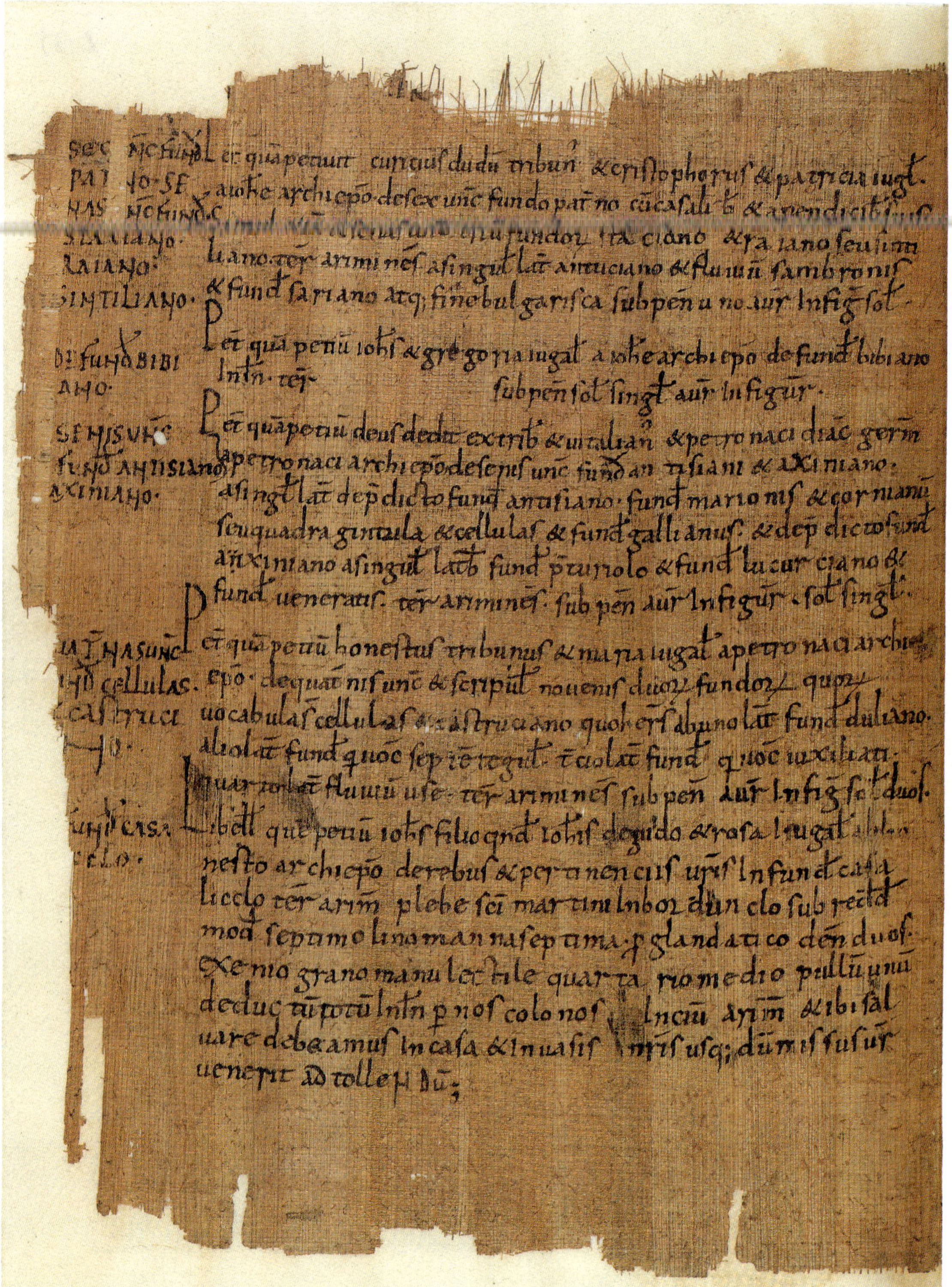

Tafel 10
Codex traditionum ecclesiae Ravennatensis. Clm 44, fol. 8 v

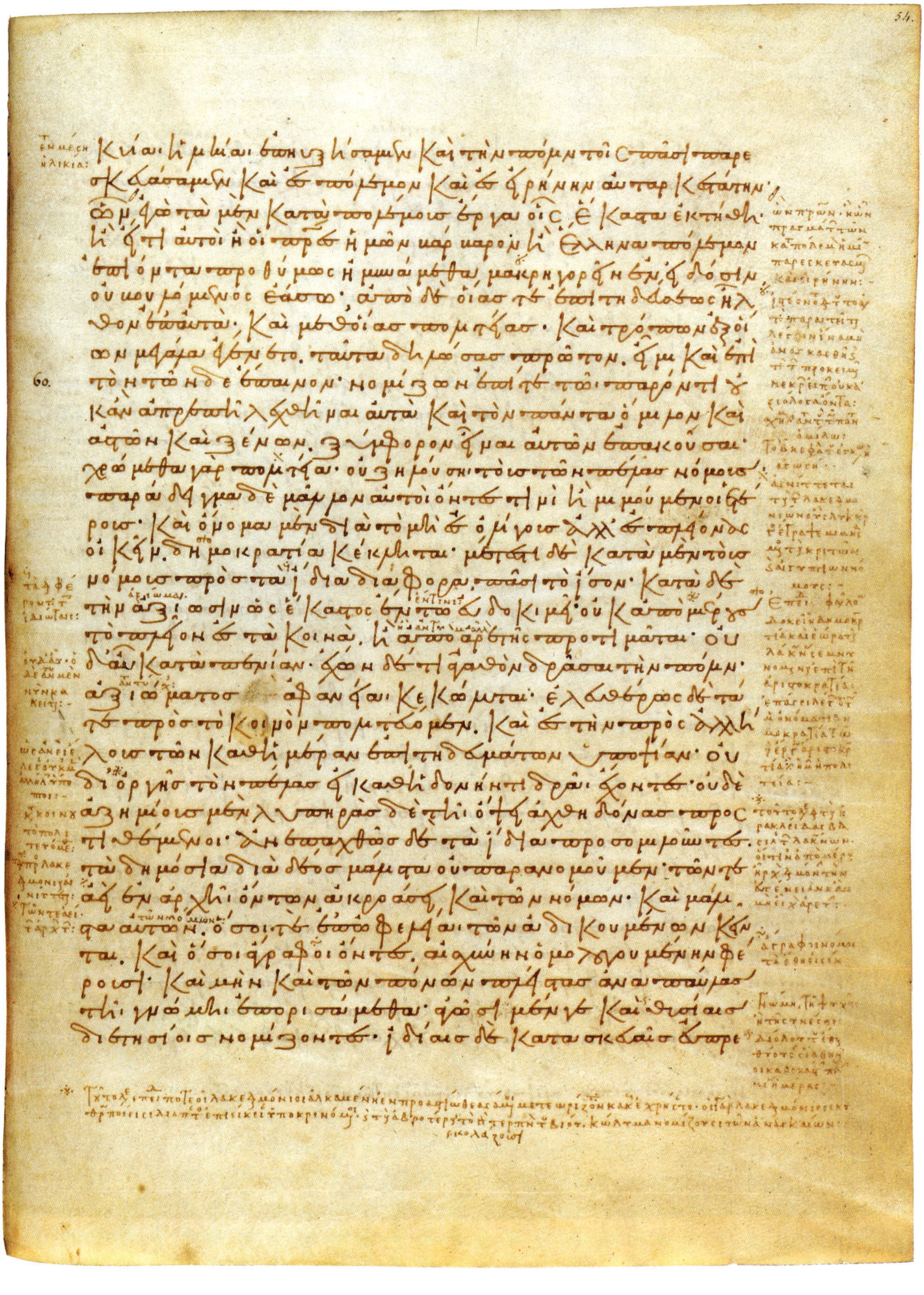

Tafel 11

Thukydides: Peloponnesischer Krieg. Cod.graec. 430, fol. 54 r

Tafel 12
Codex aureus von St. Emmeram. Prunkdeckel. Clm 14000

Tafel 13
Evangeliar Ottos III. Kaiserbild. Clm 4453, fol. 24 r

Tafel 14
Uta-Evangelistar. Buchkasten. Clm 13601

Tafel 15
Wolfram von Eschenbach: Parzifal. Cgm 19, fol. 49 v

Tafel 16
Goldkoran. Ägypten (14. Jh.) Cod. arab. 6, fol. 274 v – 275 r

Historische Beschreibungen

Abbildung 1
Albrecht V., Herzog von Bayern. Ölgemälde von H. Muelich, 1555. Bayer. Staatsgemäldesammlungen Inv.Nr. 2556

1. Georg Braun und Franz Hogenberg
1588/1590

LIBER QVARTVS
VRBIVM PRAE
CIPVARVM TO
TIVS MVNDI.

[Am Ende der Widmung:]
GEORGIUS BRAUN,
ET
FRANCISCUS HOGEN-
BERGIUS DED.
CONSECRANTURQ.

[Am Ende des Index:]
Coloniae Agrippinae
Sumptibus Authorum. Anno M.DC.XVII.

*

Monachium.

Monachium in superiore Germania Vindeliciae, quae iam Boiaria sive Bavaria vocatur, metropolis ad Isaram, rapidissimum amnem, ex saltu Schiratio, Alpium scilicet Penninarum gremio in Danubiu[m] profluentem sita, inter urbes, quae ducales Principum regiis clarent, amplitudine, elegantia, mundicie excellit atque enitet. [...] Aliud aedificium novum; ut novo castro maiorem splendorem commoditatemque adferat, iuxta interiorem hortum, quem variae variarum elegantiarum diliciae exornant, construitur; cui vicina Bibliotheca est XI circiter millibus voluminum (quorum non exigua pars diversarum linguarum manuscripta sunt) seorsim et citissime compactorum refertissima, theatro peramplo et amoeno distincta. Infra vero theatrum hoc, statuarium est antiquissimorum monumentorum atque imaginum, quae Romae et aliunde magno aere congestae sunt, [...]

[Textzitat Bl. 43]

*

LIBER QVARTVS
Contrafactur und Beschreibung von den vor nembsten St[äd]ten der Welt

[Am Ende der Widmung:]
Haben wir/
Georg Braun/ und Frantz Hohenberg/ diese Histori und fürnembste Stätt der Welt/ ihrer natürlichen gelegenheit nach/ Beschrieben und Abgerissen.

[Am Ende des Registers:]
Gedruckt zu Cölln/ bey Bertram Buechholtz/ in verlegung Francisci Hogenbergen. Im Jahr unsers Haeylands Jesu Christi/ M.D.LXXXX.

*

Mönchen.

MOnchen in Ober Teutschlandt eine Hauptstat VINDELICIAE/ die nun Beyern genandt/ an dem strenglauffende[n] fluß Iser gelegen/ der seinen ursprung auß dem Forst Schirat mitten zwische[n] den Penninischen Alpen nimpt/ onnd bey Deckendorff in die Donaw fellt/ thuts vielen Fürstlichen Stätten/ darin auch Fürstliche Paläst an groesse zierde/ und sauberkeyt zuvor. [...] Uber diese/ wirt noch ein ander new hauß neben den innern un[d] mit allerhand lieblichkeyt gezierte[n] Garte[n] gebawt/ daß es dem newe[n] Schloß noch grossere zierd un[d] nutz bringen solle/ daran eine Bibliotheck/ von ungefehrlich eilff tausent Büchern/ deren nit wenig von verscheydene[n] sprachen mit der hand geschrieben/ auch besonder un[d] gar schön eingebunden/ welche Bibliotheck mit einen weiten und lustige[n] Saal oder platz underscheyden. Under gemeltem platz aber steht ein gemach voller gar alten Antiquitaten un[d] Bilder/ von Rom un[d] anderswoher mit grossem geld zusame[n] bracht. [...]

[Textzitat Bl. 43]

◇

Das Städtebuch von Braun/Hogenberg erschien in sechs Bänden zwischen 1572 und 1617; es gehört mit seinen Ansichten und Beschreibungen noch heute zu den originellsten und besten Städteatlanten. Den Titel »Civitates orbis terrarum« trug nur der 1572 in Antwerpen und Köln erschienene erste Band. Der später verwendete Titel ist »Liber ... urbium praecipuarum totius mundi«. Die einzelnen Bände erlebten mehrere Auflagen. Übersetzungen sind in deutscher Sprache ab 1574 und in französischer Sprache ab 1575 erschienen. Die ersten fünf Bände enthalten jeweils ein Vorwort des Herausgebers und Kölner Geistlichen Georg BRAUN (1541 – 1622), der auch die meisten Städtebeschreibungen verfaßt haben dürfte. Franz HOGENBERG († 1590) fungierte als Stecher und Verleger.

Die Ansicht Münchens sowie zahlreiche andere Ansichten des Städtebuches stammen von dem Kupferstecher Georg Hoefnagel (1541 – 1622), der sich zunächst als Landschafts- und Genremaler betätigte und viele Reisen unternahm. Nach einer Italienreise trat er im Jahre 1578 in den Dienst von Herzog Albrecht V. und nach dessen Tod auch in den Dienst von Herzog Wilhelm V., dem die Münchner Ansicht gewidmet ist. Im Jahre 1590 trat er in den Dienst des Kaisers und hielt sich in Prag und Wien auf. – Von Anselm Stöckl, der das mit der Jahresangabe 1586 versehene lateinische, 24zeilige Lobgedicht (»Icositetrastichon«) auf die Stadt München und Herzog Wilhelm V. verfaßte, dürfte auch die Beschreibung Münchens stammen. Stöckl war herzoglich-bayerischer Hofrat; seine in lateinischer Sprache abgefaßten Bücher sind zwischen 1577 und 1585 erschienen. – Der vierte Band der lateinischen Ausgabe, in dem München vorkommt, dürfte zuerst im Jahre 1588 erschienen sein. Die Bayerische Staatsbibliothek besitzt den vierten Band in Exemplaren aus den Jahren 1617 (lateinische Ausgabe) und 1590 (deutsche Ausgabe).

Im Jahre 1558 hatte Herzog Albrecht V. von Bayern die Büchersammlung Johann Albrecht Widmanstetters gekauft und damit die **Hofbibliothek** gegründet. Sie wurde zunächst provisorisch in den Räumen des Alten Hofes untergebracht und erst 1571 in ein eigens für die Antiken- und Büchersammlung errichtetes Gebäude innerhalb der Neuen Veste, der späteren Residenz, umgesiedelt: Im Erdgeschoß befindet sich bis heute das Antiquarium, das obere Stockwerk war für die Bibliothek bestimmt. Dieses Gebäude wird auf der Stadtansicht als »Liberei und Antiquarei« bezeichnet. Als Kurfürst Maximilian I. die Residenz umbauen ließ, wurde die Hofbibliothek (wohl im Jahre 1599) wieder in den Alten Hof in das Obergeschoß des Hofkammergebäudes zurückgebracht. Anstelle des Bibliotheksraumes in der Residenz (»theatrum« genannt) wurden Wohnräume eingerichtet. Das Hofkammergebäude war noch unter Herzog Wilhelm V. von 1579 bis 1581 errichtet worden. Hier verblieb die Hofbibliothek bis zum Jahr 1784; sie befand sich damit in unmittelbarer Nähe des unter Albrecht V. erbauten Marstall- und Kunstkammergebäudes. Die Kunstkammer wird ebenfalls in der Stadtansicht erwähnt.

Die **Bestandsgröße** dürfte mit 11.000 Bänden ziemlich genau den Gründungsbestand angeben, da zur Sammlung Johann Albrecht Widmanstetters aus dem Jahre 1558 mit etwa 1.000 Bänden im Jahre 1571 die Sammlung Johann Jakob Fuggers mit etwa 10.000 Bänden dazugekommen war.

Eine der frühesten Erwähnungen der Bibliothek in Verbindung mit einer **Stadtbeschreibung Münchens** ist die von Johann Thomas Freige aus dem Jahre 1579:

> Urbes Baioariae praecipuae sunt Saltzburga ad Salzam fl[uvium] olim Iuvavia, Monacum, Frisinga, Landshuta ad Isaram fl[uvium], Straubinga (olim Augusta Acilia), Patavium olim Boiodurum, Purbachium ad Danubium.
> Monacum praeter alia multa, doctis hominibus aspectu iucunda civitas est, propter insignem bibliothecam, antiqua nomismata, marmora, statuas et alia antiquitatis monimenta, multis aureorum millibus per illustriss[imum] principem Albertum comparata. (Freige, 1579, S. 548)

Übersetzung:

Die wichtigsten Städte Bayerns sind Salzburg an der Salzach (einst Iuvavia), München, Freising, Landshut an der Isar, Straubing (einst Augusta Acilia), Passau (einst Boiodurum), Purbach an der Donau [Ort nicht identifizierbar; vielleicht ist Burghausen am Inn gemeint].

München ist, abgesehen von vielen anderen Gründen, eine den gebildeten Menschen vom Ansehen her angenehme Stadt wegen der ausgezeichneten Bibliothek, der alten Münzsammlungen, der Marmorwerke, der Statuen und anderer antiker Denkmäler, die für viele tausend Goldstücke von dem berühmten Fürsten Albrecht erworben wurden.

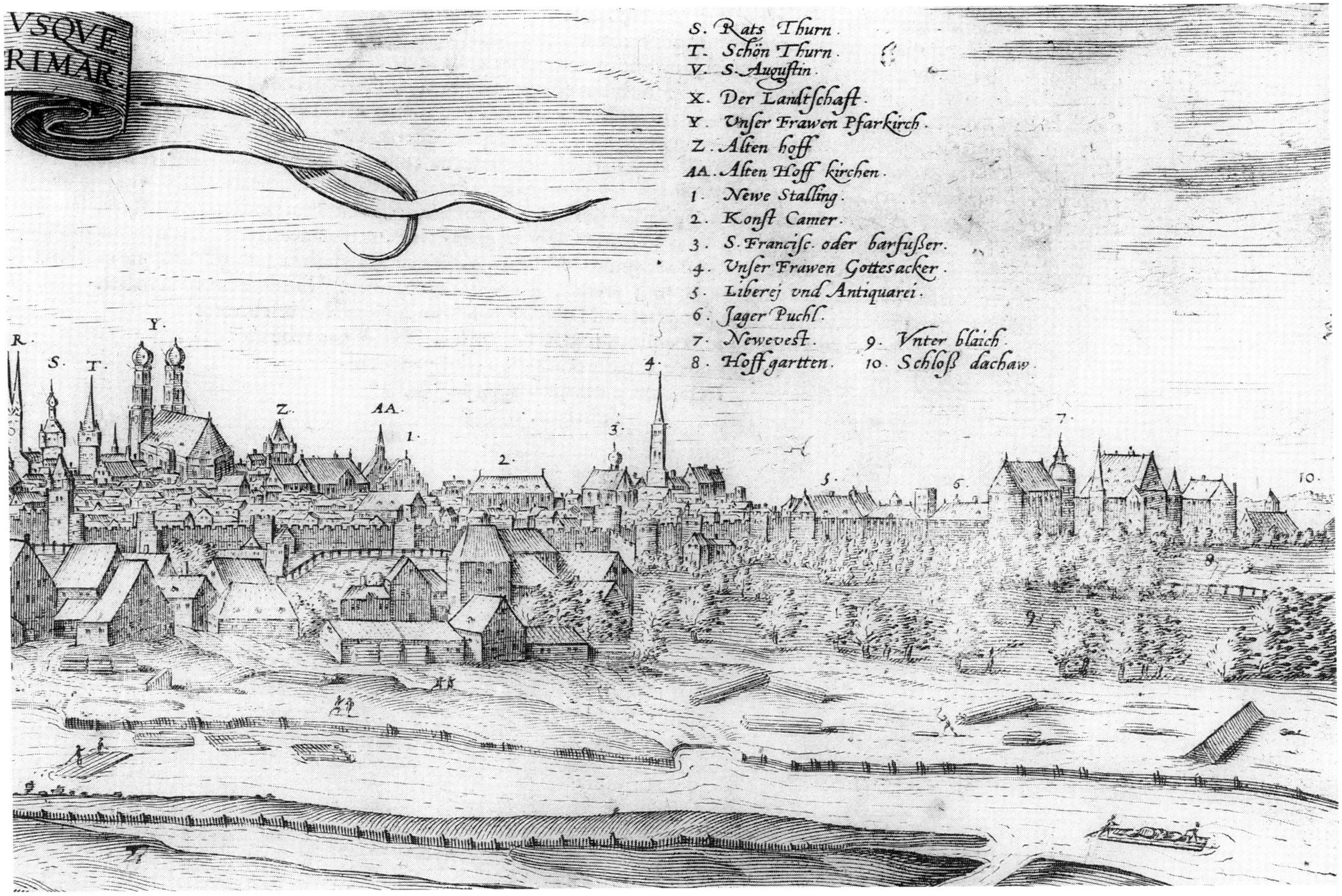

Abbildung 2
München. Städtebuch von Braun-Hogenberg (Auschnitt mit »5. Liberej«), 1586

2. Philipp Hainhofer
1611

Volgt die Relation uber Philippi Hainhoffers,
Burgers zue Augspurg Raiss
von Eystett nacher München im Mayo Anno 1611 verrichtett

Veröffentlicht in:
Die Reisen des Augsburgers Philipp Hainhofer nach Eichstädt, München und Regensburg in den Jahren 1611, 1612 und 1613 / Zum Erstenmale herausgegeben und erläutert von Dr. Chr. Häutle, kgl. Reichsarchivrath etc.
In: Zeitschrift des Historischen Vereins für Schwaben und Neuburg. – Augsburg. – 8. Jahrgang (1881), S. 1–316

*

[...] Zue München hab ich beym Veit Abel zum gulden Creütz eingekehret und nach essens mich beym herrn Jorg Schönen F[ü]rstl[icher] Durchleucht Hertzogen Wilhalms inn Bayren Caplan und gehaimen Secretario anmelden lassen, welcher meiner alsbald begert, und als Ich inn neuen baw [= Wilhelminische Veste, später Herzog-Max-Burg] zue Ihm kommen, mir angezaigt, Ihr D[urc]hl[euch]t sein gnedigster herr haben meine glückhliche ankunfft inn München gantz gern vernommen [...]

Gleich vor dem Hof [= Alter Hof] draussen hat es ein hauss, darinn ein schöner grosser Löw und Löwin, die speiset man täglich mit 22 pfund rindflaisch und hat fallen, wann manss versperren will. Auf ainem hültzenen gang sihet man zu Ihnen hinab. Die fürstliche Personen sehen inn der harnisch Cammer durch ein vergättert fenster zu Ihnen hinunder.

Vor der newen Veste ist der Falckhenthurn, darinnen die harteste gefengnuss ist.

Nicht weit von der newen Veste ist die Bibliotheca, welches gar aine grosse stantia [= Raum], darinnen stehen 2 grosse globi terrestres und ain grosser globus coelestis. Item 5 kleinere globi. Zwen der grossen hat Pater Henricus Arborius Jesuita gemacht. An der Wand hangt auch dess Philippi Appiani grosse mappa.

Item Martini Luthers conterfect mit etlichen carminibus umbhero geschriben. Gleich under seiner effigie stehet: Martinus Luther Diaboli gratia Evangelista Wüttembergicus [übersetzt: Martin Luther, von Teufels Gnaden Evangelist von Wittenberg].

Es ist auch dess Erasmi Roterodami ritratto [= Porträt] darinnen. An einer andern Wand hangt ein Keyserlicher, Item ein Polnischer, auch ain Bayrischer Stammen, Item ein geneheter Calender mit den bayrischen Fürstlichen und Stätt Wappen inn Ihrn rechten farben umhero genehet und gestückht, herrn Ernesti Churfürsten von Cölln probatio stemmatis [= Stammbaum] auf 32 Anherrn und Anfrawen von Vatter und Muetter.

Inn der höhe etlicher Fürsten Conterfect, dass alte Testament auf Pergamen geschriben und auch mit gemählen geziret, Latine manuscriptus liber in folio Clementis Papae ad S[anc]tum Jacobum Apostolum Anno 91 [übersetzt: Lateinische Handschrift in Folio von Papst Klemens an den heiligen Apostel Jakobus im Jahre 91], Caroli Calvi Imperatoris aureis literis manuscriptus libellus precationum [übersetzt: Gebetbuch Kaiser Karls des Kahlen, geschrieben mit goldenen Buchstaben]. Ain gemaltes altes trachtenbuch. Dass newe testament inn Indianischer, Armenischer und Wendischer sprach, drey grosse volumina inn Regal, deren zwo Orland di Lasso und darein 7 Psalmen und dass laudate omnes gecomponieret musicalischer weiss, und under dem text und notis allerley schone gemähl auss dem alten und newen Testament und auss andern Büchern gezogen stehen, die den text etlicher massen explicieren. Jedlicher Tomus hat seinen besondern indicem [= Erläuterungsband], umb sowol den text, als dass gemehl recht zu verstehen; hinden stehen die 6 Conterfecten derer, so an disen buchern Wass gemacht haben, als nemlich dess Caspari Lindeli I[uris] U[triusque] D[octoris], der diss werckh dirigirt und geführet hat, conterfett, des Orlandi di Lasso, der es componirt hat, Johannis Müehlichs, der es gemahlet hat, Matthäi Freschainers, der es geschriben, Caspari Ritters, der es gebunden und Georgij Scheggen, der es mit silber beschlagen hat.

Auf einem besondern blat seind die fürnembsten Musicanten so Anno 1560 in 1570 gelebt haben, abgeconterfett, ieder mit ainem Instrument, damit er excellirt hat. Ist auch darinn auf underschiedlichen Blättern die hofrathstuben, die Statt-Rathstuben und wie man darinnen sitzt, die hof Capell, Churf[ü]rstl[ichen] Collegia und vil dergleichen Ding geconterfett, mehrer theils imm mittlern tomo.

Den 3. Tomum, inn welchem muteten seind, hat Cyprianus de Rore gemacht. Und sein dise 3 tomi wol wass werth, mir auch von Ihrer D[urc]hl[euch]t selbsten commendirt worden, dass ich mir sie solle fürweisen lassen. Dass gemähl darinn ist zwar gar künstlich nit, aber mühesam, als wie man vor Jahren gemahlt hat, und ist ain Tomus gebunden wie der ander.

So sein auch zwo schöne fecht- und kampf büecher auf Regal gemahlet und vom Hector Mayr von Augspurg beschriben vorhanden, die auch wol zu sehen.

Item ein gross auf Regal geschriben medicinbuch inn Italianischer sprach von Dr. Gratiano di Francolino mit 53ley schrifften.

Ain Histori Buch vom Graf Rudolpho von Habspurg an biss auf Maximilianum secundum Römischer Keyser von herrn Hanss Jacob Fuggern colligirt, geschriben und gemacht.

Livre de Joan Bocace des cas des malheureux nobles hommes et femmes A[nn]o 1409, escrit in carte bergamene.

Inn diser Bibliotheca sein inn folgenden sprachen Bücher vorhanden, wie mir der Bibliothecarius Joan Brigelmair genant, angezaigt hat, als in lingua Hebraica, Graeca, Latina, Armenica, Persica, Syriaca, Arabica, Illyrica, Aethiopica, Alexandrina, Indica, Cyrulica, Turcica, Vandalica, Italica, Hispanica, Gallica, Germanica, Danica, Moscavitica, Anglica, Polonica, Hungarica, Croatica, Bohemica, Lombardica, Ignota [= »unbekannte« Sprache], Chaldaica, Belgica, Japonica, Francogermanica.

Dise stantia ist rund von holtz gewölbt, als wie dass Palatium Patavinum. Under der Bibliotheca hat es etliche Zahlämpter.

Neben der Bibliotheca ist die stallung inn einem absonderlichen gevierten grossen stockh, und sein die ständ der pferd inn die vierung umbhero imm stall gemacht, ist aine zimblich finstere stallung und gefallen mir die zu Stuttgart und zu Heidelberg vil besser.

Ob der stallung ist die kunst Cammer, inn welche man durch doppelte thürn und durch ain kleines tennelein eingehet. Vor der innern thür heraussen hangen etlicher geborner Narren und Närrinen Conterfett. [...]

Wann man zum gätter imm ersten gang hinein gehet, so ist am gätter ain gestell mit gerissenen und inn kupfer gestochenen Geometrischen, Mathematischen, Architectonischen und andern kunstbüchern, auch etliche holtzschnitt von Bildern und Landschafften. [...]

Auf ainem tisch Senecae imago inn stain gehawen.

Christi historia inn ain büchlein von Joann de Lone [= Jean Delaune] fleissig gemahlet.

Ain büchlein voller zarter federriss als wie es Alexander Mayr gemahlet.

Etliche gemahlter bücher auf mancherley art gebunden [...]

Allerley klaine und grosse weisse getriebene silberne schaalen, ein geschmeltzter silberner Buchdeckhel. [...]

Ain geschriben und gemahlt breviarium mit gantz silbernem Deckhel. [...]

Auf einem tisch türckhische büecher und pecher. [...]

Indianische klaider, schuch, geschürr, gemähl, bücher, canne, streittkolben, busican, vögelschnäbel, trühlein und Türckhisch geiglen. [...]

[Textzitat S. 57, 81–86, 96, 99–100]

◇

Der Verfasser dieses Reiseberichtes ist der Augsburger Patrizier, Kunstkenner, Kunstsammler, Kunst- und politische Agent Philipp Hainhofer (* 1578 in Augsburg, † 1647 in Augsburg). Der Bericht wurde erstmals von Christian Häutle im Jahre 1881 veröffentlicht. – Hainhofer besuchte das Gymnasium in Ulm und studierte Jura in Padua, Bologna und Siena. Durch seine Reisen erwarb er sich umfangreiche Kenntnisse von Fremdsprachen und Kunstsammlungen. »In der Verbindung von Kunstsammler und Kunsthändler mit seiner Wirksamkeit als Korrespondent und Agent namhafter Fürsten liegt Hainhofers einmalige Persönlichkeit begründet« (Neue deutsche Biographie). – Hainhofer war im Auftrag von Herzog Wilhelm V. von Bayern als Gesandter zu Bischof Johann Konrad nach Eichstätt geschickt worden. Danach reiste er nach München, um dem Herzog mündlich zu berichten. Dabei durfte er sich auf Kosten des Herzogs acht Tage in München aufhalten und sich alles anschauen, was ihn interessierte; danach wurde er mit Ehren und Geschenken entlassen. Hainhofers Münchner Reisebeschreibung »ist die erste bekannte ausführliche Beschreibung der Stadt und der dortigen herzoglichen Sammlungen« (Langenkamp, 1990, Teil 1, S. 22). Bei der Besichtigung der verschiedenen Sehenswürdigkeiten wurde Hainhofer häufig vom Herzog selbst oder von sachverständigen Personen des Hofes begleitet. Dabei legte der Herzog besonderen Wert darauf, daß sich Hainhofer auch die illustrierten Prachtbände mit den Kompositionen Lassos und Rores, die im Auftrag Herzog Albrechts V. entstanden waren, zeigen lasse.

Das **Vorzeigen der Bücher** gehörte seit Gründung der Hofbibliothek zu den Aufgaben des Bibliothekars. So heißt es in der von Christoph Gewold im Jahre 1607 entworfenen Bibliotheksinstruktion:

> Niemant frembder soll auf die Bibliothec gefüert werden, es beschehe dann mit unnserer erlaubnus, wür sein alhie oder nicht, unnd in beiwesen deß Bibliothecarii oder seines Amanuensis, wie dann auch nur fürneme frembde Personen unnd auf unnserer Rhäte anhalten, dieselben umb nachschlagens willen, sonsten aber niemant, auch auf einmal nicht vil Personen mit einander, sonderlich aber der frembden herrn unnd anderer diener, und unbekhandtes gesindl, dabei sich der verzuglehung der Buecher zue befahren, hinauflassen, auch sogar wan frembde hoche Personen die Bibliothec beschawen, solle derselben gesindt unnd diener herunter aufzuewartten gelassen werden.
> (Nach: Muffat, 1832, S. 206)

Die von Hainhofer erwähnten und identifizierbaren Bücher sind: Die Briefe von Papst Clemens (die lateinische Handschrift aus dem Besitz von Hartmann Schedel ist verschollen); das Gebetbuch Kaiser Karls des Kahlen (seit 1641 im Besitz der Schatzkammer der Münchner Residenz; Schauss, 1879, S. 134 ff.); die Bußpsalmen von Orlando di Lasso (heute unter der Signatur Mus.Ms. A); die Motetten von Cypriano de Rore (heute unter der Signatur Mus.Ms. B); die Fechtbücher von Paul Hector Mair (heute unter der Signatur Cod.icon. 393); das Medizinbuch von Gratiano de Francolino (heute unter der Signatur Cod.ital. 147); der Ehrenspiegel des Hauses Österreich (heute unter den Signaturen Cgm 895 und 896); Giovanni Boccaccios ins Französische übersetztes und illustriertes Werk »De casibus virorum illustrium« (heute unter der Signatur Cod.gall. 6).

Die **Hofbibliothek** war seit 1599 in das Hofkammergebäude im Nordflügel des Alten Hofes verlegt worden und befand sich im zweiten Obergeschoß. Hainhofer vergleicht den tonnengewölbten Raum mit dem Palazzo della Ragione in Padua (»Palatium Patavinum«), der im ersten Obergeschoß einen Saal mit kielförmigem Dach enthält. Diesen Bau hatte Hainhofer während seines Italienaufenthaltes 1594 gesehen.

In der **Kunstkammer**, die Herzog Albrecht V. im Jahre 1565 gründete und für die er ein Gebäude errichten ließ, wurden auch einige besonders wertvoll ausgestattete Bücher aufbewahrt, die nicht zur Bibliothek gehörten. Das von Johann Prigglmayr 1618 angelegte Verzeichnis bezieht sich jedoch auf die Bücher, die in einem vergitterten Schrank, den auch Hainhofer erwähnt, verwahrt wurden; er befand sich in der Nähe des Verbindungsganges zwischen Bibliothek und Kunstkammer. Nach der Plünderung Münchens durch die Schweden (also nach 1632) wurden die besonders wertvollen Bücher in der Schatzkammer der Residenz verwahrt. Zu diesen Büchern gehörten unter anderen auch die Motetten Rores, die Bußpsalmen Lassos, der von Jean Foucquet illustrierte Boccaccio und die Fechtbücher Paul Hector Mairs. Erst im Jahre 1785, nach Bezug des neuen Bibliotheksgebäudes im ehemaligen Jesuitenkolleg, wurden die Bücher aus der Schatzkammer der Hofbibliothek übergeben.

Die **Globen**, die in den Berichten über die Bibliothek bis ins 19. Jahrhundert hinein erwähnt werden, stehen heute im Vorraum zum Allgemeinen Lesesaal der Bayerischen Staatsbibliothek. Sie wurden von 1574 bis 1576 im Auftrag Herzog Albrechts V. von Philipp Apian (Erdglobus) und Heinrich Arboreus (Himmelsglobus) hergestellt. – Die große handgezeichnete **Landkarte** Apians wurde bis in die Mitte des 18. Jahrhunderts in der Bibliothek aufbewahrt, wegen ihres verwahrlosten Zustandes jedoch 1782 vernichtet. Erhalten sind dagegen die 1568 zum erstenmal gedruckten 24 »Bairischen Landtaflen« von Apian (unter der Signatur 2° Bavar. 53).

Das Wort **Regal** leitet sich ab vom lateinischen »regalis« [= königlich]. Es bezeichnete ein Papierformat von etwa 48 mal 64 cm, das Groß Regal von etwa 50 mal 65 cm. Benannt wurde es nach dem in der königlichen Kanzlei verwendeten Papier von besonderer Größe und Qualität. Manchmal wird auch die Bezeichnung Royal-Folio verwendet. Die sonst üblichen Papierformate, mit denen die Größe der Bücher beschrieben wird, sind Folio 2° (einmal gefaltet, 2 Blätter = 4 Seiten), Quarto 4° (zweimal gefaltet, 4 Blätter = 8 Seiten) und Octavo 8° (dreimal gefaltet, 8 Blätter = 16 Seiten). Die Formate waren und sind bis heute auch ein Kriterium für die Aufstellung der Bücher; so heißt es schon in der Bibliotheksinstruktion von 1607:

> Item so sollen die ordines unnd Stellen oder Classes der Buecher fein ordenlich unnd zierlich distinguiert unnd underschiden sein, nachdem die Büecher in folio, quart, octav, groß und khlein, damit allwegen die gleichen Buecher beisamen, unnd nach einander stehen, unnd khein unzierliche confusion der grossen und khleinen untereinander entstehe. (Nach: Muffat, 1832, S. 206)

Die pauschale Aufzählung der Bücher nach Sprachen geht darauf zurück, daß – wie es auch in der Bibliotheksinstruktion von 1607 vorgesehen ist – die Bücher nach Sprachen aufgestellt waren:

> Die Büecher in underschidlichen sprachen sollen auch unterschidlich, unnd ein Jedwede sprach in Ire besondern Classin außgethailt werden, also daß erstlich allwegen stehen die Lateinischen, 2. die Griechische, 3. die Hebraische, Syrische, unnd Caldeische, 4. die Teutsche, 5. die Französische, 6. Italianische, 7. Spanische, unnd also vortan, alle exotici libri in einer ieglichen Sprach nacheinander, unnd unvermengt einer andern sprach. Unnd zwar allwegen zum ersten die getruckhte Buecher continuo nach einander, alßdann auch die Manuscripti in gleicher ordnung, wie von den getruckhten vermeldet ist. (Nach: Muffat, 1832, S. 206)

Das Sprachenprinzip (mit dem nachgeordneten Provenienzprinzip) hat der Bibliothekar Johann Andreas SCHMELLER (in der Bibliothek tätig von 1829 bis 1852) auch bei der endgültigen Aufstellung der Handschriften in der ersten Hälfte des 19. Jahrhunderts angewandt, so daß die heutigen Signaturen die Sprache erkennen lassen, beispielsweise Cgm = Codex germanicus monacensis, Clm = Codex latinus monacensis.

Johann PRIGGLMAYR, auch Prinklmayr oder Brigelmair, der Hainhofer die Bibliothek zeigte, wurde im Jahre 1606 zum »Amanuensis« bei der Hofbibliothek ernannt; zuvor war er Pagenhofmeister gewesen. In der Rangfolge des Bibliothekspersonals unterschied man damals Inspektor, Bibliothekar und Amanuensis (im Sinne von Sekretär). Es wird überliefert, daß Prigglmayr 1618 ein »Verzaichnis deren biecher, so in dem großen vergitterten khasten, wo man in F[ürst]l[iche] Khunstkhammer will die Stiegen hinab gehen, begriffen, auch in den andern Catalogis nit einkhomen« angelegt hat (nach: Hartig, 1917, S. 122).

Christoph GEWOLD, der vielbeschäftigte Hofrat, Geheimsekretär, Archivar und Historiker trat im Jahre 1607 als Hofbibliothekar in Erscheinung. »Eine ausdrückliche Ernennung Gewolds fand offenbar nicht statt, doch geht aus späteren Quellen hervor, daß Gewold bis zu seinem Rücktritt von den Amtsgeschäften (Frühjahr 1617) von Maximilian als Bibliothekar, zuletzt sogar neben Herwart als ›Inspector‹ der Hofbibliothek betrachtet wurde. Wegen der vielen anderweitigen Beschäftigungen Gewolds hat Prigglmayr faktisch die Funktionen eines Bibliothekars ausgeübt, wobei er sich nach dem Urteil seines Nachfolgers manche Pflichtversäumnisse zuschulden kommen ließ. Im Dezember 1618 wurde er in den Ruhestand versetzt« (Hacker, 1980, S. 354).

Abbildung 3
Brunnenhof der Münchner Residenz mit Fassade des Antiquariums und des ehemaligen Bibliotheks-saales. Kupferstich von W. P. Zimmermann, 1614

3. Matthäus Dresser
1613

De praecipuis
GERMANIAE
URBIBUS PENE
DVCENTIS.
Matthaei Dresseri
ISAGOGES HISTORICAE
Pars Quinta.

Adjunctum est Programma de profeßione
hist: item Orationes tres in Acad. Lips. habita.
INDICEM VRBIVM INVENI-
et Lector post Epistolam dedicatoriam.

1613.

LIPSIAE
CVM PRIVILEGIO.

*

MONACHIVM, Germanicè München/ Bavariae civitas ad Isaram inter Oenum et Lycum amnes. Fundamenta eius jacta sunt anno Christi 1462 ab Henrico Bavariae duce, imperante Othone I. Nomen invenisse dicitur â Monacho, cujus caput eo in loco repertum sit, cum terra fuit effusa. Amplitudo eius intus continet passus 500. Hodie sedes est Bavariae ducum, amoenitate alijs multis urbibus antecellens. Multa ibi visuntur summo ingenio arteq[ue] et solertia admirabili elaborata atq[ue] perpolita. Eminet inter alia locuples et ingens bibliotheca circiter 4000 voluminum complectens, quorum magna pars manuscripta est.
[Textzitat S. 457]

◇

Übersetzung:

Monachium, auf deutsch München, eine Stadt in Bayern, an der Isar, zwischen den Flüssen Inn und Lech. Sie wurde im Jahre des Herrn 1462 von Herzog Heinrich von Bayern gegründet, als Otto I. Kaiser war. Der Name leitet sich angeblich von Monachus (Mönch) ab, weil das Haupt eines Mönches an der Stelle gefunden wurde, als die Erde ausgehoben wurde. Der Durchmesser beträgt 500 Schritte. Heute ist die Stadt Sitz der Herzöge Bayerns. Sie übertrifft an Anmut viele andere Städte. Man findet hier vieles, was mit höchstem Verstand und bewundernswerter Kunstfertigkeit errichtet und vollendet wurde. Unter anderem ragt besonders die reiche und große Bibliothek hervor. Sie umfaßt etwa 4000 Bände, der Großteil ist mit der Hand geschrieben.

◊

Matthäus Dresser (* 1536 in Erfurt, † 1607) war einer der letzten Humanisten des 16. Jahrhunderts. Er lehrte die klassischen Sprachen Griechisch und Latein, Geschichte, Rhetorik und Dialektik; er wirkte an den Universitäten in Erfurt, Meißen und Leipzig. Sein Hauptwerk, die »Isagoge historica«, erschien seit 1586 und wurde nach und nach auf fünf Teile erweitert. – Innerhalb der etwa 200 Städtebeschreibungen hat München einen verhältnismäßig kurzen Beitrag erhalten. Die Erwähnung der Bibliothek fällt besonders auf, da Dresser bei anderen Städten – auch mit umfangreicheren Beschreibungen – über Bibliotheken nichts berichtet. Dresser hat München und die Hofbibliothek nicht besucht; seine Beschreibung stützt sich wohl auf literarische Quellen. Die Städtebeschreibungen von Braun/Hogenberg kannte er offensichtlich nicht. Auch das 1595 und 1608 erschienene »Parvum theatrum urbium« des Adrianus Romanus war Dresser entgangen. Romanus übernahm die Passage über Bibliothek und Antiquarium wörtlich aus Braun/Hogenberg, obwohl sich die Bibliothek spätestens seit dem Jahre 1600 nicht mehr oberhalb des Antiquariums, sondern im Alten Hof befand.

Die **Bestandsgröße** ist mit 4.000 Bänden für das Jahr 1613, als Dressers fünfter Teil der »Isagoge« erschien, viel zu niedrig angegeben; woher diese sonst nicht belegbare Zahlenangabe stammt, ist unklar. Herzog Albrecht V. hatte mit dem Kauf der Büchersammlung des Humanisten, Orientalisten und Juristen Johann Albrecht Widmanstetter (1506 – 1557) im Jahre 1558 den Grundstock für die Hofbibliothek gelegt und dann im Jahre 1571 auch die Büchersammlung von Johann Jakob Fugger (1516 – 1575) mit etwa 10.000 Bänden erworben. In der Fuggerschen Sammlung waren auch ungefähr 900 Bände aus der Bibliothek des Nürnberger Arztes und Humanisten Hartmann Schedel (1440 – 1514) enthalten. Herzog Wilhelm V. kaufte im Jahre 1585 die Sammlung des Augsburger Ratsherrn Johann Heinrich Herwart (1520 – 1583) mit etwa 1.500 Bänden und im Jahre 1592 die Bibliothek des Augsburger und Eichstätter Domherrn Johann Georg von Werdenstein (1542 – 1608) mit etwa 4.000 Bänden. Die Sammlung Herwarts war reich an musikalischen Werken und bildet den Grundstock der heutigen Musik-Abteilung.

4. Martin Zeiller
1632

ITINERARIUM GERMANIAE
NOV-ANTIQUAE.
Teutsches
Reyßbuch durch
Hoch und Nider Teutschland
auch angräntzende/ unnd benachbarte Königreich/ Fürsten-
thumb und Lande/ als Ungarn/ Siebenbürgen/ Polen/
Schweden/ Dennemarck/ etc. So vor alters zu Teutsch-
land gerechnet worden sein:
[...]
Meistentheils auß aigener erfahrung/ unnd bewehrten Historien/
auch geschriebenen unnd gedruckten
Raißbüchern/ und andern Scribenten/
mit sonderm fleiß colligirt, und auff begehren mehr-
verständiger/ dem geliebten Vatterland zu Ehren/ Wolstand und
Nutzen/ in offenen Druck gegeben/

Durch
MARTINUM ZEILLERUM.

Straßburg/
In Verlegung Lazari Zetzners Seligen Erben.
ANNO M. DC. XXXII.

*

Das Zwölffte Capitel.
Begreifft in sich die Raiß von
Straßburg auß auff Augspurg/ Mönchen/
Landtshut/ Enß/ und Zeillern in Unter-
Oesterreich.

[...] Von Augspurg auß hetten wir wol einen nähern Weg raisen können in Oesterreich: aber der Statt Mönchen zu lieb haben wir diesen Umbweg genom[m]en [...]

St[adt] Mönchen. 3 m[eilen = Entfernung vom letzten Ort, dem Markt Bruck]. Diß ist die Haupt- un[d] Residentz Statt in Bayern/ an der Isar gelegen/ welches Wasser im Tyrolischen Gebürg entspringet/ und allhie darüber ein steinerne Bruck gehet. Aventinus schreibet/ daß sie/ zun zeiten Hertzog Heinrichen des XII. zugenant der Löw/ auff des Closters von Schafftlarn grund seye erbauet worden/ darumb sie einen Mönch zum Wappen führe. Andere sagen/ der Nam kom[m]e daher/ dieweil zur zeit ihrer erbawung/ eines Mönchs Kopff seye gefunden worden. [...] Entlichen so ist der Alte Hoff zu sehen/ in welchem vorzeiten die Fürstliche Bayrische residenz und Hoffhaltung gewesen. Ist ein sehr altes Gebäw/ alda der Thurn zu mercken/ welcher unten unnd oben spitzig ist. Item die drey Nägel in der Wand/ und der Stein darvor/ so die Wahrzeichen zu Mönchen sein. [...] In dieser alten Wohnung der alten Bayrischen Fürsten/ ist jetzt die Rent- unnd Lehenstuben/ unnd ein theil von der Cantzley. Gleich vor dem Hoff draussen hat es das Löwenhauß/ in welchem damaln zwo Löwin und ein Löw gewesen: aber Anno 24 als ich wider daselbst war/ ist nit mehr als ein solches Thier noch vorhanden geweßt. Man hat jedem/ wie man mich berichtet hat/ des tags 11 pfund Rindfleisch geben. Es sein da Fallen/ wan man sie versperren will. Auff einem hültzern Gang kan man zu ihnen hinab sehen: aber die Fürstliche Personen können in der Harnisch Kam[m]er durch ein vergettert Fenster zu ihnen hinunder schawen. Nicht weit davon ist die Fürstliche Bibliotheca. Dresserus setzt/ es seyen darinn 4000 andere 11000 stuck Bücher/ theils wollens noch auff eine grössere Sum[m] schätzen. Es ist ein grosser theil derselben geschrieben: sein auch schön eingebunden. Der orth darinn sie stehn ist sehr groß. Es sein zween grosse globi terrestres, und ein globus coelestis alda: item 5 kleinere globi. An der Wand hanget des Philippi Appiani grosse mappa; item Martini Lutheri Conterfeht/ mit etlichen Reimen umbher geschrieben: und andern Worten. Es ist auch des Erasmi Roterodami ritratto [= Porträt] darinnen. So sein auch Keyserliche/ Polnische und Bayrische Stammen: item ein geneheter Calender mit den Bayrischen Fürstlichen- und Stättwappen/ in ihren rechten Farben umbher genähet und gestickt: Item Herrn Ernesti Churfürstens von Cöln probatio Stemmatis [= Stammbaum] auff 32 Anherrn/ und Anfrawen/ von Vatter und Mutter. In der höhe sein etlicher Fürsten Conterfeht. So ist auch da zusehen das alte Testament auff Pergamen geschrieben/ und mit Gemälden geziert. Item ein Lateinisch Buch in folio des Bapsts Clementen an S. Jacobum den Apostel/ so geschrieben. Ein gemaltes altes Trachtenbuch. Keyser Caroli Calvi mit guldenen Buchstaben geschribe[n] Bettbuch. Das newe Testament in Indianischer/ Armenischer und Wendischer Spraach/ drey grosse Volumina in Regal von Orlandi di Lasso, und anderer/ Musicalische sachen/ dabey schöne Gemälde sein/ so wol zusehen. So sein auch zwey schöne Fecht- und Kampffbücher auff Regal gemahlet/ und vom Hector Meyr von Augspurg beschriben/ verhande[n]. Item ein groß uff Regal geschrieben Medicinisch buch/ in Italianischer Spraach/ vom Doctore Gratiano di Francolino mit 53ley Schriffte[n]. Ein Historibuch vo[n] Rudolpho von Habspurg an/ biß uff Maximilianu[m] II vo[n] Herrn Hanß Jacob Fuggern colligirt, geschribe[n] un[d] gemacht. Joannis Bocatii buch An[no] 1409 uff Pergamen geschribe[n]. In sum[m]a/ es hat in diser Bibliothec in allerha[n]d/ als in d[er] Hebraeische[n]/ Griechische[n]/ Lateinische[n]/ Armenische[n]/ Persische[n]/ Syrische[n]/ Arabische[n]/ Illyrischen/ Aethiopischen/ Alexandrinischen/ Indischen/ Türckischen/ Windischen/ Welschen/ Hispanischen/ Frantzösischen/ Teutschen/ Dänischen/ Moscowitischen/ Englischen/ Polnischen/ Hungarischen/ Croatischen/ Böhmischen/ Lombardischen/ unbekanten/ Chaldaischen/ Niderländischen/ Japonischen/ unnd AltFränckischen Teutschen/ Spraachen/ Bücher. Und kan sein/ daß nach eroberung Heydelberg/ auch theils geschriebene Bücher/ auß der hochberühmbten Bibliothec daselbsten/ hieher mögen kommen sein: so mir aber unwissent.

[Textzitat S. 269, 275–276, 281–283]

◇

Abbildung 4
Maximilian I., Kurfürst von Bayern. Kupferstich von W. Kilian, 1623

Martin Zeiller (* 1589 in Räuthen/Steiermark, † 1661 in Ulm) besuchte ab 1680 die Universität in Wittenberg. Danach ging er nach Linz, wo er als Hofmeister junger Adeliger und Lehrer an der öffentlichen Schule tätig war. Nach kleineren Reisen mit den ihm anvertrauten jungen Adeligen holte ihn der Graf von Tattenbach auf seinen Herrschaftssitz in Zeiller, wo er die Ausbildung der beiden jungen Grafen übernahm und sie auf ihren ausgedehnten Bildungsreisen begleitete. Weitere Reisen unternahm er mit dem Sohn des österreichischen Statthalters von Schwanenberg und dem eines anderen Adeligen, so auch 1628 nach Italien. Im Jahre 1629 ließ er sich in Ulm nieder; dort war er ab 1633 Oberaufseher des Gymnasiums, ab 1641 Censor historisch-philosophischer Schriften und ab 1643 Inspektor der deutschen Schulen. Zeiller hatte zu seiner Zeit den Ruf eines vielseitig gelehrten Schriftstellers.

Die Reise von Straßburg über Augsburg und München nach Zeiller in Österreich unternahm er im Jahre 1621. Danach war er nochmals 1624 in München. Seine Beschreibungen bestehen meist aus umfänglichen Aufzählungen von Gegenständen, Raritäten und Kuriositäten. Obwohl Zeiller München und die Hofbibliothek selbst besucht und gesehen hat, hält er sich möglichst an ihm bekannte literarische Vorlagen; eine persönliche Wertung läßt er nur selten und vorsichtig einfließen. Seine Beschreibung der Hofbibliothek lehnt sich fast wörtlich an die »Relation« Hainhofers (1611) an, dessen Text ihm in handschriftlicher Form zugänglich gewesen sein muß. Er schreibt in der Vorrede (S. 6): »So habe ich nicht allein meine Verzaichnussen in ein richtigere ordnung gebracht/ unnd diesselbe vermehrt: sondern auch mich beworben/ von andern guten Freunden etliche geschriebne Raisen zuerlangen/ damit das Werck etwas desto vollkommener sein möchte/ wiewol nicht alles/ wie ich verhofft/ zubekommen gewest ist. Und demnach ich/ durch Gottes Genad/ damit fertig/ so hab ich solch meine Arbeit hochgelehrten unnd vornehmen Leuthen/ nach unnd nach/ durch etliche Capitel zu uberlesen geschickt/ unnd gegeben/ die ihnen dieselbe nicht allein belieben lassen/ unnd respective zum Druck befördern helffen: Sondern theils auch mit aignen Handen noch viel nutzliches darzu geschrieben haben.« – Eine zweite unveränderte Auflage von Zeillers »Reyßbuch« erschien im Jahre 1674.

Das Porträtbild Luthers – eine der Kuriositäten in der Hofbibliothek – erwähnt Zeiller auf eine Art, die nicht erkennen läßt, daß es (wie Hainhofers Text zeigt) eigentlich ein Spottbild war. Zeillers Vater war Protestant; als Schüler Melanchthons und Pfarrer wurde er im Zuge der Gegenreformation aus seiner obersteirischen Heimat vertrieben und wirkte dann als Pestilenzprediger in Ulm. Wie aber die Reise über München zeigt, hatte sein Sohn wieder Beziehungen zu seiner österreichischen Heimat aufgenommen.

Aus den Beständen der **Bibliotheca Palatina**, die 1623 von Heidelberg über München nach Rom gebracht wurde, blieben wohl nur sehr wenige Bücher in München zurück. – Im Jahre 1632, als das »Reyßbuch« Zeillers erschien, mußte Kurfürst Maximilian I. die wertvollsten Bücher nach Burghausen in Sicherheit bringen. Trotzdem fielen damals den gegnerischen Truppen König Gustav Adolfs von Schweden etwa 2.000 Bände, darunter auch 50 deutsche Handschriften, in die Hände. Erwähnenswert ist in diesem Zusammenhang die Geschichte der Ottheinrichs-Bibel (heute unter der Signatur Cgm 8010): 1622 kam die Handschrift nach der Eroberung Heidelbergs nach München, wurde aber schon 1632 durch Gustav Adolf als Kriegsbeute nach Gotha verbracht; erst 1950 konnte sie für die Bayerische Staatsbibliothek zurückerworben werden.

5. Circuli Bavarici succincta descriptio 1703

CIRCULI BAVARICI
Succincta
Descriptio.
Das ist:
Kurtz gefasste Beschreibung
Des
Bajerischen Creißes/
Darinnen
Das ChurFürsthentum Ober-
und Nieder-Bajern/ das Ertzbistum Salz-
burg/ die Bistümer Passau/ Freysingen und
Regenspurg. Die gefürstete Probstey zu Berch-
toldsgaden/ die Abteyen zu Kaisersheim/
Haimeran und Waldsachsen etc.
Die Ober-Pfalz/ die Herzog-
thümer Neuburg und Sulzbach/ die Graf-
schafften Leuchtenberg/ Ortenburg/ Stern-
stein/ Maxelrain/ Wolffstein/
etc.
Samt ihren Städten/ Vestungen/ Clö-
stern und Schlössern/ nach ihrer Fruchtbarkeit/
Lager/ Grösse/ Seltenheiten/ Gebäuen/ Glück- und Un-
glücks-Fällen abgehandelt befindlich/
Und mit beygefügten Kupffern deren vornehm-
sten Städten ans Liecht gegeben worden.

Nürnberg/ in Verlegung Wolffgang Micha-
helles und Johann Adolph. 1703.
Gedruckt bey Christian Sigmund Froberg.

*

München

Ist die Haubt- und Residentz-Stadt in Bajern/ an der Isar gelegen/ welches Wasser im Tyrolischen Gebürg entspringet/ und allhier darüber eine steinerne Brücke gehet. [...] Gleich vor dem Hofe drausen hat es das Löwenhaus. Nicht weit davon ist die Fürstliche Bibliothec. Dresserus setzet/ es seyen darinn 4000/ andere 11000 Stück Bücher; Theils wollens noch auf eine grössere Summa schätzen. Ein grosser Theil derselben ist geschrieben/ sind auch schön eingebunden. Der Ort/ darinn sie stehen, ist sehr groß. Es sind zween grosse Globi terrestres und ein Globus coelestis allda/ item fünff kleinere Globi. So sind auch Käyserliche/ Polnische und Bajerische Stammbäum/ item ein genäheter Calender mit den Bajerischen Fürstlichen und Städt-Wappen/ in ihren rechten Farben umbher genähet und gesticket: item Hrn. Ernstens, Churfürstens von Cöllen probatio stemmatis auf 32 Anherren und Anfrauen vom Vatter und Mutter. In der Höhe sind etlicher Fürsten Conterfey. So ist auch da zu sehen das Alte Testament auf Pergament geschrieben/ und mit Gemählen gezieret. Item ein Lateinisch Buch in fol[io] des Pabsts Clementis an den Apostel St. Jacob/ so geschrieben. Ein gemahltes altes Trachten-Buch. Kaysers Caroli Calvini mit güldnen Buchstaben geschriebens Gebet-Buch. Das Neue Testament in Julianischer/ Armenischer und Wendischer Sprach/ drey grosse Volumina in Regal von Orland di Lasso/ und anderer Musicalische Sachen dabey schöne Gemälde sind so wol zu sehen. So sind auch zwey schöne Fecht- und Kampff-Bücher auf Regal gemahlet/ und vom Hector Meyer von Augspurg beschrieben vorhanden. Item ein groß auf Regal geschrieben Medicin-Buch/ in Italien. Sprach/ von Doctore Gratiano di Francolino mit drey und fünfzigerley Schrifften. Ein Histori-Buch von Rudolph von Habspurg an biß auf Maximilianum II. von Herrn Hanns Jacob Fuggern colligirt/ geschrieben und gemacht. Johannis Boccatii Buch An[no] 1409 auf Pergament geschrieben. In Summa es hat Bücher in dieser Bibliothec von allerhand Sprachen/ nemlich in der Hebräischen/ Griechischen/ Lateinischen/ Armenischen/ Persischen/ Syrischen/ Arabischen/ Illyrischen/ Aethiopischen/ Alexandrinischen/ Jüdischen/ Türckischen/ Wendischen/ Welschen/ Hispanischen/ Französischen/ Teutschen/ Dähnischen/ Moscowitischen/ Englischen/ Polnischen/ Hungarischen/ Croatischen/ Böhmischen/ Lombardischen/ Unbekandten/ Chaldäischen/ Niederländischen/ Japonischen und Alt-Fränckischen Teutschen Sprache. Und kan seyn/ daß/ nach Eroberung Heydelberg/ auch Theils geschriebene Bücher aus der hochberühmten Bibliothec daselbst/ hieher mögen transferiret und gekommen seyn.

[Textzitat S. 62 – 63, 88 – 91]

◇

Der unbekannte Verfasser der »Descriptio« hat für die Münchener Hofbibliothek den inzwischen rund 75 Jahre alten Text nahezu wörtlich dem »Reyßbuch« Martin Zeillers entnommen. Durch Lesefehler ist dabei aus der »indianischen« Sprache die »julianische« und aus der »indischen« die »jüdische« geworden. Eine weitere Auflage der »Descriptio« ist 1706 in Rothenburg erschienen.

Der auf Hainhofer zurückgehende Text wurde auch durch Matthäus Merian in seiner »Topographia Bavariae« (Frankfurt, 1644) aufgegriffen. Dabei wird auch die damals erst gut zehn Jahre zurückliegende Plünderung durch die Schweden erwähnt:

> Nicht weit darvon ist die Fürstliche Bibliothec/ darzu ein sehr grosser Orth gewidmet; von welcher auch in besagtem Reyßbuch weitläufftig gehandlet wird; unnoth/ weil dasselbe Teutsch/ allhie zu widerholen. Es hat zwar/ wie man berichtet/ in obenerwehnter Schwedischer Einnehmung dieser Statt/ solche Liberey was Schaden gelitten; weilen es aber an Fuhren gemangelt; so hat man die meisten Bücher allda verbleiben lassen müssen. (Merian, 1644, S. 34)

Auch Eberhard Werner Happel greift in seinem Roman »Der Bayerische Max« aus dem Jahre 1692 auf Zeillers Text zurück. Innerhalb der »Beschreibung deß prächtigen Chur-Fürstlichen Residenz-Schlosses zu München mit seinen mannigfaltigen Kostbarkeiten« heißt es:

> Anjetzo komme ich zu der alten Burg/ Residenz und Hof Kayser Ludwig deß IV. (worin dermahlen der Chur-Fürstl. Hof-Kriegs-Kammer/ und Geistliche Rath mit preißwürdiger Sorgfalt gehalten werden/) allwo auch die Chur-Fürstl. Bibliothec in mehr als 15000 Stucken prangt. Man findet alldort viel schöne Globos Coelestes, auch vieler alten berühmten Helden Contrafey. Es ist allda Kayser Carl Calvi genannt Bett-Buch/ das neue Testament in Indianischer Sprach/ ein Buch von Papst Clement an den H. Apostel Jacob geschrieben/ viel schöne Fecht-Bücher auf Regal gemahlt. Man findet auch allda Bücher in mehr als 30 fremden Sprachen beschrieben/ und seynd alle gar sauber eingebunden. (Happel, 1692, Teil 3, S. 53)

Die Angabe zur **Bestandsgröße** ist gut hundert Jahre überholt, denn es stimmt weder die Zahl 4.000 nach Dresser noch die Zahl 11.000 (wohl nach Braun/Hogenberg und Romanus). Happel kommt mit seinen »15000 Stucken« der Wirklichkeit etwas näher, denn der Bestand der Hofbibliothek war um das Jahr 1600 bereits auf etwa 17.000 Bände angewachsen. Zählungen in den Jahren 1628 und 1630 ergaben einen Bestand von etwa 18.230 beziehungsweise 18.330 Bänden.

Kurfürst Maximilian I. holte sich (nach dem Sieg bei Nördlingen im August 1634) im Jahre 1635 als Entschädigung für die Verluste durch die schwedischen Truppen im Jahre 1632 etwa 880 Bände aus der Bibliothek der Herzöge von Württemberg auf Schloß **Hohentübingen**, darunter auch die auf Pergament gedruckte zweibändige Luther-Bibel von Hans Lufft von 1560/61 mit den berühmten Portraits Luthers, Melanchthons und des Hohenzollernprinzen Sigismund von Lukas Kranach (heute unter der Signatur 2° L.impr.membr. 21). – Im Jahre 1644 kaufte Kurfürst Maximilian I. die etwa 570 Bände umfassende Büchersammlung des Augsburger Kanonikus und Suffraganbischofs Sebastian Müller (1584 – 1644).

6. Voyage littéraire
1724

VOYAGE
LITTERAIRE
DE DEUX RELIGIEUX BENEDICTINS
DE LA CONGREGATION DE S. MAUR,
Où l'on trouvera
I. Plusieurs Pieces, Inscriptions, Epitaphes [...]

A PARIS,
Chez MONTALANT, Quay des Augustins, à la descente du Pont
Saint Michel.

M. DCC. XXIV.

Avec Approbation, Privilege du Roy, & Permission des Superieurs

*

Peu de jours après notre arrivée à Liege, nous fûmes voir monsieur le baron de Crassier, que nous avions déja l'honneur de connoître de reputation. Il nous temoigna avoir beaucoup de joye de nous voir, et il ne se peut rien ajoûter à toutes les honêtetez qu'il nous fit. Il nous apprit le triste sort de la bibliotheque de S. Gal, et nous montra là-dessus une lettre d'un de ses amis qui avoit voyagé en Allemagne, et comme elle contient quelques points de litterature assez interessants, je crois que les sçavans ne seront pas fâchez de la voir ici. Nous en adjoûterons une autre également curieuse.

EXTRAIT DE DEUX LETTRES
écrites à monsieur le baron de Crassier par un de ses amis
voyageant en Allemagne.
[...]

Passau le 3. Octobre.

Pour vous continuer quelque chose de mon voyage, je dois vous dire, qu'étant arrivé à Ratisbonne, ce qui m'y a le plus frappé d'admiration, a été la main droite de S. Chrisostôme, que l'on me fit voir à la cathedrale, c'est une relique precieuse et conservée à miracle, le pouce qui en a été coupé, est en veneration dans la chapelle de l'empereur à ce qu'on m'a dit. Ce present a été fait à l'eglise de Ratisbonne par un de ses chanoines, neveu d'un evêque d'Osnabruch, qui en 1656 l'obtint de l'abbaye d'Isbourg, où on la gardoit depuis plusieurs siecles. Le livre aux evangiles que je vis dans l'abbaye de saint Emeram, est encore une rare et très-riche antiquité, c'est un don de l'empereur Henry IV. On m'a dit que Maximilien, grand-pere du duc de Baviere d'à present, ne sçavoit assez l'admirer, et qu'il en avoit offert sa ville de Straubingen avec ses dépendances; mais les bons moines persuadez que ce duc les leur reprendroit ensuite, quand il voudroit, trouverent convenable de refuser un si bel offre.

Estant à Munic, je vous y ay souhaitté avec monsieur de Louvrex, sur tout lorsque l'on me laissa seul dans la salle des antiques de la Cour, où oubliant le boire et le manger, j'y passai toute la journée, depuis les huit heures du matin jusqu'à six heures du soir, à contempler des statuës, des bustes, des vases, des portraits en medailles, des bas reliefs, et mille autres antiquitez, tant de marbre, de bronze, que de pierres de touche, mais d'une beauté si surprenante, que j'en devins presque statuë moi-même. Cette sale est d'une longueur prodigieuse, toute voûtée, et ornée des quatre côtez, de maniere que je crois ne rien voir de si beau en Italie, d'où presque toutes ces rares antiquitez ont esté tirées, moyennant des sommes immenses, par le dit feu duc Maximilien.

Pour ce qui est de la bibliotheque, personne ne sçut me dire d'abord où elle étoit placée; et lorsqu'après bien des informations, j'appris que c'étoit à la vieille cour, je sçus à mesme temps, que celuy qui en a les clefs, étoit à Ausbourg avec madame l'Electrice: c'est bien dommage qu'une cour si polie donne si peu dans les sciences, et que parmy tant d'autres dépenses, l'on ne fournisse pas à l'entretien d'une personne, qui comme un Beger, mit au jour les belles choses que j'y ay veuës; car tout ce que le Thesaurus Brandenburgicus, le cabinet du duc d'Arschot, et tant d'autres contiennent, n'ont rien en comparaison.

[Textzitat S. 175 – 177]

◇

Übersetzung:

Wenige Tage nach unserer Ankunft in Lüttich besuchten wir Herrn Baron Crassier, den wir bereits vom Hörensagen zu kennen die Ehre hatten. Er bezeugte uns seine Freude, uns zu sehen, und all die Ehrenerweise, die er uns erbrachte, können durch nichts übertroffen werden. Er erzählte uns von dem traurigen Schicksal der Bibliothek in Sankt Gallen und zeigte uns einen diesbezüglichen Brief eines seiner Freunde, der Deutschland bereist hatte. Da dieser Brief einige ziemlich interessante literarische Hinweise enthält, werden die Gelehrten nicht darüber verärgert sein, ihn hier zu sehen. Wir werden auch einen weiteren, ebenfalls merkwürdigen anfügen.

Auszüge aus den zwei Briefen
an Herrn Baron de Crassier von einem seiner Freunde,
der Deutschland bereiste.

[...]

Passau, den 3. Oktober [1717].

Um Ihnen weiteres über meine Reise zu erzählen, muß ich Ihnen mitteilen, daß mich nach meiner Ankunft in Regensburg wahrlich die rechte Hand des heiligen Chrysostomus mit größter Bewunderung erfüllte, die man mir in der Kathedrale zeigte; es ist eine wertvolle, nur durch ein Wunder erhaltene Reliquie; der Daumen, der abgeschnitten wurde, wird – wie man mir sagte – in der Kapelle des Kaisers verehrt. Dieses Geschenk wurde der Kirche von Regensburg von einem ihrer Domherren gemacht, dem Neffen eines Bischofs aus Osnabrück, der sie seinerseits 1656 von der Abtei in Iburg erhalten hatte, wo man sie schon mehrere Jahrhunderte lang verwahrte. Auch das Evangelienbuch, das ich in der Abtei Sankt Emmeram sah, ist ein seltenes und sehr wertvolles Stück, ein Geschenk von Kaiser Heinrich IV. Man hat mir erzählt, daß sich Maximilian, der Großvater des jetzigen bayerischen Herzogs [= Kurfürst Ferdinand Maria], in der Bewunderung dieses Evangeliars gar nicht genugtun konnte und dafür seine Stadt Straubing mit all ihren Besitzungen angeboten habe; die braven Mönche aber, die davon überzeugt waren, daß dieser Herzog ihnen das alles wieder abnehmen würde, wann immer er wolle, hielten es für richtig, ein so verlockendes Angebot abzulehnen.

Bei meinem Aufenthalt in München hätte ich gewünscht, daß Sie und auch Monsieur de Louvrex da wären, vor allem als man mich im Saal des Antiquariums allein ließ. Dort vergaß ich Essen und Trinken, ich hielt mich dort den ganzen Tag von acht Uhr morgens bis sechs Uhr abends auf und bewunderte Statuen, Büsten, Vasen, Porträtmünzen, Reliefs und unzählige Antiquitäten mehr, so viel Marmor, Bronze wie behauene Steine, aber von so überraschender Schönheit, daß ich darob fast selbst zur Statue wurde. Dieser Saal ist unglaublich lang, gewölbt und an allen vier Seiten verziert. Ich glaube, so etwas Schönes in Italien nicht zu finden, von wo doch fast alle diese seltenen Antiquitäten gegen Zahlung riesiger Summen durch den obengenannten verstorbenen Herzog Maximilian [gemeint ist Kurfürst Maximilian I.] herbeigeschafft wurden.

Was die Bibliothek betrifft, konnte mir zunächst niemand sagen, wo sie sich befindet; und als ich schließlich nach vielen Erkundigungen erfuhr, daß sie im Alten Hof untergebracht sei, teilte man mir gleichzeitig mit, daß derjenige, der die Schlüssel dazu habe, mit der Frau Kurfürstin in Augsburg weilt. Es ist sehr schade, daß ein so wohl ausgestatteter Hof so wenig Wert auf die Wissenschaften legt und man neben anderen Ausgaben hier nicht auch für den Unterhalt einer Person sorgt, die wie Beger die schönen Dinge, die ich dort gesehen habe, ans Tageslicht bringt. Denn der ganze Besitz des Thesaurus Brandenburgicus und des Kabinetts von Herzog d'Arschot sowie vieler anderer ist nichts im Vergleich zu diesem hier.

◊

Als Verfasser der »Voyage littéraire« werden die Benediktiner Edmond Martène († 1739) und Ursin Durand († 1773) überliefert (vgl. Lama, 1872, S. 147). Sie zitieren einen an Baron de Crassier gerichteten Brief vom 3. Oktober 1717 eines unbekannten Schreibers.

Guillaume Baron de Crassier stammte aus Lüttich und lebte in der ersten Hälfte des 18. Jahrhunderts. Er war »Conseiller à chambre« des Fürstbischofs von Lüttich und betätigte sich auch als Kunsthändler. – Lorenz Beger (1653 – 1705) war seit 1675 Bibliothekar und Aufseher der Kunstsammlungen des pfälzischen Kurfürsten Karl Ludwig in Heidelberg, dann zweiter Bibliothekar an der Kurfürstlichen Bibliothek in Berlin. 1693 wurde er Vorstand der Berliner Kunst- und Raritätenkammer. – Ernestus Bogislaus von Croy und Arschot (1620 – 1684) war der letzte Bischof von Cammin und Administrator der Herzogtümer Pommern und Cammin. Das Stift mußte er zwar 1648 im Westfälischen Frieden an Kur-Brandenburg abgeben, wurde aber 1681 wieder zum Propst gewählt.

Mit dem **Thesaurus Brandenburgicus** ist die Kunstkammer von Kurfürst Friedrich Wilhelm von Brandenburg (1620–1688) gemeint, an welche die in der Kurfürstlichen Bibliothek befindlichen Naturalien, Modelle und Kunstsachen (darunter die Luftpumpe Otto von Guerickes) bereits im Jahre 1680 abgegeben worden waren. Diese Kunstkammer hat Lorenz Beger in drei Bänden unter dem Titel »Thesaurus Brandenburgicus selectus« in den Jahren 1696, 1699 und 1701 beschrieben.

Während der Regierung des Kurfürsten Maximilian II. Emanuel (1679–1726) scheint die **Hofbibliothek** ziemlich vernachlässigt worden zu sein. Das zeigt der von den beiden Benediktinern zitierte Brief. Der Bibliothekar Ignaz Hardt spielt in seiner akademischen Rede noch im Jahre 1803 darauf an, meint aber irrtümlicherweise, daß es die beiden Benediktiner gewesen seien, welche die Hofbibliothek nur schwer finden konnten: »Noch mehr erstaune ich, daß zween reisende Gelehrte diese so berühmte Bibliotheck einst in München kaum erfragen konnten« (Hardt, 1803, S. 8). – Demnach scheint es kein Zufall zu sein, daß in der sonst so ergiebigen »Beschreibung deß Churfürsten- und Hertzogthumbs Ober- und Nidern Bayrn« von Michael Wening (1645–1718) aus dem Jahr 1701 mit den Texten von Ferdinand Schönwetter das Antiquarium (in der Residenz) ausführlich beschrieben, die Hofbibliothek und die Kunstkammer (im Alten Hof) aber nur beiläufig erwähnt werden:

> Hiernach ist denckwürdig/ der vorigen Hertzogen auß Bayrn/ etc. uralte/ auch vom Kayser Ludwig dem Vierdten bewohnte Burg/ anjetzo der alte Hof genannt; wo dermahlen die Churfürstl. Hof-Kriegs-Geistliche und Cammer Raths Collegia gehalten werden: und in deren Umfang der Saal mit der Churfürstl. höchst schätzbaren Bibliothec, der schöne Churfürstl. Hof-Marstall/ und die ungemain vortreffliche Kunst-Cammer.
> (Wening, 1701, S. 2)

Ähnlich wird auch in der 1703 erschienenen Beschreibung »Chur-Baiern« in Anlehnung an Wening die Bibliothek in Verbindung mit dem Alten Hof nur nebenbei erwähnt, was vermuten läßt, daß sie nicht oder nur schwer zugänglich war:

> Ob nun schon an der Burg [= Alter Hof] selbsten nicht viel sehens würdig ist: Dannoch weil sie ihre Zimmer/ sowohl zu dem geistlichen Kriegs-Hof- und Kammer Rath Collegiis herleihet/ als auch in ihrem Umfang den Saal mit der Churfürstl. höchst-schätzbarem Bibliothec/ den schönen Hof Marstall/ und der ungemein kostbaren Kunst-Kammer/ einschliesset/ so siehet man leichtlich/ daß sie nicht darf übergangen werden.
> (Chur-Baiern, 1703, S. 112–113)

Im folgenden Text werden die interessantesten Raritäten der Kunstkammer kurz aufgezählt, darunter auch die »trefflichen Kunst-Bücher«; die Bibliothek aber wird »übergangen«.

Der Reiseschriftsteller Johann Georg Keyssler (1689/93–1743) erwähnt in seinem achten Schreiben mit der »Beschreibung des churbayerischen Hofes und der Residenz München« vom 18. Juni 1729 nur die Bibliothek im Jesuitenkolleg. Die Hofbibliothek, die erst im Jahre 1784 in die Räume des Jesuitenkollegs verlegt wurde, ist Keyssler offenbar ganz entgangen:

> Das Collegium ist groß, und die Bibliothek zahlreich genug; allein es mangeln ihr die in neuern Zeiten herausgekommenen Werke. Man kann bequemlich zu allen Büchern kommen, weil in der Höhe von sieben bis acht Schuhen eine Galerie rings herum läuft.
> (Keyßler, 1751, S. 56)

Bei dem Evangelienbuch aus der Abtei Sankt Emmeram in Regensburg handelt es sich um den etwa 870 in der Hofschule Karls des Kahlen entstandenen **Codex aureus** mit einem goldenen Buchdeckel und goldener Schrift auf Pergament. Um 893 wurde das Evangeliar im Zuge der Pfalzverlegung von Kaiser Arnulf (nicht Kaiser Heinrich IV.) dem Kloster Sankt Emmeram geschenkt. Durch die Säkularisation kam der Codex in die Bayerische Staatsbibliothek (heute unter der Signatur Clm 14000).

Als Zuwachs der Bibliothek kamen unter Kurfürst Ferdinand Maria um das Jahr 1720 die Büchersammlung des Hofbibliothekars Johann Kaspar KANDLER (1644 – 1718) und im Jahre 1739 unter Kurfürst Karl Albrecht (1726 – 1745, seit 1742 als Karl VII. Römischer Kaiser) die des bayerischen Gesandten in Wien Franz Hannibal von MÖRMANN († 1736) hinzu.

7. Gian Lodovico Bianconi
1763

LETTERE
AL MARCHESE
FILIPPO HERCULANI
CIAMBERLANO
DELLE
MM. LL. II. RR. ed Ap.
Sopra alcune particolarità della Baviera,
ed altri paesi della Germania.

In LUCCA MDCCLXIII.
Per GIOVANNI RICCOMINI.

*

LETTERA III.

GENTILISS. E RIVERITISS.
SIGNOR MARCHESE.

Dresda li 4. Novembre 1762.

Si vales bene est, ego quidem valeo. Dopo l'ultima mia abbiamo avuti tanti spaventi, tante importunità per questa fatal guerra, che ho creduto quasi mancar oggi all'impegno preso di scrivervi regolarmente. Per fortuna che tutto di nuovo è tranquillo, o almeno assopito, così eccomi a voi.

In mano del custode della Residenza troverete una cosa, che dovete vedere ad ogni costo. Consiste questa in alcuni manoscritti antichi, pieni di miniature inimitabili, l'istoria de'quali è troppo curiosa, e breve per non meritare d'esservi quì riferita. Non sono che pochisssimi anni, che ricercando, e sgombrando alcuni antichi, e fino allora inosservati ripostigli della Corte, trovossi in fondo d'un di questi una vecchia cassa di ferro, ben serrata a più chiavi. Nessuno dubitò, come potete imaginarvi, d'aver trovato un tesoro, e s'affrettarono ad aprirla per pascer l'avida vista. Qual fu la loro sorpresa quando altro non videro, che una quantità di libri antichi, e tutti manoscritti! Non bastò per consolarli, che questi volumi fossero superbamente legati in velluto, e chiusi con fibbie d'oro, e d'argento dorato d'un lavoro diligentissimo. Quanti fra quella buona gente vi saranno stati, che con Fedro avranno detto *carbonem pro thesauro invenimus.* Come questa bella raccolta, e da qual tempo fosse stata intanata, Iddio lo sa. Alcuni credettero, che ciò seguisse allor che Monaco fu preso da Gustavo Adolfo Re di Svezia. Che se la cosa è così, fecero gran torto a quel generoso guerriero, perchè quantunque conquistatore della Baviera, non toccò, per quanto dicono le storie di quel tempo, neppure una spilla, e contentossi di fare la guerra alle piazze, ed alle armate. Egli avrebbe potuto allegare il diritto di rappresaglia in favore di Federigo Elettor Palatino, suo alleato, a cui era stato fatto gran danno, anzi totalmente spogliato il Castello di Heidelberga; ma Gustavo non degnossi di far uso di questo pretesto. Consistevano questi libri in volumi di tornei, e di blasone della Casa Elettorale, in un bel manoscritto in pergamena degli uomini illustri del Boccaccio con figure miniate eccellentemente, in manoscritti di musica, e cose simili. I più belli di questi sono due gran tomi in carta pecora di forma atlantica, i quali contengono i sette salmi penitenziali messi in musica da Orlando Lasso celeberrimo Mastro di Cappella del Duca Alberto V. La loro singolarità consiste nelle miniature, che in ogni, e quantunque pagina di questi due immensi volumi, ne riempiono il margine spaziosissimo; le quali sono d'una bellezza incomparabile, e rappresentano tutti i fatti del vecchio, e nuovo Testamento, com'anche i luoghi più insigni dell'istoria ecclesiastica, e profana, che vi hanno rapporto. Oltre a queste v'è una gran quantità di ritratti quà e là sparsi del Duca Alberto, della Duchessa Anna d'Austria sua moglie, de' loro figliuoli, quello del compositore Orlando, quello del miniatore, che ha dipinto anche se stesso, e che chiamavasi Giovanni Mielich. Vi sono i ritratti pure de'musici più insigni, che fiorivano allora nella Cappella di Corte, che era composta di 12 cantanti per ciascuna parte, oltre il grandissimo numero di strumenti da corda, e da fiato di varie specie, e fra gli altri ritratti quello di Cipriano di Rore da Malines, il quale fu dopoi Mastro della Ducale Cappella di S. Marco in Venezia, e che al servigio di Ottavio Farnese morì a Parma del 1565. In un foglio a parte poi v'è tutta l'orchestra Ducale, che fa musica, e il Duca Alberto, che l'accompagna. Lo esplicatore delle immagini, delle istorie, e degli ornamenti fu Samuele Quichelbergo. Avrei troppo che fare, se tutti volessi dirvi gli ornamenti, e le curiosità, che vi troverete. Non v'è pagina, che non possa servire di bella pittura in qualunque scelto gabinetto. Massimo Trojano da Napoli musico di Alberto V. nel suo libro stampato per le nozze del Duca Guglielmo celebrate li 22 Febbraio 1568 dice, che il più ornato di questi due libri costasse tre mila e cinquecento scudi. Giovanni Mielich morì a Monaco sua patria del 1572 in età di cinquantasette anni, come dal suo epitafio tuttavia esistente si raccoglie. Di costui pure vedrete nella Chiesa di Francescani, alla sinistra entrando, una copia assai bella del Giudizio Universale di Michelagnolo, la quale serve di monumento al famoso Cancelliere di Baviera Leonardo di Eck. V'ho parlato volentieri di questo artefice, perchè credo, che non ne troverete traccia ne'libri, che trattano della pittura, quantunque al pari d'ogni altro lo avesse meritato. [...]

[Textzitat S. 51–58]

*

LETTERA IV.

GENTILISS. E RIVERITISS.
SIGNOR MARCHESE.

Dresda li 8. Novembre 1762.

Non saprei più trattenermi dal parlarvi della Biblioteca Elettorale. Essa non è già collocata nella Residenza, che abbiamo percorsa, ma in poca distanza occupa una parte dell'antico Castello, il quale serviva d'abitazione all'Imperadore Lodovico il Bavaro. Vedrete che questo Castello non è venerando, che per la sua vecchiezza, e per la memoria delle gran cose, che come sapete costarono tante lagrime alla travagliata Italia. In queste medesime abbandonate sale, per le quali passerete, si alimentò la funesta fazione de'Ghibellini, in esse si concepivano certamente que'progetti, per i quali il buon Francesco Petrarca affliggevasi, e pieno di zelo diceva all'Italia.

Non v'accorgete ancora a tante prove
Del bavarico inganno,
Che alzando il dito colla morte scherza?

Vi confesso il vero, che non ho mai potuto traversare questo recinto senza sentirmi nelle vene un tetro orrore, e nel passare talvolta la notte fra que'malinconici muri mi parea d'incontrare l'ombre sanguinose de'Ghibellini Tedeschi bieche rimproverarmi l'amore, che per tante ragioni portar deggio alla mia patria.

Non v'aspettaste mai di veder quì que'begli atri, che d'ordinario precedono le nostre librerie d'Italia, e che sovente sono più belli della libreria istessa. In contracambio preparatevi a vederne una delle più insigni, benchè nel Mondo letterario quasi non sia più conosciuta, tanto bene la custodirono que'Bibliotecari, che han preceduto quello, che oggidì l'ha rimessa gloriosamente alla luce.

La gran collezione de'manoscritti ebraici, greci, latini, arabi, tedeschi, e italiani, che vi troverete è frutto la maggior parte dell'amore, che per le belle lettere avea Alberto V., il quale ne fece da pertutta Europa ricerche, ed acquisti a gran prezzo. I libri modernissimi sono stati comprati dall'Elettore regnante che particolarmente in questo dispendiosissimo capo la va di giorno in giorno rendendo più doviziosa, e scelta.

Il Sig. Consigliere di Oefele Bibliotecario vi mostrerà le cose più rare, ciò non ostante permettetemi che anch'io ve ne indichi alcune, come alla memoria mia si anderanno presentando, acciocchè io pure contribuisca a farvi conoscere codesti tesori. Il Marchese Scipion Maffei più d'una volta mi ha esagerato il dispiacere, che conservava di non aver lui veduta codesta biblioteca, che in età troppo immatura, quando appunto, all'uso della gioventù italiana, non badava, che a far versi, e canzonette alle belle dame Veronesi. Voi sapete, che questo astro primario della letteratura italiana non si applicò agli studi più solidi, che verso i quarant'anni, lo che sia detto per rammentarvi la feracità di quell'ingegno.

Fatevi mostrare un superbo codice greco in foglio di quasi tutte l'opere di S. Gian Grisostomo, scritto con gran diligenza, non più tardi certo del secolo duodecimo, come pure un Pentateuco, e un Testamento nuovo greci, di questo certamente più antichi, ma non meno luminosamente scritti in Grecia, e conservati.

V'è un Evangeliario latino in lettere d'oro, e d'argento su membrane purpuree, ad uso senza dubbio di qualche insigne Chiesa, cosa veramente bella, e singolare. Di qual secolo sia non ardirei dirlo, perchè questa foggia di dipinger le lettere non ha caratteristiche così precise, come la corrente. Tenete per altro per fermo dalle figure degli Evangelisti, che vi sono, che dee per ogni ragione essere di molto anteriore al decimo secolo. In prova di ciò contemporaneo per lo meno a Carlo Magno dee esser quell'Evangeliario, che nel suo sepolcro fu ritrovato l'anno mille da Ottone III e di cui servonsi oggi nella solenne coronazione dell'Imperadore, eppure per quanto ne sono assicurato, non ha certo l'aria più antica del nostro. Un simile, benchè men bello, io vidi nel tesoro dell'Abazia di S. Dionigi, vicino a Parigi, come un altro pur se ne vede nella biblioteca Archiepiscopale di Rheims, e in quella della

Cattedrale di Verona. Lo scrivere i codici sacri su membrane colorate, ed a lettere d'oro è uso probabilmente nato nelle Chiese ai tempi di Costantino, quando sotto i suoi auspici il Sacerdozio cristiano, vincitore del paganismo, cominciò ad essere signorile, e magnifico. S. Girolamo: *Habeant qui volunt veteres libros vel in membranis purpureis auro, argentoque descriptos etc.* alla fine della sua prefazione ai libri di Giobbe parla di codici sacri somigliantissimi al nostro, lo che vi mostrerà almeno la vetustà di questo costume, giacchè egli stesso li chiama antichi fino al suo tempo.

Ma per non annojarvi quì con una lunga specificazione, lo che mi sarebbe facilissimo, perchè in Ingolstad fino dall'anno 1602 si stampò d'ordine della Corte un catalogo dei manoscritti greci, mi restringerò ad indicarvi quello, che in esso non troverete, e di cui ho fatta memoria. Indicherovvi que'codici, che io suppongo contenere cose anecdote, essendo questi, che più d'ogni altro movono la curiosità de'letterati viaggiatori.

Sappiate adunque, che fra'manoscritti greci, vi sono di Teodoro Metochita due volumi in foglio continenti le sue opere fisiche, e filosofiche.

V'è un comentario di Policronio Diacono sulla Cantica de' Cantici, e sull'Ecclesiaste.

Bellissima è una catena di Nicola Muzano, seppur semplicemente catena può chiamarsi una raccolta di lunghi frammenti di vari antichi spositori d'Esaia; e questa non riempie meno di due tomi in foglio. A qual tempo vivesse questo Muzano non saprei dirvelo, perchè non ne trovo menzione in veruno scrittore a mia notizia. Il codice lo chiama Arcivescovo di Cipro, e nulla più.

Fra l'opere di Libanio, che sparse sono in vari volumi, vi troverete alcune orazioni, ed epistole ignote agli ultimi editori di questo insigne sofista.

In un Jamblico in foglio fra gli altri suoi scritti v'è pur di suo un trattato geometrico assai diffuso.

Osservate que'chimici greci, de'quali sul semplice catalogo stampato de'manoscritti di questa libreria fece menzione il Fabricio nella sua Biblioteca greca al tomo XIII.

Vi ho contati sino a cinque dizionari greci, due de'quali sono d'un certo Cirillo.

Una raccolta d'autori Poliorcetici benissimo scritti, e colle loro figure, vari de'quali sono inediti.

Un trattato di Didimo Alessandrino sopra i marmi, e sopra i legni.

Il Cronico di Giorgio Amartolo in foglio, che mi si dice sia presentemente sotto il torchio a Roma colle stampe della Propaganda. Se la cosa è così, questo codice essendo netto, e chiarissimo, sarebbe stato ottima cosa il consultarlo.

Una Cronica dal principio del Mondo sino all'imperio di Valente, e Valentino scritta da Giulio Polluce (non già quello dell'Onomastico, come potete congetturare,) e che contiene quà e là cose degne d'attenzione. Di questa ne ho fatto far copia, di cui, spero, farassi uso un giorno.

Tutti questi trattati, se non isbaglio, come pure vari altri, che possono essermi sfuggiti, sono inediti, e molti di loro farebbero grand'onore a chi li pubblicasse, e grand'utile alla repubblica delle lettere.

V'è pure la Cronica di Giorgio Franze, la quale contiene la funesta storia dell'ultima presa di Costantinopoli, di cui non abbiamo al pubblico, che la traduzione latina. Il Priore Bianconi, mio zio, tempo fa la copiò, e ne fece nuova versione, che sarà assai più compita di quella, che ci diede nel passato secolo il Padre Pontano, che da questo medesimo luogo l'aveva tratta. Per trascriverla mio zio ottenne il codice in imprestito fino in Bologna; lo che sia detto per mostrarvi la buona fede, che regna fra i letterati tedeschi, e quanto sieno comunicabili le librerie della Germania, che come cert'altre non nascondono la lucerna sotto del moggio. In altri paesi v'è scritto alle porte un ordine fulminante, che impedisce di estrarne qualunque libro. A Monaco si legge la seguente memorabile inscrizione, anzi in lettere maiuscole la vedrete impressa alla testa del catalogo stampato, ed io ve la comunico espressamente, perchè a data occasione la mostriate a chi avesse bisogno di buon esempio.

QUISQUIS CATHOLICA FIDE PRAEDITUS PRODESSE
VOLES REIPUBLICAE LITTERARIAE
HOS MANUSCRIPTOS CODICES
CONFERENDI, INTERPRETANDI, EDENDI
COPIA TIBI ESTO
SI DE IIS SINE NOXIA RESTITUENDIS
CAVERIS.

Seneca dice benissimo, che vi sono alcune biblioteche, le quali *non in studium, sed in spectaculum comparatae fuerunt.*

Non posso a meno, benchè si tratti di codice più moderno, d'indicarvi un volume in membrana continente Eliodoro, Longo, ed Eustazio. Scritti tutti dalla medesima mano con somma bellezza, e nitore nel decimo quinto secolo. Sarebbe desiderabile, che questi tre romanzieri greci eloquentissimi fossero un poco meglio esaminati su codesto, o qualch'altro simile esemplare in caso di nuova edizione. Le fin ad ora fatte non sono, che copie della prima, coll'aggiunta di qualchè nuovo errore di stampa. Lasciate pur andar fra l'altre la splendidissima di Longo, ultimamente uscita coi rami disegnati dal Duca Reggente di Orleans, e che potrete vedere nella mia biblioteca in Bologna, libro per altro all'occhio di bellezza principesca.

V'è pure un bel codice delle vite di Plutarco del secolo decimo terzo, che come vari altri non è stato indicato nel catalogo stampato, perchè probabilmente sarà acquisto posteriore. Questa biblioteca comprò pure tutti i codici del Wichmanstadio, e quelli del famoso Martino Crusio di Tubinga, che fu a'suoi tempi il più gran grecista della Germania. Ma gran parte di questi ultimi sono scritti di mano di Giorgio Darmario greco di nazione, e che il Crusio mantenea per farlo lavorare copiando.

Fra'codici latini poi vi sono altre cose egualmente rare, e mi restringerò a nominarvi le seguenti. Un esemplare delle lettere di S. Cipriano alquanto differenti dall'edite, lo che mi fa credere, che questo Padre avrebbe gran bisogno d'essere un po'ritoccato.

V'è una traduzione latina antichissima di Dioscoride, scrittura del duodecimo secolo, al più tardi, colle figure colorate delle piante, benchè di pessimo lavoro. Questa versione, che certo non è conosciuta, potrebb'essere di grand'aiuto ne'luoghi viziati del testo greco.

Un Giovenale con note, ed uno Scoliaste antico anonimo, ma abbastanza dotto.

Un Porfirio sopra Orazio, che è considerabilmente diverso dallo stampato. Un Virgilio bellissimo per la nitidezza, e le miniature, che lo adornano.

Troverete quì alcuni avori, che ponno passare per dittici sacri, e voi pure sul fatto vedrete, che queste tavole erano ordinariamente custodie dei libri, che per bellezza, e lusso vi si legavano dentro.

Fatevi mostrare que'due bellissimi globi dipinti anticamente, i quali al tempo d'Alberto V che feceli fare al famoso Appiano Matematico d'Ingolstad, furono certo i più grandi, ed i più belli, che si fossero fin allora veduti in Europa. Il globo celeste meriterebbe aver luogo in una galleria di pitture. E'esso pure opera diligentissima di quel Giovanni Mielich, di cui vi ho parlato all'occasione de'salmi penitenziali del Lasso. Gli astri vi sono indicati secondo le loro differenti grandezze da tanti asterischi d'oro massiccio piantativi sopra. Ma di quant'altre cose non mi ricordo io quì?

Quello, di cui non mi scorderò mai, e che v'ho riserbato all'ultimo, come riserbansi al fin della mensa le confetture, è il più bel papiro forse, che possiate sperare di vedere giammai. Quì non si tratta d'un foglio, nè di due, come fra i cristalli vi mostrano nella Vaticana, nell'Instituto a Bologna, ed altrove. Si tratta d'un gran libro in forma d'un quarto, continente forse cento pagine, e fra'papiri a me noti, non v'è che il famoso frammento di Giuseppe Flavio di Milano, che lo sorpassi in estensione. Le prime, e l'ultime carte sono in vero un poco rose, e logore, ma le intermedie sono sì fresche, e conservate, come se poch'anni sono fossero state scritte. Questo è un registro latino della Cancelleria di Ravenna continente investiture di terre concedute a vari particolari, il quale come sia quì capitato non saprei dirvelo. Simili monumenti, che riguardano i secoli medi, sono tesori tanto più pregevoli, quanto che sono smarriti, e in conseguenza rarissimi. Il Marchese Maffei, che non conobbe questo papiro se non dopo la pubblicazione della sua storia diplomatica, sospirava per averlo; ma la morte lo prevenne nel tempo medesimo, che ne faceva allestire la copia in Monaco. Io ve ne parlerei più a lungo se non tenessi per fermo, che questo bell'avanzo guari non tarderà a vedere il giorno per mezzo del Sig. di Oefele, che è uno de'pochi in Baviera, che ne conosca il pregio. E' egli possibile, che l'autore dell'opera *Scriptores Rerum Boicarum* lasci più lungo tempo languire nelle tenebre sì bella reliquia? [...]

Il papiro di questo bel monumento è finissimo, benchè giusta il solito sieno due lamine insieme incollate colle fibre incrociate acciocchè stieno forti, e possa scriversi da amendue le parti, o come dicevasi anticamente opistografo. Giusta Strabone, al libro quinto, pare, che anche nell'Italia, e specialmente ne'laghi dell'Etruria crescesse il papiro, e che questo pure si portasse a Roma, come vi si portava quello d'Egitto. [...]

Codesta biblioteca, come v'ho detto, è opera in gran parte del grand'Alberto V. per ogni ragione rispettabile. Oltre all'essere stato un Principe savissimo, ed all'avere avuto grand'autorità nel Corpo germanico, era in que'tempi difficili un prudente politico, grand'economo, buon padre di famiglia, e molto più dotto di quello, che sono d'ordinario i gran Signori. Egli (sia detto per gloria nostra) aveva da giovane Principe studiato in Italia sotto i più insigni letterati, ed avea portato in Baviera ricca messe di membrane, di libri, e di dottrine. Morì a gran danno de'suoi stati l'anno 1579 in assai fresca età, perchè appena avea compiti i cinquanta. Era questa la sua biblioteca privata, e vi vedrete ancora presso le finestre con sommo buon gusto lavorate, ed intatte le molte tavole, ed i leggii, de'quali ordinariamente servivasi.

La Germania ha sempre avuto tra'suoi Principi alcuni, che si sono seriamente applicati alle scienze. Cosa direbbero certi gentiluomini, che voi, ed io conosciamo, i quali si fanno onore di non saper niente, se vedessero le note dotissime in gran numero scritte al margine de'volumi, che formavano la biblioteca del grand'Elettore Augusto Primo di Sassonia, e che a centinaia abbiamo ora nella Real libreria di Dresda? Ma per lasciare i morti, cosa direbbero dell'Elettor Palatino regnante, della profonda scienza del quale io fui tanto sorpreso, quando ebbi l'onore di fargli la corte a Schvezingen? In verità io non so, se nella sua Università di Heidelberga siavi alcun Professore più dotto di lui. [...]

Ma per tornare a noi, m'è sempre doluto moltissimo, ché nello spazio quasi di due anni, che in questa Capitale ha soggiornato la mia Real Corte, non mi sia stato possibile lo internarmi, come avrei desiderato ne'tesori di sì bella biblioteca. Differenti viaggi da me fatti per ordine de'miei Sovrani m'hanno dal buon voler distolto, senza contare l'animo dissipato dalle vicende della guerra, che tuttavia pure ci va affliggendo più che mai. Crediatemi, caro Marchese, che poco si può studiare, e logorarsi la vista su i codici antichi, quando i soldati, non contenti di desolar le campagne, vi bruciano la casa, ed il letto. Melibeo in simili contingenze dicea

Carmina nulla canam.

Con lui pure potrei anch'io, e con ragione rimostrare ai Tedeschi

– – – en quo discordia cives
Perduxit miseros?

Credetemi pure, che non v'è disastro maggiore di quelli, che fa provar la guerra, quando s'ha in casa. *Vale, meque, ut soles, amare perge.*

[Textzitat S. 74–98, 102–107]

◇

Übersetzung des dritten Briefes:

Verehrtester und gnädigster Herr Marchese!
Dresden, den 4. November 1762

Si vales bene est, ego quidem valeo [Hoffentlich geht es Dir gut, mir geht es gut]. Seit meinem letzten Brief haben wir durch diesen unseligen Krieg so viel Schrecken und Drangsal ausgestanden, daß ich beinahe fürchtete, meiner Verpflichtung, Ihnen regelmäßig zu schreiben, heute nicht nachkommen zu können. Zum Glück ist wieder alles ruhig geworden oder wenigstens betäubt, so daß ich mich bei Ihnen melden kann.

In der Hand des Kustoden der Residenz befindet sich etwas, was Sie unbedingt sehen müssen. Es handelt sich um einige alte Handschriften voll unübertrefflicher Miniaturen, deren Geschichte so merkwürdig und kurz ist, daß es sich lohnt, sie Ihnen zu erzählen. Erst vor wenigen Jahren fand man beim Durchsuchen und Aufräumen einiger alter, bis dahin unbeachteter Gelasse im Schloß eine alte Eisenkiste, die mit mehreren Schlüsseln gut verschlossen war. Wie Sie sich vorstellen können, war niemand darüber im Zweifel, einen Schatz gefunden zu haben, und man beeilte sich, die Kiste zu öffnen, um das gierige Auge daran zu weiden. Wie groß war die Überraschung, als man nichts anderes sah als eine Menge alter Bücher und zwar lauter Handschriften! Es bedeutete keinen Trost, daß die Bände prächtig in Samt gebunden und mit sehr sorgfältig gearbeiteten Gold- oder vergoldeten Silberfibeln verschlossen waren. Wie viele von den guten Leuten werden wohl mit Phädrus ausgerufen haben: »Kohlen haben wir anstelle eines Schatzes gefunden«. Wie und seit wann diese herrliche Sammlung dort verborgen wurde, mag der Himmel wissen. Einige meinten, es sei geschehen, als der Schwedenkönig Gustav Adolf München eroberte. Sollte sich die Angelegenheit so verhalten haben, dann hat man dem hochherzigen Krieger Unrecht getan; denn wenn er auch Bayern eroberte, so rührte er doch, wie die Berichte aus seiner Zeit überliefern, nicht einmal eine Stecknadel an, sondern begnügte sich damit, Orte und Armeen zu bekämpfen. Er hätte sich auf das Recht zu Repressalien zugunsten seines Verbündeten, des Kurfürsten Friedrich von der Pfalz, berufen können, dem großer Schaden zugefügt, ja dessen Schloß zu Heidelberg vollständig ausgeplündert worden war; doch Gustav ließ sich nicht dazu herab, von diesem Vorwand Gebrauch zu machen. Es handelte sich um Turnier- und Wappenbücher des kurfürstlichen Hauses, um eine schöne Pergamenthandschrift von Boccaccios »Berühmten Männern« mit vorzüglichen Miniaturen, um Musikhandschriften und dergleichen mehr. Die schönsten sind zwei atlantenförmige starke Pergamentbände, welche die sieben Bußpsalmen in der Vertonung von Orlando Lasso, des hochberühmten Kapellmeisters Albrechts V., enthalten. Ihr einzigartiger Wert beruht auf den Miniaturen, die den breiten Rand buchstäblich einer jeden Seite der beiden mächtigen Bände füllen. Sie sind von unvergleichlicher Schönheit und stellen alle Ereignisse des Alten und Neuen Testamentes sowie die bedeutendsten Orte der Kirchen- und Profangeschichte dar, die dazu in Beziehung stehen. Darüberhinaus finden sich sehr viele Porträts, etwa des Herzogs Albrecht, seiner Gattin, der Herzogin Anna von Österreich, ihrer Kinder, des Komponisten Orlando und des Miniaturenmalers, der sich selbst porträtiert hat und Johann Mielich hieß. Es finden sich auch die Porträts der bedeutendsten Musiker der damaligen Hofkapelle, die aus zwölf Sängern für jede Stimme und einer großen Anzahl von verschiedenartigen Saiten- und Blasinstrumenten bestand. Unter den Porträts befindet sich noch das Bild von Cypriano de Rore aus Mecheln, der später herzoglicher Kapellmeister von San Marco in Venedig wurde und im Dienste des Ottavio Farnese im Jahre 1565 in Parma starb. Auf einem gesonderten Blatt ist endlich das gesamte herzogliche Orchester beim Musizieren mit Herzog Albrecht als Begleiter dargestellt. Der Erklärer der Bilder, Geschichten und Ornamente war Samuel Quichelberg. Es würde zu weit führen, wollte ich Ihnen alle Darstellungen und Sehenswürdigkeiten schildern, die Sie darin finden können. Es gibt keine Seite, die nicht als schönes Gemälde in jeder erlesenen Kunstkammer bestehen könnte. In seinem Buche zur Hochzeit des Herzogs Wilhelm am 22. Februar 1568 erzählt Massimo Trojano aus Neapel, ein Musiker Albrechts V., der prächtiger ausgestattete der beiden Bände habe 3500 Scudi gekostet. Johann Mielich starb 1572 im Alter von 57 Jahren in seiner Vaterstadt München, wie aus seinem noch erhaltenen Grabstein hervorgeht. Von ihm sehen Sie auch in der Franziskanerkirche, wenn Sie von links eintreten, eine ausgezeichnete Kopie des Jüngsten Gerichts von Michelangelo, die zur Erinnerung an den berühmten bayerischen Kanzler Leonhard von Eck aufgehängt wurde. Ich habe Ihnen gerne von diesem Künstler berichtet, da ich glaube, daß Sie ihn in den Werken über Malerei nicht erwähnt finden, obschon er es wie jeder andere verdient hätte. [...]

◊

Übersetzung des vierten Briefes:

Verehrtester und gnädigster Herr Marchese!
Dresden, den 8. November 1762

Ich muß Ihnen jetzt unbedingt von der kurfürstlichen Bibliothek erzählen. Sie ist nicht in der Residenz untergebracht, die wir bereits durchschritten haben, sondern nimmt unweit von ihr einen Teil des Alten Hofes ein, welcher Kaiser Ludwig dem Bayern als Wohnsitz diente. Sie werden bemerken, daß dieses Schloß allein wegen seines Alters und der Erinnerungen an die großen Ereignisse denkwürdig ist, die, wie Sie wissen, das schwer heimgesuchte Italien so manche Träne kosteten. In den gleichen verlassenen Sälen, die Sie durchschreiten können, bildete sich die verhängnisvolle Partei der Ghibellinen; hier wurden gewiß die Pläne entworfen, die den trefflichen Francesco Petrarca in Trauer versetzten; voll Eifer rief er:

Genügten euch noch nicht die vielen Zeichen,
des Bayern Trug zu merken?
Er spielt mit Tod, wenn er den Finger rühret!

Ich gestehe Ihnen die Wahrheit: Nie habe ich diese Gemäuer durchqueren können, ohne in meinen Adern einen unheimlichen Schauder zu empfinden, und wenn ich manchmal des Nachts durch das melancholische Gemäuer schritt, so meinte ich, den blutigen Schatten der deutschen Ghibellinen zu begegnen, die mir mit scheelen Blicken die Liebe zum Vorwurf machten, welche ich meinem Vaterlande aus vielen Gründen schuldig bin.

Erwarten Sie nicht, hier die schönsten Vorhallen zu erblicken, die gewöhnlich am Eingang der italienischen Bibliotheken liegen und oft schöner sind als die Bibliotheken selbst. Bereiten Sie sich dagegen vor, eine der bedeutendsten Bibliotheken zu sehen, auch wenn sie in der literarischen Welt kaum noch bekannt ist, so gut haben sie die Bibliothekare behütet, die Vorgänger des heutigen Bibliothekars, der sie wieder glänzend ans Licht gestellt hat.

Die reichhaltige Sammlung hebräischer, griechischer, lateinischer, arabischer, deutscher und italienischer Handschriften, die Sie antreffen werden, ist zum größten Teil die Frucht der Liebe, die Albrecht V. den schönen Wissenschaften entgegenbrachte. Er ließ in ganz Europa nachforschen und zu hohen Preisen einkaufen. Die neuesten Werke wurden von dem regierenden Kurfürsten [= Maximilian III. Joseph] erworben, der die Bibliothek besonders auf diesem äußerst kostspieligen Gebiet von Tag zu Tag reichhaltiger und erlesener gestaltet.

Der Bibliothekar Herr Hofrat von Oefele wird Ihnen diese seltensten Stücke zeigen; erlauben Sie mir trotzdem, Sie auf einige Stücke hinzuweisen, wie sie mir gerade ins Gedächtnis kommen, damit auch ich etwas dazu beitrage, Ihnen diese Schätze bekannt zu machen. Der Marchese Scipion Maffei hat mir gegenüber mehr als einmal betont, wie leid es ihm tue, daß er diese Bibliothek in allzu früher Jugend besichtigt habe, als er nach Art der jungen Männer Italiens nur darauf bedacht war, Verse und Canzonetten für die hübschen Veroneser Damen zu dichten. Sie wissen ja, daß sich dieses edle Gestirn am Himmel der italienischen Literatur erst mit nahezu vierzig Jahren den ernsteren Studien zuwandte; ich sage das, um Ihnen die beeindruckende Leistung dieses Genies ins Gedächtnis zu rufen.

Lassen Sie sich einen herrlichen griechischen Folio-Codex mit fast allen Werken des heiligen Johannes Chrysostomos zeigen, der gewiß nicht nach dem zwölften Jahrhundert mit großer Sorgfalt geschrieben worden ist; ferner einen Pentateuch und ein Neues Testament, beide in griechischer Sprache, zweifellos älter als jener Codex und in Griechenland nicht weniger klar geschrieben und gut erhalten.

Ferner ist ein lateinisches Evangelienbuch in Gold- und Silberbuchstaben auf Purpurpergament vorhanden, ein wahrhaft prachtvolles und einzigartiges Stück, das zweifellos zum Gebrauch in einer bedeutenden Kirche bestimmt war. Ich wage nicht zu sagen, aus welchem Jahrhundert es stammt, denn diese Art die Buchstaben zu malen, war damals nicht so ausgeprägt wie die Kursivschrift. Nach den abgebildeten Evangelisten dürfen Sie indessen annehmen, daß die Handschrift auf jeden Fall lange vor dem zehnten Jahrhundert hergestellt sein muß. Zum Beweis dafür mag jenes Evangelienbuch dienen, das mindestens zur Zeit Karls des Großen entstanden ist, in dessen Grab es von Otto III. im Jahre 1000 aufgefunden wurde. Heute wird es bei der feierlichen Kaiserkrönung verwandt. Zwar bin ich nicht sicher, doch macht es gewiß keinen älteren Eindruck als das erste. Ein ähnliches, jedoch weniger schönes Evangelienbuch sah ich in der Schatzkammer der Abtei von Saint Denis in der Nähe von Paris; ein weiteres wird in der Erzbischöflichen Bibliothek von Reims und in der Bibliothek der Kathedrale von Verona aufbewahrt. Die Gewohnheit, sakrale Codices auf gefärbtem Pergament und mit Goldlettern zu schreiben, ist wahrscheinlich zur Zeit Konstantins in den Kirchen entstanden, als der Stand des christlichen Priestertums nach Überwindung des Heidentums unter kaiserlichem Schutz anfing, herrschaftlich und prunkvoll zu werden. Der heilige Hieronymus spricht am Ende seiner Vorrede zum Buch Hiob von sakralen Codices, die dem unseren außerordentlich ähnlich sind: »Wer will, mag alte Bücher auf Purpurpergament mit Gold- und Silberschrift besitzen usw.« Das beweist Ihnen zumindest das hohe Alter dieser Gewohnheit, da Hieronymus die Bücher zu seiner Zeit selbst schon als alt bezeichnet.

Doch um Sie hier mit einer ausführlichen Aufzählung im einzelnen nicht zu langweilen (was sehr einfach wäre, da auf Anordnung des Hofes im Jahre 1602 in Ingolstadt ein Katalog der griechischen Handschriften gedruckt wurde), will ich mich darauf beschränken, Sie auf das hinzuweisen, was mir im Gedächtnis haften geblieben ist und was Sie im Katalog nicht finden. Ich geben Ihnen die Codices an, von denen ich glaube, daß sie unveröffentlichte Werke enthalten, denn solche erregen mehr als alle anderen das Interesse reisender Gelehrter.

Sie mögen also erfahren, daß sich unter den griechischen Handschriften zwei Foliobände von Theodoros Metochites mit seinen physikalischen und philosophischen Werken befinden.

Ferner ist ein Kommentar von Polychronos Diakonos über das Lied der Lieder und das Buch Ecclesiasticus vorhanden.

Sehr schön ist eine Catena von Nicola Muzano, wenn man eine Sammlung langer Fragmente verschiedener alter Erklärer des Jesaja einfach als Catena bezeichnen darf; sie füllt nicht weniger als zwei Foliobände. Zu welcher Zeit Muzano gelebt hat, könnte ich Ihnen nicht sagen, denn ich finde ihn bei keinem Schriftsteller, der mir bekannt ist, erwähnt. In dem Codex wird er lediglich als Erzbischof von Zypern bezeichnet.

Unter den Werken des Libanios, die in verschiedenen Bänden verteilt sind, finden Sie einige Reden und Briefe, die dem jüngsten Herausgeber dieses bedeutenden Sophisten unbekannt waren.

In einem Jamblichos in Folio ist unter anderen Schriften dieses Autors ein sehr weitläufiger geometrischer Traktat enthalten.

Beachten Sie die griechischen Chemiker, die Fabricius im dreizehnten Band seiner »Griechischen Bibliothek« allein aufgrund des gedruckten Handschriftenkataloges der Münchner Bibliothek erwähnt.

Ich habe dort bis zu fünf griechische Wörterbücher gezählt, von denen zwei einen gewissen Kyrillos zum Verfasser haben.

Ferner eine Sammlung sehr schön geschriebener Werke zur Belagerungstechnik mit Abbildungen; verschiedene von ihnen sind noch nicht herausgegeben.

Eine Abhandlung des Didymos von Alexandrien über die Marmor- und Holzarten.

Die Chronik des Georgios Hamartolos in Folio, die, wie mir berichtet wird, gegenwärtig, mit dem Prüfstempel der Kongregation De Propaganda Fide versehen, in Rom unter der Presse sein soll. Verhält es sich so, dann wäre es zu empfehlen gewesen, diesen Codex zu Rate zu ziehen, da er sauber und außerordentlich klar ist.

Eine Chronik vom Beginn der Welt bis zu den Kaisern Valens und Valentinus von Julius Pollux (nicht dem Verfasser des Onomastikon, wie Sie annehmen könnten), die hier und da bemerkenswerte Dinge enthält. Ich habe sie abschreiben lassen und hoffe, daß ich eines Tages Gebrauch davon machen kann.

All diese Werke sind, wenn ich nicht irre, wie auch mehrere andere, die mir entgangen sein können, unveröffentlicht, und viele davon könnten ihrem Herausgeber hohe Ehre und der gelehrten Welt bedeutenden Nutzen bringen.

Ferner ist die Chronik des Georgios Phrantzes über die verhängnisvolle Geschichte der letzten Eroberung Konstantinopels vorhanden; veröffentlicht ist nur die lateinische Übersetzung. Mein Onkel, der Prior Bianconi, hat sie vor einiger Zeit abgeschrieben und neu herausgegeben. Diese Ausgabe dürfte weit ausführlicher sein als die von Pater Pontanus aus dem vergangenen Jahrhundert, der die gleiche Vorlage hatte. Um die Handschrift abzuschreiben, wurde meinem Onkel der Codex bis nach Bologna ausgeliehen. Ich erzähle Ihnen diesen Umstand, um Ihnen das große Vertrauen, das unter den deutschen Gelehrten herrscht, sowie die Bereitwilligkeit der deutschen Bibliotheken zu zeigen, die nicht wie gewisse andere ihr Licht unter den Scheffel stellen. In anderen Ländern steht an den Türen ein strenges Verbot, welches das Ausleihen irgendeines Buches untersagt. In München liest man dagegen die nachfolgende denkwürdige Aufschrift, die Sie sogar in Majuskeln zu Beginn des gedruckten Katalogs finden; ich teile sie Ihnen ausdrücklich mit, damit Sie sie bei Gelegenheit allen, die es nötig haben, als gutes Vorbild zeigen können:

DIR, DER DU ALS KATHOLIK
DER GELEHRTEN WELT DIENEN WILLST,
SOLL DIE BENUTZUNG DIESER HANDGESCHRIEBENEN CODICES
ZUM VERGLEICH, ZUR KOMMENTIERUNG UND ZUR HERAUSGABE
ERMÖGLICHT WERDEN,
SOFERN DU DAFÜR SORGE TRÄGST,
SIE UNBESCHÄDIGT ZURÜCKZUGEBEN.

Seneca sagt sehr treffend, daß einige Bibliotheken »nicht zu Studien-, sondern zu Schauzwecken eingerichtet waren«.

Obwohl es sich um einen modernen Codex handelt, kann ich dennoch nicht umhin, Sie auf einen Pergamentband hinzuweisen, der Heliodoros, Longos und Eustathios enthält. Sie sind alle im fünfzehnten Jahrhundert von der gleichen Hand mit vollendeter Schönheit und Klarheit geschrieben. Es wäre zu wünschen, daß diese drei stilistisch hochbedeutenden griechischen Romanschriftsteller im Falle einer neuen Ausgabe nach diesem oder einem ähnlichen Exemplar besser überprüft würden. Die bisher veranstalteten Ausgaben sind nur Kopien der ersten, doch um einige neue Druckfehler vermehrt. Lassen Sie jedoch die herrliche Longos-Ausgabe gelten, die jüngst mit den Kupfern des regierenden Herzogs von Orléans erschienen ist; Sie können sie in meiner Bibliothek in Bologna betrachten, eine geradezu fürstliche Augenweide.

Ferner ist ein schöner Codex mit den Lebensbeschreibungen des Plutarch aus dem dreizehnten Jahrhundert vorhanden. Wie verschiedene andere ist er in dem gedruckten Katalog nicht enthalten, da er wahrscheinlich erst später angeschafft wurde. Die Bibliothek erwarb auch alle Codices von Wichmanstad [= Widmanstetter] sowie die des berühmten Martin Crusius aus Tübingen, der zu seiner Zeit der bedeutendste Gräzist in Deutschland war. Der größte Teil der letzteren ist von einem Griechen namens Georgios Darmarios, dem Crusius für seine Kopistentätigkeit die Mittel zum Lebensunterhalt gewährte, mit der Hand geschrieben.

Unter den lateinischen Codices befinden sich einige ebenso seltene Stücke. Ich beschränke mich darauf, Ihnen die folgenden namentlich anzuführen. Ein Exemplar der Briefe des heiligen Cyprianus, die von den bisher herausgegebenen ziemlich abweichen, was mich vermuten läßt, daß es dringend nötig wäre, diesen Kirchenvater ein wenig zu überarbeiten.

Ferner ist eine sehr alte lateinische Übersetzung des Dioskurides, der Schrift nach spätestens aus dem zwölften Jahrhundert, vorhanden. Sie enthält kolorierte Pflanzentafeln, wenn auch von ungewöhnlich schlechter Arbeit. Diese bestimmt unbekannte Fassung könnte für die verderbten Stellen des griechischen Textes von hohem Nutzen sein.

Ein Juvenal mit Anmerkungen sowie ein anonymer, jedoch ziemlich gelehrter antiker Scholiast.

Ein Horaz-Kommentar des Porphyrios, der von dem gedruckten bemerkenswert abweicht. Ein wegen seiner Klarheit und der Miniaturen besonders schöner Vergil.

Sie werden auch einige Elfenbeinarbeiten finden, die für sakrale Diptychen gehalten werden können. Sie werden sehen, daß diese Tafeln gewöhnlich zum Schutz von Büchern dienten, die um der Schönheit und Kostbarkeit willen darin eingebunden waren.

Lassen Sie sich die beiden herrlichen, in alter Zeit bemalten Globen zeigen. Sie waren zur Zeit Albrechts V., der sie von dem berühmten Mathematiker Apian aus Ingolstadt anfertigen ließ, zweifellos die größten und schönsten, die bis dahin in Europa zu sehen waren. Der Himmelsglobus wäre es wert, in einer Gemäldegalerie aufgestellt zu werden. Er ist auch eine äußerst sorgfältige Arbeit jenes Johann Mielich, von dem ich bereits anläßlich Lassos Bußpsalmen gesprochen habe. Die Gestirne sind je nach ihrer Größe durch viele aufgesetzte Sterne aus massivem Gold dargestellt. Aber an viele andere Sachen erinnere ich mich hier wohl nicht mehr.

Was ich nie vergessen werde und Ihnen wie das Konfekt nach der Mahlzeit bis zum Schluß aufbewahrt habe, ist der vielleicht schönste Papyrus, den Sie je zu sehen hoffen könnten. Es handelt sich hier nicht um ein oder zwei Blätter, wie sie zwischen den Glasplatten der Vatikanischen Bibliothek, des Museums in Bologna oder anderswo zur Schau stehen, sondern um ein großes Buch in Quartformat, das etwa hundert Blätter enthält. Unter den mir bekannten Papyri wird es nur durch das berühmte Fragment des Flavius Josephus in Mailand an Umfang übertroffen. Die ersten und die letzten Blätter sind zwar ein wenig zerfressen und beschädigt, doch die mittleren sind so gut erhalten, als wären sie vor wenigen Jahren geschrieben. Es ist ein lateinisches Register der Kanzlei von Ravenna, in dem Belehnungen verschiedener Privatpersonen mit Land verzeichnet sind; wie es hierher verschlagen worden ist, wüßte ich Ihnen nicht zu sagen. Derartige Denkmäler aus dem Mittelalter sind um so schätzenswerter, als sie meist verlorengegangen und infolgedessen höchst selten sind. Der Marchese Maffei, der diesen Papyrus erst nach der Veröffentlichung seiner »Geschichte der Diplomatik« kennenlernte, wünschte sehnlichst, ihn zu besitzen; doch der Tod kam ihm zuvor, als er in München gerade eine Kopie herstellen ließ. Ich würde Ihnen viel ausführlicher davon erzählen, wäre ich nicht sicher, daß es nicht mehr lange dauern wird, bis dieser schöne Überrest von Herrn von Oefele ans Licht gebracht wird, welcher einer der wenigen Leute in Bayern ist, die seinen Wert kennen. Ist es möglich, daß der Verfasser der »Scriptores rerum Boicarum« eine so prächtige Reliquie länger im Dunkel läßt? [...]

Der Papyrus dieses schönen Dokumentes ist äußerst fein, obwohl wie gewöhnlich zwei Blattflächen mit gekreuzten Fasern zusammengeleimt sind, um ihn zu verstärken und das Schreiben auf beiden Seiten oder, wie man es früher nannte, ein Opistograph, zu ermöglichen. Nach dem fünften Buch von Strabon scheint es, als wäre auch in Italien, besonders an den Seen Etruriens, Papyrus gewachsen und nach Rom geliefert worden, so wie man dort auch ägyptischen Papyrus einführte. [...]

Diese Bibliothek ist, wie ich Ihnen bereits berichtet habe, zum großen Teil die Schöpfung des bedeutenden, in jeder Hinsicht ehrwürdigen Albrecht V. Er war ein sehr weiser Herrscher und genoß unter den deutschen Fürsten hohes Ansehen; überdies war er in jenen schweren Zeiten ein kluger Politiker, ein tüchtiger Ökonom, ein guter Familienvater und weitaus gelehrter, als hohe Herren es gemeinhin sind. Er hatte (das sei zu unserm Ruhme gesagt) als junger Prinz in Italien bei den bedeutendsten Gelehrten studiert und einen reichen Schatz von Pergamenthandschriften, Büchern und Kenntnissen nach Bayern heimgebracht. Zum großen Schaden seiner Länder starb er 1579 noch sehr jung, knapp fünfzig Jahre alt. Dies war seine Privatbibliothek; an den Fenstern stehen noch die vielen, mit feinstem Geschmack gearbeiteten Tische und Lesepulte, derer er sich zu bedienen pflegte.

Unter den deutschen Fürsten waren stets einige, die sich der Wissenschaft mit Ernst gewidmet haben. Was würden gewisse vornehme Herren aus unserer Bekanntschaft sagen, die sich aus ihrer Unwissenheit eine Ehre machen, wenn sie die große Zahl gelehrter Randbemerkungen in den Bänden sähen, die in der Bibliothek des bedeutenden Kurfürsten August I. von Sachsen standen und welche wir jetzt zu Hunderten in der Königlichen Bibliothek zu Dresden besitzen? Doch lassen wir die Toten! Was soll ich über den regierenden Kurfürsten von der Pfalz [= Karl Theodor, ab 1777 Kurfürst von Bayern] sagen, von dessen gründlichem Wissen ich höchst überrascht war, als ich die Ehre hatte, ihm in Schwetzingen meine Aufwartung zu machen? Ich weiß in der Tat nicht, ob ein Professor an seiner Heidelberger Universität gelehrter ist als er. [...]

Doch um auf uns zurückzukommen, so ist es mir immer äußerst schmerzlich gewesen, daß es mir im Laufe der nahezu zwei Jahre, in denen sich mein königlicher Hof in dieser Hauptstadt [= München] aufhielt, nicht vergönnt war, mich in die Schätze dieser schönen Bibliothek zu versenken, wie ich es gewünscht hätte. Verschiedene Reisen im Auftrage meiner Herrscher haben mich daran gehindert, meinen guten Vorsatz auszuführen, ohne der Bedrängnis des Gemütes durch die Ereignisse des Krieges zu gedenken, der uns gegenwärtig mehr denn je in Trauer versetzt. Glauben Sie mir, lieber Marchese, daß man gar wenig zum Studium kommt und sich die Augen über alten Codices verderben kann, wenn die Soldaten sich nicht damit begnügen, die Felder zu verwüsten, sondern auch Haus und Bett verbrennen. Melibaeus sagte unter ähnlichen Umständen:

Keine Lieder will ich singen.

Mit ihm könnte auch ich den Deutschen mit gutem Grunde ins Gewissen reden:

... *Wohin trieb denn die Zwietracht*
uns unselige Bürger?

Glauben Sie mir, es gibt kein größeres Unglück als den Krieg im eigenen Hause. *Vale, meque, ut soles, amare perge* [Leb wohl und behalte mich weiterhin lieb].

◇

Verfasser der Briefe ist der in Bologna geborene Arzt, Kunsthändler und Weltmann Gian Lodovico Bianconi (1717 – 1781). Im Jahre 1744 wurde er Leibarzt des Landgrafen von Hessen-Darmstadt und Fürstbischofs von Augsburg. 1750 ernannte ihn Kurfürst Friedrich August II. von Sachsen zum Hofrat. Er war auch mehrmals als Vermittler beim Kauf von Gemälden aus italienischem Besitz tätig. – Die Bayerische Staatsbibliothek verwahrt unter der Signatur Bavar. 378 das Exemplar der »Lettere« auf, das Bianconi dem Hofbibliothekar Oefele geschenkt hat: »Ludovici Bianconii Bononiensis Med. et Philologii Eximii Autoris Munus. MDCCLXIIII. Id. Mart. Andreae Felicis Oefelii Monacens.« Im Jahre 1766 verkaufte Bianconi der Hofbibliothek seine private Büchersammlung. – Seine »Sendschreiben« wurden mehrfach und auch in deutscher Übersetzung veröffentlicht, zuletzt im Jahre 1964 mit Erläuterungen von Horst Rüdiger (vgl. Bianconi, 1764, 1771, 1802 und 1964).

Im dritten Brief erzählt Bianconi, wie man »erst vor wenigen Jahren« beim Aufräumen in den Kellerräumen der Residenz die Kiste mit den wertvollsten Handschriften aus der Schatzkammer gefunden hat, darunter die Lasso-Codices. Letztere geben ihm Gelegenheit, sich ausführlich über Lasso und Kirchenmusik überhaupt Gedanken zu machen.

Im vierten Brief beschreibt er seinen Besuch in der Hofbibliothek im **Alten Hof.** Der Bau läßt ihn an Kaiser Ludwig IV. (1287-1347, ab 1314 deutscher König) denken, dessen Kaiserwahl im Jahre 1322 Papst Johannes XXII. nicht anerkannte und der ihn exkommunizierte. Darauf erklärte Ludwig den in Avignon residierenden Papst für abgesetzt und wollte sich bei seinen Romzügen durch die römischen Gegner des Papstes krönen lassen. Doch auch die Nachfolger Papst Johannes XXII. hoben den Bann nicht auf. Die Ghibellinen, unter dem Staufenkaiser Friedrich II. als Anhänger des Reiches und antipäpstliche Partei entstanden, nennt Bianconi hier als Feinde Italiens und der Kirche überhaupt.

Bianconi berichtet im wesentlichen nur über griechische und lateinische Handschriften, von denen er meint, daß sie noch unveröffentlichte Werke enthalten. Als Spitzenstück und »Nachspeise« erwähnt er die **Papyrus-Handschrift** (Signatur Clm 44, »Codex traditionum ecclesiae Ravennatis«) aus dem 10. Jahrhundert mit Abschriften von Urkunden über Grundstücksschenkungen (= traditiones) an die Kirche von Ravenna und von Anträgen auf pacht-

Abbildung 5
Andreas Felix von Oefele. Kupferstich von J. A. Zimmermann, um 1775

weise Überlassung kirchlichen Grundbesitzes. Bianconis Hoffnung, daß der Bibliothekar Oefele den Codex noch herausgeben werde, erfüllte sich nicht. Zu einer Publikation kam es erst im Jahre 1810 durch den Bibliothekar Johann Baptist Bernhart (vgl. Bernhart, 1810).

Im Jahre 1602 erschien in Ingolstadt der **erste gedruckte Katalog** der Hofbibliothek unter dem Titel »Catalogus Graecorum manuscriptorum codicum qui asservantur in inclyta Serenissimi utriusque Bavariae Ducis etc. Bibliotheca«. In diesem Katalog werden 262 griechische Handschriften kurz beschrieben. Vorbild war der Katalog der griechischen Handschriften der Stadtbibliothek Augsburg, den der Gräzist Hieronymus Wolf 1575 zum erstenmal veröffentlicht und der durch den Stadtbibliothekar David Hoeschel 1595 neu herausgegeben worden war. Der Münchner Katalog erschien auf Initiative von Johann Georg Herwart von Hohenburg, der als Hofkanzler auch die Aufsicht über die Hofbibliothek hatte und mit vielen Gelehrten, darunter Johannes Kepler, Kontakte pflegte.

Die **Inschrift am Eingang der Bibliothek** »Quisquis catholica fide praeditus ...« hatte bereits eine lange Tradition. Denn der Text steht schon als Motto auf der Rückseite des Titelblattes des Handschriftenkataloges aus dem Jahre 1602. Die Auswertung, Übersetzung und Herausgabe der griechischen Handschriften sollte einerseits die »Ketzerei« bekämpfen helfen, andererseits das Ansehen des bayerischen Hofes vermehren. Aber schon Herwart selbst legte das Motto nicht engherzig aus, sondern verlieh die Handschriften auch an protestantische Gelehrte (nach: Hacker, 1980, S. 356).

Andreas Felix von Oefele (* 1706 in München, † 1780 in München) studierte in Ingolstadt Jurisprudenz, Geschichte und Theologie. Durch Vermittlung des Obersthofmeisters Graf Fugger gelang es ihm, 1726 in das Collegium Miliarium der Universität in Löwen zu kommen. 1730 kehrte er nach München zurück, um bald darauf als Reisegefährte den jungen Freiherrn Franz Xaver von Lerchenfeld nach Frankreich zu begleiten. Kurfürst Ferdinand Maria bestimmte ihn als Erzieher und Lehrer seiner beiden Söhne Maximilian und Clemens. Herzog Clemens machte ihn 1738 zu seinem Geheimen Kabinettssekretär. Kurfürst Maximilian III. ernannte ihn 1746 zum Hofrat und bestellte ihn als Bibliothekar der Hofbibliothek; zugleich erhielt er die Aufsicht über das kurfürstliche Antiquarium. Durch die Herausgabe der »Scriptores rerum Boicarum« im Jahre 1752 machte er sich auch als Historiker einen Namen. Er legte in dieser Ausgabe viele bis dahin unbekannte Quellen zur bayerischen Geschichte vor, die er in der Hofbibliothek und den bayerischen Klosterbibliotheken gefunden hatte. »Unzufrieden mit der Art, mit der die Bibliothek bis dahin meistens von unstudirten Vorstehern behandelt worden, dachte er Tag und Nacht Plane aus, wie er diese gemeinnützig einrichten sollte, mißtrauisch auf sich selbst zog er die gelehrtesten Männer, mit denen er in beständigem Briefwechsel stund, vorzüglich den berühmten königl. pohlnischen Hofbibliothekär Johann Kristoph Göz zu Rath, und da sein Plan gut geheissen wurde, so machte er sich mit Ernste an die Einrichtung. [...] Diese neue Gestalt, welche die vorhin ganz unbekannte, von keinem Fremden besuchte, und nur von etlichen Kennern in der Stille bedauerte Hofbibliothek unter dem in der gelehrten Welt bereits durchaus berühmten Namen ihres Vorstehers erhielt, machte gar bald, daß auch ihr Ruhm ausgebreiteter, das Verlangen reisender Gelehrten, dieselbe zu besuchen, heftiger, und die Ehre der Nation dadurch allgemeiner wurde« (Vacchiery, 1781, S. 33 und 35–36).

8. Ignaz Dominikus Schmid
1768

Ausgekundschafte
Merkwürdigkeiten
von den
BIBLIOTHECKEN
erstlich ins gemein,
und alsdan insbesondere abge-
handelt,
wie solche in verschiedene[n] Königreichen,
Provintzen, und Landschaften vorkom[m]en.
Nach Alphabetischer Ordnung
aus den bewährten Schriftstellern
gesam[m]elt.
Nebst vorangezeigter Stiftung fast aller
Universitäten.

Veröffentlicht in:
Besuch in der alten kurfürstlichen Hofbibliothek / von Staatsoberbibliothekar Dr. Matthias Wellnhofer
In: Bayerische Heimat : Wochenschrift zur »Münchener Zeitung«. – Jahrgang 19 (1937/38). – S. 395–396, 404–405

*

München

Die Churf[ürs]tl[iche] Hofbibliotheck daselbst befindet sich nicht in der Residenz, sondern sie nihmt unweit davon einen Theil des alten Schlosses ein, welches K[aiser] Ludwig der Bajer vormals bewohnte und sonst im Altenhof genannt wird. Obwohl sie gleich in der gelehrten Welt fast nicht mehr bekannt ist, so sehr bewahrten sie vormals ihre Aufseher, des jetzigen Vorgänger, der sie nunmehr rühmlich widerum an das Licht gebracht hat.

Es pranget zwar diese Bücherei nicht mit einem prächtigen Saale und schönen Vorzim[m]ern, hingegen aber ersezet diesen Mangel das Innerliche, nämlich der Bücherschaz. Man findet darinnen eine grosse Sam[m]lung von Manuskripten in hebräischer, griechischer, so sich gegen 300 Stücke belauffen, lateinischer, arabischer, teutscher und italiänischer Sprache. Diese Sam[m]lung ist gröstentheils die Frucht der Liebe, so Herz[og] Albrecht der V. zu den Wissenschaften truge, indem er solche durch ganz Europa aufsuchen, und um grossen Preiß ankaufen ließ. Die neuern Büchern, die auch in grosser Menge sind, haben S[eine] jetztregirende D[u]rchl[auch]t Churf[ürst] Max Joseph, aus einem gleichmässigen Triebe zu den Wissenschaften angeschafet. Und man kan sich leicht vorstellen, daß die Sam[m]lung dieser neuern Werke auserlesen ist, weil der H[och]l[öbliche] Hofrath von Oefele schon über 24 Jahre die Stelle eines Bibliothecarii vertrittet.

Ich mus gestehen, daß ich diesen hochgewölbten, aber nur von Holz gezimmerten Büchersaal niemals habe durchkreuzen können, ohne in meinen Adern einen schröklich Schauder zu empfinden, daß ein so grosser Schaz täglich denen drohenden Feuersflam[m]en ausgesezet seÿe, allermassen das Churf[ürs]tl[iche] Bräuhauß nahe an diesem althofgebäu angeleget ist. Obschon nun keine Hofnung sobald anscheint, daß jener hinter der Haubtmauth gegen der Prangergassen zu, schon bereits 1764 angefangene Neubau seinen Vollstand erhalten werde, dahin man diese Bibliotheck völlig zu transportiren, und seinem Unglück zu entreissen den Vorschlag gemacht hat.

Unter viel andren Seltenheiten der Handschriften zeiget sich hier ein prächtiger griechischer Codex, der fast alle Werke des H[eiligen] Chrysostomus enthält [...]

[Textzitat S. 395–396]

◊

Auf diese handschriftliche Quelle (es ist die Handschrift Cgm 4042 der Bayerischen Staatsbibliothek) hat der Bibliothekar Matthias Wellnhofer aufmerksam gemacht. Über Ignaz Dominikus Schmid, den Verfasser des Textes, schreibt er (S. 395): »Ein eifriger Besucher der Hofbibliothek in damaliger Zeit war Ignaz Dominikus Schmid, ein geborener Ingolstädter (1707 bis 1775), Mitglied und Bibliothekar der bayerischen Akademie der Wissenschaften. Nicht nur das Berufsinteresse zog diesen Gelehrten, der vorher auch die Bibliothek in Ingolstadt eine zeitlang verwaltet hatte, in die Hofbibliothek; von einer seltenen Belesenheit, allerdings ohne besonderen selbständigen Forschergeist, hat er mit einem wahren Bienenfleiße Wissenswertes aus allen Gebieten zusammengetragen und eine staunenswerte Reihe von Bänden gefüllt, die heute in der Hauptsache im Handschriftenbestande der Bayerischen Staatsbibliothek verwahrt sind.«

Schmid beschreibt die Räumlichkeiten der Bibliothek im **Alten Hof** aus seiner persönlichen Erfahrung. Die gewölbte hölzerne Decke hat auch Hainhofer schon im Jahre 1611 erwähnt. Seine Furcht vor einem Brand scheint nicht unberechtigt gewesen zu sein. Das an dieses Gebäude südlich anstoßende kurfürstliche Bräuhaus stand an der Stelle des heutigen Zerwirkgewölbes. – Bei der Beschreibung der Bestände übernimmt Schmid stellenweise wörtlich den Text Gian Lodovico Bianconis.

9. Charles Burney
1775

Carl Burney's
der Musik Doctors
Tagebuch
seiner
Musikalischen Reisen.

Zweyter Band.
Durch
Flandern, die Niederlande
und
am Rhein bis Wien.

Aus dem Englischen übersetzt.

Hamburg, 1773.
Bey Bode.

*

München

Ich ward für meine Mühe, nach dieser Stadt zu reisen, sehr reichlich belohnt, weil ich hier nicht allein sehr wichtige Materialien für meine Geschichte, sondern auch viele Musikkünstler von der ersten Klasse fand, deren Musik und Umgang ergötzend und lehrreich waren. [...]

Die churfürstliche Bibliothek ist reicher an alten musikalischen Autoren und alten Kompositionen, als irgend eine andre, die ich noch in Europa gesehen hatte. Der Herr de Visme war nicht nur so gütig, gleich den zweyten Tag des Morgens seinen Sekretair zu den Bibliothekar zu schicken, sondern erzeigte mir auch die Ehre, nach Tische selbst mit mir nach der Bibliothek zu gehen.

Die Bücher, nach welchen ich suchte, hatten in dem Generalverzeichnisse keinen eignen Abschnitt, sondern waren unter den mathematischen und andern Kunstsachen herum versteckt. Ehe ich also diese Bücher suchen und examiniren konnte, mußte ich mir erst einen Auszug aus dem vermischten Verzeichnisse machen. Der Leser kann sich einen ungefehren Begriff von der Anzahl der musikalischen Schriftsteller machen, wenn ich ihm sage, daß das blosse Verzeichniß ihrer Werke, das ich aus den übrigen heraus gezogen hatte, ungefehr zwanzig grosse Foliobogen betrugen, und zwar die meisten aus dem sechszehnten Jahrhunderte. Aus dem funfzehnten waren überhaupt wenige Bücher vorhanden, und seit den sechszehnten hat diese Bibliothek wenigen Zuwachs erhalten. Indessen befindet sich in der Kapelle eine ungeheure Menge von geschriebenen Musikalien, von der ersten Entstehung des Contrapunkts an, bis auf gegenwärtige Zeiten. [...]

Nymphenburg

Ist der Ort, wo sich des Sommers der Churfürst gemeiniglich aufhält. Es ist ein prächtiges Lustschloß, drey Meilen von München. [...]

Der Churfürst ist ein sehr gnädiger und schöner Herr, trägt sich sehr ungezwungen, und ist von Wuchs weder zu fett noch zu mager, zu lang oder zu klein, wofern mich nicht seine Herablassung zu sehr geblendet hat, um einen Fehl in seiner Person zu bemerken. Er sagte zu seiner Schwester, er setze zum voraus, ich spräche kein Deutsch, sie also, welche Englisch redete, müßte meine Dollmetscherinn seyn. Sie sagte aber, es bedürfe einer so langsamen Methode nicht, weil ich sowohl Französisch als Italiänisch sprechen könnte, worauf Sr. Hoheit anfing Französisch mit mir zu reden. Er sagte mir, ich habe eine sehr ungewöhnliche Reise unternommen, und fragte mich, ob ich mit den Materialien zufrieden wäre, die ich bisher gefunden hätte? Dies gab mir Gelegenheit, ihm zu sagen, daß ich, wie es sehr wahr war, in Ansehung solcher Bücher, die zu meinem Zwecke dienten, und in Ansehung alter Musikalien noch nichts angetroffen hätte, das mit Sr. Hoheit Bibliothek in Vergleichung käme; und daß ich Ursache hätte, nach dem Ruhme der Virtuosen und Komponisten in seinem Dienste, auch in Ansehung der neuern praktischen Musik vieles Vergnügen zu erwarten. Einige davon werden Sie diesen Abend hören, sagte die verwittwete Churfürstinn, und ich hoffe, mein Bruder wird auch spielen, denn ob er gleich kein Professor ist, so spielt er doch zuweilen recht gut. Der Churfürst rächte sich, und sagte mir, seine Schwester sey beydes ein Komponist und eine Sängerinn.

Weil eben einige wilde Thiere vor das Thor des Pallasts geführt wurden, welche zu sehen die ganze Versammlung herbey lief, so bekam unsre Unterredung voritzt dadurch ein Ende. [...]

[Textzitat S. 89, 95–96, 100–101]

◊

Charles BURNEY (1726–1814) erhielt seine musikalische Ausbildung bei Edmund Baker und Thomas Arne. Bis 1746 spielte er auch in Händels Orchester in London. Seinen Lebensunterhalt bestritt er als Organist, Musiklehrer, Musiker und Komponist. Im Jahre 1769 erwarb er den Grad eines Doktors der Musik in Oxford mit der Komposition »I will love thee, o Lord my strength« für Soli, Chor und Orchester. Um Material für seine Musikgeschichte zu sammeln, unternahm er zwei größere Reisen. 1770 reiste er nach Frankreich und Italien; dabei traf er unter anderen mit Grétry, Voltaire, Galuppi, Martini, Leopold und Wolfgang Mozart, Piccini und Jommelli zusammen (vgl. Burney, 1771). 1772 reiste er über die Niederlande nach Deutschland und Österreich. In Wien traf er Metastasio, Hasse und Gluck, auf der Heimreise Carl Philipp Emmanuel Bach in Hamburg (vgl. Burney, 1773). Die beiden Reisen auf den europäischen Kontinent unternahm Burney, um Bibliotheken zu besuchen und die Musikverhältnisse kennenzulernen. – Im Jahr 1776 erschien der erste Band seiner Musikgeschichte »A general history of music«, die weiteren Bände folgten 1784 und 1789. – Herr de Visme, der Burney in München einführte, war der Botschafter Englands in München.

Kurfürst MAXIMILIAN III. JOSEPH regierte von 1745 bis 1777. Mit seinem Tode erlosch die altbayerische Linie der Wittelsbacher. Mit seinem Nachfolger Karl Theodor (Kurfürst von der Pfalz ab 1742, Kurfürst von Bayern ab 1777) rückte die pfälzische Linie in München nach. Maximilian III. Joseph hat die Großmachtpolitik seiner beiden Vorgänger aufgegeben. Sein Ziel war die allmähliche Sanierung der wirtschaftlichen Verhältnisse. Er gehörte zu der Fürstengeneration, die den spätbarocken absolutistischen Lebensstil ablehnte. In die Lebenshaltung des Hofes drang ein bürgerlicher Zug und eine intime familiäre Atmosphäre ein. Da er finanziell ein schwieriges Erbe zu übernehmen hatte, beschränkte er sein Wirken als Bauherr vornehmlich auf die Raumausstattungen in der Münchner Residenz (Kurfürstenzimmer) und den beiden Lustschlössern Schleißheim und Nymphenburg. Sein Hauptwerk aber war der Bau des Residenztheaters von 1751 bis 1753, denn seine besondere Liebe gehörte der Musik.

Den Grundstock an **Musikalien** bildeten die Sammlung des Augsburger Ratsherrn Johann Heinrich Herwart mit etwa 1.500 Bänden und die Bibliothek des Augsburger und Eichstätter Domherrn Johann Georg von Werdenstein mit etwa 4.000 Bänden, die Herzog Wilhelm V. in den Jahren 1585 und 1592 kaufte. – Ein erster Katalog der Musikalien ist zwischen 1629 und 1645 entstanden. Einen umfassenden Katalog aller Musikhandschriften und -drucke erstellte der Bibliothekar Johann Baptist Bernhart erst im Jahre 1802. – Für die Suche nach Büchern über Musik stand Burney seinerzeit nur der 25 Bände umfassende Fächerkatalog zur Verfügung, den der Bibliothekar Andreas Felix von Oefele (in der Hofbibliothek tätig von 1746 bis 1778) erstellt hatte. Dieser Katalog umfaßte die Fächer Geschichte, Recht, Mathematik, Philosophie, Dichtung, Rhetorik und Grammatik sowie Theologie. Die musiktheoretischen Bücher und die Notendrucke waren innerhalb der Mathematik im »Catalogus Mathematicorum« nachgewiesen.

10. Lorenz von Westenrieder
1782

Beschreibung
der
Haupt- und Residenzstadt
München
(im gegenwärtigen Zustande)

vom
Profeßor Westenrieder.

München 1782.
bey Johann Baptist Strobl.

*

Von öffentlichen Hof-, Stadt- und ständischen Gebäuden

1) Das Akademiegebäude in der schwabinger Gaße. Dieses herrliche Gebäude ist von Churfürst Maxim[ilian] III. errichtet, aber das hinterste Stockwerk ist noch nicht vollendet worden. Es reichet in der Tiefe bis in die andere Gaße, wo man nach der Prangersgaße sieht, und enthält drey Höfe, deren besonders der Mittere sehr ansehnlich ist. Der ausgebaute Theil, dessen Plan von Herrn Couviller ist, besteht, außer den Zimmern neben der Erde, in zweyen, hohen Stockwerken, deren das erste dem aus Marmorsteinen gebautem Portal, (das von vier dergleichen Säulen von der Erde an, unterstüzt wird, und eigentlich zum Thore gehört) gleichlauft. Vor demselben ist der Fußweg von Marmor, und ein Geländer von eben solchen Pfeilern, welche mit Ketten durchzogen sind.

In diesem Gebäude, worinn eine meisterhafte Stiege zu sehen ist, sind gegenwärtig die Zeichnungsackademie, die Hofbibliothek, die Akademie der Wissenschaften. Ich will sogleich an diesem Ort von jedem dieser Gegenstände handeln. [...]

b) Gegenwärtig, wo ich dieses schreibe, ist man eben beschäftigt, die vortrefliche Hofbibliothek in eine gute Ordnung zu bringen, und zum öffentlichen Gebrauch derselben die gehörigen Anstalten zu treffen.

Herzog Albert V, ein Herr von ausnehmendem Geschmack, und Gelehrsamkeit legte dazu den Grund, indem er nicht nur aus Italien, wo er als ein junger Prinz studirte, eine gewählte Sammlung von Handschriften und Büchern nach München bringen, sondern in ganz Europa mit größten Kösten alles sammeln ließ, was immer von seltnen Werken, und Denkmälern zu bekommen war. In dem großen Behältniß unter dem Dache im alten Hof, oder der Burg Kaiser Ludwigs, werden noch die Tische und Stühle gezeigt, deren sich dieser Herzog in seiner Privatbibliothek bedienet hat. Dieselbe wurde nach und nach immer mit neuen Schätzen vermehrt, blieb aber in Absicht auf ihr Behältniß nicht in dem besten Zustand. Churfürst Maximilian III ließ sie sehr vermehren, und der selige Bibliothekär von Oefele machte sich darinn sehr berühmt. Jüngst wurden die Bücher nach dem zweyten Stockwerk des Akademiegebäudes gebracht, wo selbe indeß in verschiedenen abgesonderten Zimmer stehen.

In Rücksicht auf Seltenheiten, und innere Güte, ist sie eine der besten in Deutschland. Von den Handschriften, deren sie eine unbeschreibliche Menge, oder vielmehr eine kleine Bibliothek in allen Sprachen besitzt, ist zu Ingolstadt 1602 ein gedrucktes Verzeichnüß erschienen, worinn aber sehr viele nicht angezeigt worden, welche vermuthlich erst seit dieser Zeit dahin gekommen sind. Unter den griechischen Handschriften befinden sich nicht nur die Codices des Martini Crusii, worunter viele von der Handschrift des Georg Darmarius, eines gebornen Griechen, der für den Crusius abschrieb, vorhanden sind, sondern ungemein ältere, und solche, deren Alter sich kaum bestimmen läßt, wie z. B. ein lateinisches Evangelienbuch mit goldenen und silbernen Buchstaben auf purpurfarbenes Pergament geschrieben, und mehrere andere. Es befindet sich unter den griechischen Handschriften ein Codex, der fast alle Werke des heiligen Chrysostomus enthält; Reden und Briefe des Libanius; eine Chronick vom Anfang der Welt bis zur Regierung der Kaiser, Valens, und Valentinus, vom Julius Pollux; zween Bände in Folio vom Theodor Metochita, die seine philosophischen und physikalischen Werke in sich halten; viele griechische Wörterbücher, worunter zwey vom Cyrillus sind, u.s.w. Unter den lateinischen, die Briefe des Heil. Cyprians, ein Juvenal mit Noten, und andere außerordentlich schätzbare Denkmäler, wie z.B. folgendes: de legationibus variarum gentium ad Romanos ex diversis Historicis Arriano, Apiano, Malchio Rhetore Philadelphicorum, et aliis (chart[aceus] fol[io = Papiercodex in Folio]) eines derjenigen ist, die man in den kostbarsten Sammlungen dieser Art vergebens suchet. Eine ähnliche Seltenheit ist ein großer Codex in Quart von wenigst hundert Blättern egyptischen Papiers, welcher ein lateinisches Register aus der Kanzley zu Ravenna, und dieses, Belehnungen von Gütern enthält, die verschiedenen Privatleuten ertheilt worden. Man zeigt noch viele andere Denkwürdigkeiten alter Kunst und Mühe, wie z.B. die großen Himmelskugeln, welche zu den Zeiten Alberts V der berühmte Appianus verfertigt, und Johann Mielichs gemalt hat.

[Textzitat S. 70 – 74]

◇

Lorenz von Westenrieder (∗ 1748 in München, † 1829 in München) war Geistlicher, Historiker und Schriftsteller. 1773 wurde er Professor für Poetik und Rhetorik am Gymnasium in Landshut und nach einem Jahr an der Realschule in München; seit 1777 war er Mitglied der Bayerischen Akademie der Wissenschaften (zuerst in der Belletristischen, dann in der Historischen Klasse); 1779 wurde er zum Schulrat, 1786 zum Mitglied des Geistlichen Rates und 1799 des Bücherzensurrates ernannt. Ab 1801 war er ständiger Sekretär der Akademie der Wissenschaften, bis 1803 auch Direktor der Bücherzensurkommission. – »Mit seinem Roman ›Leben des guten Jünglings Engelhof‹ (2 Bde., 1781 – 1782) verfaßte W[estenrieder] den bedeutendsten Roman eines bayerischen Autors im 18. Jahrhundert. 1779 war er aus Gesundheitsgründen vom Lehramt zurückgetreten; nun auch zunehmend historische Werke, am bedeutendsten hierbei seine Geschichte der Bayerischen Akademie der Wissenschaften (2 Bde., 1784 und 1808) … In seinem Bemühen, um eine Verbreitung der Kenntnis der bayerischen Geschichte verfaßte er zahlreiche populäre Darstellungen, u.a. ›Abriß der bayerischen Geschichte‹ (1798), ›Beiträge zur vaterländischen Historie‹ (10 Bde., 1788 – 1817) …« (Bosls bayerische Biographie).

Besonders anerkennend hat der Berliner Schriftsteller Friedrich Nicolai (1733 – 1811) Westenrieders »Beschreibung der Haupt- und Residenzstadt München« erwähnt: »München hat den Vorzug vor vielen Städten, und selbst vor dem großen Wien, daß von dieser Stadt eine in neuern Zeiten gemachte vollständige Beschreibung vorhanden ist, welche einem Fremden zum Leitfaden dienen kann. Man hat sie dem Herrn Prof. Westenrieder zu danken« (Nicolai, 1785, S. 500). Den Text Westenrieders über die Hofbibliothek übernahm Johann Wolfgang MELCHINGER nahezu wörtlich in sein »Geographisches Statistisch-Topographisches Lexikon von Baiern« (Band 2, 1796, Sp. 340–342). Ein Faksimile-Nachdruck von Westenrieders »Beschreibung« ist 1984 erschienen. – Seit 1854 steht auf dem Promenadeplatz in München eine Statue Westenrieders (neben den Statuen Kurfürst Max Emanuels, des Freiherrn Wiguläus von Kreittmayr sowie der Komponisten Orlando di Lasso und Christoph Willibald Gluck), die ihm König Ludwig I. als Denkmal errichten ließ.

Seit 1774 war die **Hofbibliothek** im ersten Stock des sogenannten Fuggerschen Gebäudes, auch Mauthaus genannt, an der Schwabingergasse (heute Theatinerstraße) untergebracht. Kurfürst Maximilian III. Joseph hatte den Bau seit 1762 für die Akademie und die Bibliothek errichten lassen. Hier konnte der Bestand unter Johann Kaspar Lippert 1779 nach den zwölf Klassen in zwölf Räumen »ansehnlicher, geräumiger und sicherer« aufgestellt werden (nach: Bachmann, 1966, S. 48).

11. Philipp Wilhelm Gercken 1783

Philipp Wilhelm Gercken
Reisen
durch
Schwaben, Baiern, angränzende Schweiz,
Franken, und die Rheinische Provinzen etc.
in den Jahren 1779 – 1782,
nebst
Nachrichten
von
Bibliotheken, Handschriften etc., Röm. Alterthümer,
Polit. Verfassung, Landwirthschaft und Landes-
producten, Sitten, Kleidertrachten etc.
m[it] K[upfern]

I. Theil.
von
Schwaben und Baiern.

Auf Kosten des Verfassers.
Stendal, gedruckt bey D. C. Franzen, 1783.

*

München.

Diese Haupt- und Residenzstadt liegt in einer sehr großen Ebene, die über 20 Stunden wenigstens im Umfange hat, und an dieser Seite, wie schon gesagt, aus Weide und Wiesewachs (auch Heide nach Schleißheim zu), an der andern aber aus gutem Acker bestehet, mithin in einer fruchtbaren Gegend an der Iser. Sie gehöret nicht unter die ältesten Städte von Baiern. [...] Der Marktplatz ist sehr ansehnlich in einem länglichten Viereck, und die Häuser, so an 2 Seiten herum stehen, sind mit Arcaden gebauet, worunter, wie zu Bern, Kramläden befindlich, und bey üblem Wetter der Vortheil ist, daß man bedeckt darunter weggehet. In der Mitte steht ein schöner Brunnen, worauf eine hohe Säule, die mit einer metallnen Statüe der Mutter Gottes (Patrona Bavariae) gezieret ist. Diese sowol als die übrigen kleineren metallnen Statüen zeugen von einem guten Meister. Nicht sehr weit davon an der Iser liegt das alte Residenzschloß, so der Kayser Ludewig, wie vorgedacht, erweitert und bewohnet hat. Man findet solches, im Betracht des neuen Residenzschlosses, so ich hernach beschreiben will, sehr einförmig und simpel, ohngeachtet ein so großer Kayser in selbigem gewohnet, und viele große Handlungen darin entworfen sind, so die Geschichte von Teutschland und Italien kennet. Auch an demselben wird man überzeuget, wie sehr die Pracht der Teutschen Fürsten auch in Ansehung ihrer Wohnungen in neuern Zeiten fast zu geschwind zugenommen hat, wenn man annimmt, daß von K. Ludewigs Zeiten an bis zur Erbauung des neuen Schlosses unter dem Churfürsten Maximilian, ganze Jahrhunderte das alte hinreichend und brauchbar gewesen ist. Vormals war darin auf einem großen Saal die Churfürstliche Bibliothek aufbewahret, die aber vor etlichen Jahren dort fortgenommen ist, weil sie sehr unsicher wegen Feuersgefahr daselbst stand, indem viele Schornsteinröhren durch den Saal gehen, und die Zimmer darunter bewohnt sind. [...]

Die Churfürstliche Bibliothek war vormals, wie schon erwähnet, in einem großen Saal auf dem alten Schlosse befindlich. Seitdem aber der verstorbene Churfürst den großen Gedanken faßete, zur Aufklärung seines Volks, und zur Beförderung der Wissenschaften in seinem Lande eine Academie der Wissenschaften zu München zu stiften, so ist sie vor etlichen Jahren in das ansehnliche Gebäude derselben gebracht worden. Man hat auf dem Hofe daselbst ein besonderes Gebäude, worin sie aufgestellet werden soll, angefangen, so aber noch unvollendet ist. Anjetzo steht sie in etlichen Zimmern, aber nicht in Ordnung. Die Anzahl der Bücher ist nicht übermäßig stark, doch sind wichtige Werke darunter, zumahl im historischen Fache, welches auch darin mit das stärkste ist. Die Sammlung der Handschriften hergegen ist schon ansehnlich, und soll sich auf 500 belaufen, worunter wichtige Griechische, Hebräische und Arabische Codices die Hauptsache machen. Der Churfürst Maximilian I. hat den grösten Theil davon angeschaffet. Unter andern habe ich angemerket:

1) Ein griechischer Codex membran[aceus] in Fol[io] von den Werken des Heil. Chrysostomus, Saec. X.

2) Ein Codex Evangeliorum auf purpurfarbenem Pergament mit goldenen Buchstaben aus dem IX. Jahrhunderte, so vermuthlich noch aus der Carolingischen Regierung in Baiern herrühret, indem er den Codicibus zu S. Maximin, Achen etc. sehr ähnlich ist. Er hat große gemahlte Initialbuchstaben, im übrigen aber ist er mit Uncialbuchstaben geschrieben. Ein Codex von großem Werth.

3) Ein uralter Codex auf Aegyptischem Papier in klein Folio von ohngefähr 50 Blättern, so aus der Canzelei von Ravenna herrühret, und kurze Verleihungen von Gütern an Privatpersonen enthält, fast auf solche Art, wie die Acta von Ravenna, so in dem V. Th[eil] des N. Diplomat. Lehrgeb. S. 467 [= Neues Lehrgebäude der Diplomatik. Erfurt, 1759/1769] aus dem VI. Jahrhundert abgedruckt sind, so ebenfalls ein Canzeleibuch und Registratur gewesen ist. Doch, so viel ich mich erinnere, war diese Schriftart von jener, so daselbst in Tab. 63 eine Probe in Kupfer gestochen giebt, unterschieden, und nicht so undeutlich. Wahrscheinlich ist auch dieser Codex von dem Alterthum. Das Papier ist sehr fein, ohngeachtet allemal 2 Blätter zusammen geklebet sind. Von eben der Art Papier hat man auch auf der Bibliothek zu S[ankt] Gallen erhebliche Ueberreste.

4) Ein lat. Codex und Uebersetzung vom Dioscorides in Fol. Saec. XI. mit gemahlten Figuren der Pflanzen, so aber sehr mittelmäßig sind.

5) Ein Codex auf Pergam[ent] vom Juvenal mit Noten in gr[oß] 8vo wenigstens aus dem X. Saec.

6) Ein Codex vom Virgilio mit Miniaturgemählden, ungemein sauber, und noch andere mehr von Autoribus classicis.

7) Fuggers, Oesterreichischer Ehrenspiegel, in 2 großen Vol[umina] von einem sehr breiten Rande mit sehr vielen gemahlten Figuren. Es ist vermuthlich ein Geschenk des Verfassers an den damaligen Herzog von Baiern gewesen.

8) Ein Codex chartac[eus] Chronici Hirsaugiensis von des Trithemii eigner Hand.

9) Eine schöne Bibel in 2 Bänden von Luthers Uebersetzung, prächtig zu Wittenberg durch Luft 1561 gedruckt. Gleich voran ist ein lat. Brief mit einem Epigram von Melanchtons eigner Hand mit der Jahrzahl 1560 und hinterher des Luthers und Melanchtons Bildniß von Lucas Kranach meisterhaft auf Pergament gemahlet. Sein Zeichen, einen kleinen Drachen, findet man an der Seite. Vermuthlich sind beide von diesem berühmten Mahler sehr gut getroffen.

10) Cod. membr. Epistolarum Cypriani in Fol. Saec. XI.

11) Herm. Schedelii, Chronicon Babenbergense in Fol. A[nno] 1494.

12) Chronicon ecclesiae Augustensis. Cod. membr. Saec. XIII.

13) Felicis Fabri, Descriptio Sueviae et monasteriorum in ea sitorum in 4to, Cod[ex] chart[aceus].

Die zwei große und schöne Weltkugeln, so Herzog Albrecht V. durch den berühmten Baierschen alten Mathematiker den Appianum verfertigen lassen, sind hier aufbewahret, die zu ihrer Zeit gewiß die besten waren, so überall existirten. Obwol sie nach alter Art eingerichtet sind, so muß man doch billig Fleiß und Arbeit daran bewundern. Vorgedachter Herzog Albrecht V. ist auch eigentlich derjenige, so die Hauptgrundlage von der Bibliothek, und ihren Handschriften gemacht hat.

Der jetzige Bibliothekarius ist der Hr. Oberlandesregierungsrath von Lippert, ein würdiger Nachfolger des verstorbnen Hn. von Oefele.

[Textzitat S. 310, 312–313, 328–331]

◇

Philipp Wilhelm Gercken (* 1722 in Salzwedel, † 1791 in Worms) »zeigte schon auf den Schulen zu Salzwedel und Lüneburg eine außerordentliche Vorliebe für das Quellenstudium der vaterländischen Geschichte. Mit diesem verband er seit 1741 auf den Universitäten zu Halle und Leipzig das Studium der Rechte« (Allgemeine deutsche Biographie). Da er ein umfangreiches Vermögen besaß, konnte er darauf verzichten, ein öffentliches Amt anzunehmen, und sich seinen wissenschaftlichen Forschungen widmen. So beschäftigte er sich hauptsächlich damit, das urkundliche Material zur Geschichte der Mark Brandenburg zu suchen und zu veröffentlichen. Dazu unternahm er auch zahlreiche Reisen in Archive und Bibliotheken.

Johann Kaspar von Lippert (* 1729 in Furth, † 1800 in München) studierte in Ingolstadt, promovierte 1758 und wurde Professor an der juristischen Fakultät. 1762 war er kurfürstlicher Revisionsrat und 1768/69 Direktor der Historischen Klasse der Akademie der Wissenschaften. Nach der Aufhebung des Jesuitenordens im Jahre 1773 wurde er zu einem führenden Mitglied der sogenannten Exjesuitenpartei. Er hatte mehrere einflußreiche Ämter inne und wurde in den letzten Regierungsjahren Kurfürst Karl Theodors einer seiner engsten Vertrauten. 1775 wurde er noch während der Amtszeit Oefeles als dessen Nachfolger ernannt; er übte das Amt des Hofbibliothekars bis 1781 aus; in seine Zeit fiel auch der Umzug der Bibliothek in den ersten Stock des Akademiegebäudes (Fuggersches Gebäude). 1776 wurde er Mitglied der Kommission in Universitätssachen, 1781 Archivar, 1791 Oberlandesregierungsrat, 1792 Geheimer Rat und Mitglied der Schul- und Universitätskuratel, 1797 Geheimer Kabinettssekretär. Nach dem Regierungswechsel wurde er 1799 in den Ruhestand versetzt. – Der Schriftsteller Friedrich Nicolai erinnert sich in seinem kurzen Bericht vom

Besuch in der Münchner Hofbibliothek an Lippert: »Auch sah ich die kurfürstliche Hofbibliothek, welche damals noch in diesem Hause stand [= Fuggersches Gebäude], und 1784 in den Studentensaal des ehemaligen Jesuitenkollegiums gebracht worden ist. Die eigentliche fürstliche Bibliothek soll ungefähr 80,000 Bände enthalten, und die derselben einverleibte Jesuitenbibliothek, welche damals noch besonders stand, ungefähr 23,000. [...] Der Hr. Regierungsrath v. Lippert, als Bibliothekar, zeigte mir mit vieler Gefälligkeit diese Büchersammlung und gab dabey Proben von seinen literarischen Kenntnissen« (Nicolai, 1785, S. 616–618).

12. Francesco Alberti
1792

LETTERE
ITALIANE E TEDESCHE
SOPRA
LE NOTABILI PARTICOLARITA DELLA
CITTA ELETTORALE
DI
MONACO RESIDENZA
DELLA BAVIERA,
COME
PURE DELLE DI LEI PIACEVOLI VICINANZE E
MOLT'ALTRE ANETODI DI DIVERSI PAESI.

IN MONACO MDCCLXXXXII.

Italienische und deutsche
Briefe
über die vornehmsten Merkwürdigkeiten
der
churfürstlich-baierischen
Residenzstadt München,
wie auch
von den umliegenden Lustgegenden und verschiedenen
Anectoden von andern Ländern.
Mit Erlaubniß des churfürstl. Censurkollegiums.

München 1792.
gedruckt bey Joseph Zangl, bürgerl. Stadtbuchdrucker.

*

Vierter Brief.

Mein theurer Markese!

Nun kann ich mich nicht mehr enthalten, von der kurfürstlichen Bibliothek zu reden. Sie ist nicht in der Residenz befindlich, welche wir miteinander durchwandert haben, sondern in dem Exjesuitenkloster neben der Kirche über zwey Stiegen. Bereiten Sie sich eine der vortreflichsten hier zu sehen.

Die grosse Sammlung von Manuscripten in hebräischer, griechischer, lateinischer, arabischer, deutscher und italienischer Sprache, so Sie daselbst finden werden, ist größtentheils die Frucht der Liebe, die Albrecht V. zu den schönen Wissenschaften trug; indem er solche durch ganz Europa aufsuchen, und um grossen Preis aufkaufen ließ. Die neuern Bücher sind von dem verstorbenen Kurfürsten Maximilian Joseph II. [gemeint ist Kurfürst Maximilian III. Joseph] angeschaft, der sie sonderlich in diesem kostbaren Stücke von Tag zu Tag reicher und auserlesener gemacht hat. Karl Theodor unterläßt auch nicht sie mit sehr schönen Büchern zu vermehren.

Der Bibliothekarius wird Ihnen die seltensten Sachen zeigen, dessen ungeachtet erlauben Sie mir, daß ich Ihnen einige anführen darf, wie sie sich meinem Gedächtnisse darstellen werden, damit ich doch auch etwas beytrage, Ihnen diese Schätze bekannt zu machen; [...]

Lassen Sie sich einen prächtigen griechischen Kodex zeigen, der fast alle Werke des heiligen Chrysostomus enthält, mit grossem Fleiße geschrieben, und gewiß nicht viel später, als vom zwölften Jahrhundert ist; wie auch einen griechischen Pentateuchus, und neues Testament, die noch älter, aber nicht minder prächtig, in Griechenland geschrieben, und wohl behalten sind. Daselbst ist auch ein lateinisches Evangelienbuch mit goldnen und silbernen Buchstaben auf purpurfarbenes Pergament geschrieben; ohne Zweifel zum Gebrauche einer vornehmen Kirche; ein sehr schönes, und besonderes Stück; von welchem Jahrhunderte es sey, wage ich nicht zu sagen, weil diese Art Buchstaben zu mahlen, keine solche genaue Kennzeichen hat, als die Kurrentschrift. Sie können aber aus den darinnen befindlichen Figuren der Evangelisten gewiß versichert seyn, daß es nach allen Gründen viel älter, als aus dem zehnten Jahrhunderte sey. Zum Beweise dessen muß wenigstens das Evangelienbuch Karls des Grossen ein Zeitgenosse desselben seyn, welches im tausendsten Jahre nach Christi Geburt von Otto III. im seinen Grabe gefunden worden, und diesen man sich noch bey der feyerlichen Krönung der Kaiser bedienet. Gleichwohl hat dieses, wie ich sicher weiß, kein älter Ansehn, als jenes. Ein ähnliches, obgleich nicht so schönes, habe ich in der Abtey zu St. Denis, nahe bey Paris, wie auch ein anders, in der erzbischöflichen Akademie zu Rheims, und noch eins in der Kathedralkirche zu Verona gesehen. [...]

Lassen Sie sich die beyden schönen Weltkugeln zeigen, die nach alter Art gemahlet sind, und welche zu Zeiten Albrecht des V., der sie von dem berühmten Appianus, dem ingolstädtischen Mathematiker, machen lassen, gewiß die größten, und schönsten gewesen, die damals in ganz Europa gesehen worden. Die Himmelskugel verdiente in einer Bildergallerie zu stehen. Und gleichwohl ist es blos ein mit vielem Fleiß verfertigtes Werk desjenigen Johann Mielichs, von dem ich Ihnen bey Gelegenheit der Bußpsalmen des Lasso gedacht habe. Die darauf befindlichen Gestirne sind nach ihrer verschiedenen Größe, durch soviel masiv goldene Sterngen bemerket, die man darauf befestiget hat. Allein, wie vieler anderer Sachen erinnere ich mich nicht mehr?

Dasjenige, dessen ich niemals vergessen werde, ist das allerschönste Papier [= Papyrus], welches Sie vielleicht jemals zu sehen hoffen können. Hier ist nicht die Rede von einem Blatte, nicht von zweyen, wie man Ihnen im Vatikan zwischen Krystallen, in der Akademie des Instituts zu Bologna, und anderwärts zeiget. Hier ist von einem grossen Quartbuche die Rede, welches vielleicht hundert Blätter enthält; und unter denen bekannten Papieren ist nur das berufene Fragment des Flavius Josephus zu Mailand, welches dieses an Größe übertrift. Die ersten und letzten Blätter sind zwar ein wenig abgekommen, und zerfetzet, aber die mittlern sind so frisch, und wohl erhalten, als wenn sie nur vor wenigen Jahren geschrieben wären. Dieses ist ein lateinisches Register aus der Kanzley zu Ravena, welches Belehnungen von Gütern enthält, die verschiedenen Privatleuten ertheilet worden. Wie es aber hiehergekommen, kann ich Ihnen nicht sagen. Dergleichen Denkmäler mittlerer Zeiten sind desto größere Schätze, jemehr sie sich verlohren haben, und desto seltner sie folglich sind. [...]

Ich habe mit Fleiß, theurer Markese, noch viele schöne Sachen zurückgelassen, damit Sie voll angenehmer Gedanken aus dieser Bibliothek kommen können, diese bestehen in einigen alten Handschriften, die voll unnachahmlicher Miniaturarbeit sind. Die Historie derselben ist viel zu merkwürdig, als daß sie es nicht verdienen sollte, hier erzählt zu werden. Es sind nur wenige Jahre her, daß man im Durchsuchen und Ausstebern gewisser alter bis dahin unbemerkter Schranke im Schlosse im Boden eines derselben eine mit vielen Schlößern wohlverwahrte eiserne Küste gefunden. Niemand zweifelte, wie Sie wohl denken können, einen Schatz gefunden zu haben, und alles bestrebte sich, sie zu öffnen, und seine Augen daran zu weiden. Wie erstaunte man aber, als man nichts anders, denn eine Menge alter Bücher fand, so insgesamt Handschriften waren. Der Trost war nicht hinlänglich, daß alle diese Bände prächtig in Sammet gebunden waren, und theils goldene, theils silberne, und vergoldete Schlößer von der saubersten Arbeit hatten. Wie viele von diesen guten Leuten werden nicht dabey gewesen seyn, so mit Phädrus gesagt haben: Carbonem pro Thesauro invenimus! Wie aber, und wenn diese schöne Sammlung mag eingesperrt worden seyn, das mag Gott wissen! Einige wollten glauben, das wäre damals geschehen, als München von Gustav Adolph, König in Schweden eingenommen worden. Wenn dem also ist, so haben Sie diesem großmüthigen Helden sehr unrecht gethan, weil er auch als ein Eroberer von Baiern, soviel die Geschichten damaliger Zeiten sagen, nicht eine Nadel angerühret, sondern sich begnüget hat, den Krieg mit Festungen und Heeren zu führen. Er hätte sich auf das Recht der Wiedervergeltung (Repressalien) beruffen können, zum Besten Friderichs, Kurfürstens von der Pfalz seines Bundesverwandten, dem man unzähligen Schaden gethan, und das Schloß von Heidelberg ganz ausgeblündert hatte. Allein Gustav schämt sich dergleichen Vorwand zu brauchen. Diese Bücher bestunden in Turnieren, und Wappenbüchern des kurfürstlichen Hauses; in einem schönen pergamentenen Manuscripte, von des Boccaccio berühmten Männern mit den vortreflichsten Miniaturbildern; Ferner in Handschriften von der Musik und dergleichen Sachen mehr. Die schönsten davon sind zween grosse Bände auf Pergament vom Atlasgröße, und enthalten die sieben Bußpsalmen vom Orlando Lasso, Herzog Alberts des V. berühmten Kapellmeister in Musik gesetzt. Ihre Seltenheit besteht in den Miniaturgemälden, die auf allen, und jeden Seiten dieser zween Bände die breitesten Rände anfüllen; welche von einer unvergleichlichen Schönheit sind, und alle Geschichten des alten und neuen Testaments, wie auch die merkwürdigsten Stellen der Kirche, und weltlichen Geschichten, so damit einige Verwandtschaft haben, vorstellen. Außer diesen ist dabey eine grosse Menge einzelner Bilder des Herzogs Alberts, der Herzoginn Anna von Oesterreich seiner Gemahlinn, von ihren Kindern, von dem Komponisten Orland, von dem Mahler, der sich selbst abgeschildert, und Johann Wielich [= Mielich] geheissen hat. Dabey sind auch sogar die Bilder der berühmtesten Tonkünstler, welche damals in der Hofkapelle florirten, die aus zwölf Sängern von jeder Stimme bestund, ohne die grosse Anzahl der Saiten, und blasenden Instrumenten von allerley Art. Unter andern Bildnissen ist auch Sydrian von Rohre von Melchen [= Cipriano de Rore aus Mecheln] seines, der nachmals herzoglicher Kapellmeister zu St. Marko in Venedig geworden, und in des Oktavio Farnese Diensten 1565 in Parma gestorben. Auf einem besondern Blatte sieht man das ganze herzogliche Orchester, wie es Musik macht, und den Herzog Albert, der es accompagnirt. Der Ausleger die[s]er Bilderhistorien war Samuel Quichelberg. Ich würde zu viel zu thun haben, wenn ich Ihnen alle Zierathen, und die Merkwürdigkeiten sagen wollte, die Sie da finden werden. Es ist keine Seite darinnen, die nicht ein schönes Gemälde in einen auserlesenen Kabinette abgeben könnte. [...]

Diese Bibliothek, wie ich gesagt habe, ist größtentheils ein Werk des grossen Herzog Alberts des V., der aus allen Ursachen verehrungswürdig gewesen. Außerdem, daß er ein weiser Fürst war, und im deutschen Staatskörper ein grosses Ansehen hatte, war er in den damaligen schweren Zeiten ein kluger Staatsmann, ein grosser Wirth, guter Hausvater, und viel gelehrter, als gemeiniglich die grossen Herrn sind. Er hatte (dieß sey zu unserm Ruhm gesagt) als ein junger Prinz in Welschland unter den vortreflichsten Gelehrten studieret, und nach Baiern eine reiche Erndte, von pergamentnen Handschriften, Büchern, und Gelehrsamkeit mitgebracht. Er starb zu grossen Schaden seiner Staaten 1579 in ziemlich frischen Alter, weil er kaum das 50te Jahr erfüllet hatte. Dieses war seine Privatbibliothek.

Deutschland hat unter seinen Fürsten allemal einige gehabt, die sich ernstlich auf die Wissenschaften geleget haben. Was werden doch einige Edelleute sagen, die Sie und ich kennen, und welche sich eine Ehre daraus machen, nichts zu wissen; wenn Sie die vielen gelehrten Anmerkungen sehen sollten, die an dem Rande der Bücher geschrieben sind, welche die Bibliothek des grossen Kurfürsten August des I. von Sachsen ausmachen, und deren noch zu hunderten in der königlichen Bibliothek zu Dresden sind. Allein von den Todten zu schweigen, was würden Sie nicht von dem itzt regierenden Kurfürsten Karl Theodor sagen, dessen tiefe Gelehrsamkeit viele in Verwunderung setzt, als sie die Ehre haben, diesem Herrn ihre Aufwartung zu machen? In Wahrheit ich weiß nicht, ob auf seiner hohen Schule zu Heidelberg irgend ein gelehrterer Professor ist, als Er selbst? Was wurden Sie sagen von vielen andern grossen Herrn, die nicht angestanden haben, die Zahl der Schriftsteller zu vermehren, und einen so erhabenen Platz in der gelehrten Republik einnehmen? Gewiß, diese grosse Herrn glauben nicht, daß die Unwissenheit und der Müßiggang ein Zeichen des Adels sey; sondern sehen solche als eine Wirkung der Verderbniß des Gemüthes, und der niederträchtigsten Trägheit an. [...]

[Textzitat S. 61–67, 77–79, 85–91, 97–99]

◊

Die »Briefe« wurden von dem aus Verona stammenden Francesco Alberti herausgegeben. Er kam 1772 nach München, wo er 1776 auf Empfehlung der Kurfürstin von Sachsen, der er in der italienischen Sprache Unterricht gegeben hatte, als Lehrer der italienischen Sprache am kurfürstlichen Lyzeum angestellt wurde. In der Vorrede seiner zweisprachigen Ausgabe der Briefe des berühmten, 1781 gestorbenen Gian Lodovico Bianconi schreibt er: »Da aber seine Briefe über Baiern von einer grossen Seltenheit sind, so entschloß ich mich, was von ihm genau vorgebracht worden ist, wieder unter dem Publikum lebend zu machen, hingegen derjenigen Sachen, welche einigen Lesern wenig Vergnügen verschaffen möchten, nicht mehr zu gedenken, und nicht allein von denjenigen, welche verändert worden, zu melden, sondern andere, welche unter dieser Zeit errichtet worden sind, dazuzusetzen. Alle diese Zufälle habe ich aus Ersuchen meiner hochadelichen Schüler ins deutsche übersetzt, und in beyden Sprachen drucken lassen. Ich hoffe also dadurch nicht allein den Fremden eine Gefälligkeit gethan zu haben, sondern auch den Baiern selbst.«

Albertis Übersetzung ist wenig gekonnt und teilweise fehlerhaft. Die auf die kurfürstliche Bibliothek bezogenen Passagen aus dem ursprünglich dritten Brief, in dem Bianconi auch die Entdeckung der Kisten mit den kostbaren Handschriften schildert, hat er sprachlich ungeschickt in den vierten Brief eingebaut. Weniger schmeichelhafte Passagen, etwa das Zitat aus Francesco Petrarcas Canzone »Italia mia«, fehlen.

Die **Plünderung der Bibliothek** durch König Gustav Adolf von Schweden im Jahre 1632 wird schon durch Bianconi (1762) als nahezu unglaubwürdige Geschichte dargestellt, mit der man »diesem großmüthigen Helden sehr unrecht gethan«. Karl August MUFFAT schildert dieses Ereignis zweihundert Jahre später im Jahre 1832 so:

> Gustav Adolph war indeß bis Landshut, Moosburg und Freising vorgedrungen, um gerade auf München loszugehen, das er abzubrennen gedroht hatte, wenn der Churfürst sich nicht von dem Kaiser trennte. Der Magistrat der Stadt sah in dieser verzweiflungsvollen Lage kein anderes Mittel übrig, als ihm Abgesandte entgegenzuschicken und ihn um Gnade und Schonung anzuflehen. Obgleich Gustav Adolph sich an Magdeburgs Fall und Zerstörung zu rächen beschlossen hatte, gab er jedoch, der schönern und menschlicheren Regung des Vergebens folgend, dem Flehen der Abgeordneten nach und versprach, daß die Stadt von Brand und Plünderung verschont bleiben und das Staats- und Privateigenthum gesichert seyn solle. Dagegen forderte er, nachdem er den 17. Mai 1632 mit dem Pfalzgrafen Friedrich, dem Pfalzgrafen August von Neuburg und den Herzogen von Sachsen-Weimar Bernhard und Wilhelm seinen Einzug gehalten hatte, eine Brandschatzung von 300,000 Reichsthalern. Wenn schon von dieser Summe in dem Augenblicke nur 90,000 Reichsthaler erlegt werden konnten, wurde den Bürgern dennoch treulich Wort gehalten. Um so mehr muß es befremden, wie sich die Zügellosigkeit der Soldaten an dem, dem Churfürsten gehörigen Eigenthume vergreifen konnte. Wenn selbst die neue Residenz von dem Frevel der Soldaten nicht frei blieb und daselbst alles verunreinigt, viele Möbel theils verdorben, theils entfremdet wurden, so kannte vollends die Ungebundenheit des gemeinen Trosses in der alten Burg keine Gränzen mehr. Was hier in der Kunst- und Harnischkammer* aufgehäuft und seit langen Jahren an seltenen Kunst- und Naturproducten, an alten Waffen und Rüstungen mit großen Kosten gesammelt war, wurde eine Beute der Soldaten, die sich nicht damit begnügten, dieselben ganz rein auszuplündern, sondern auch alles, was sie nicht fortbringen konnten, zertrümmerten und zerschlugen. Ein gleich trauriges Schicksal erfuhr die ebenfalls daselbst befindliche Bibliothek. Hier wurde alles aus den Stellen gerissen, die Bücher zerfetzt und in wilder Unordnung unter einander geworfen, beinahe die Hälfte der vorhandenen Werke gestohlen und fortgeschleppt. Auch die Bildergallerie ward einiger ihrer besten Schätze beraubt.
> Welche Empfindungen die Nachricht von diesen Vorfällen in Maximilian erregte, kann leicht ermessen werden, da er zu seinem großen Leidwesen sogar hatte vernehmen müssen, daß die Bibliothek und die Kunstkammer nach dem Abzuge der Feinde nicht einmal mehr zugesperrt, sondern was von Feindeshand nicht geraubt oder zerstört, andern böswilligen Menschen dadurch preisgegeben worden war. [...]

* Aus der Kunstkammer wanderte besonders manche kostbare Handschrift mit den sächsischen Prinzen nach Gotha, wie Jak. Strada's numismatisches Werk in 30 Foliobänden, das aus Fuggers Besitz i. J. 1550 an Albrecht V. gekommen war.

> Die noch in München anwesenden Hofräthe beeilten sich auch, so viel bei der allgemeinen Verwirrung hatte in Erfahrung gebracht werden können, dem Churfürsten in einem Berichte darzustellen. In dem die Bibliothek betreffenden Abschnitte heißt es:
> »Auf der Bibliothec ist gleichwol auch zimblicher massen aufgeraumbt, doch bei weitem so vil nit abwekh genommen worden, alls was noch vorhanden; dieweiln aber alles under einander zerstrait, und auß iren ordenlichen stellen khomen, khan man dermaln unzt (bis) alles wider in ein ordnung gebracht, mit welche E. Curfrtl. Rath und Bibliothecarius Dr. Belchambs auch starckh im werkh ist, nit aigentlich wissen, wessen man in mangl steet, oder noch vorhanden. Wann er nun dasselbe gar zu ent gebracht wirdet solches ebenmessig underthenigst hinnach berichtet.«
> (Muffat, 1832, S. 244)

Nach der Aufhebung des Jesuitenordens im Jahre 1773 war die Jesuitenbibliothek in den Besitz der Hofbibliothek übergegangen; sie blieb allerdings in den Räumen des Jesuitenkollegs, des sogenannten Wilhelminum. Erst nach entsprechenden Umbauten unter Kurfürst Karl Theodor wurde die gesamte **Hofbibliothek** im Jahre 1784 in das Gebäude des ehemaligen Jesuitenkollegs umgesiedelt. Die Bibliothek befand sich im zweiten Stock des sonst der Akademie zugewiesenen Gebäudes; hier verblieb sie bis zum Bezug des Neubaus an der Ludwigstraße unter König Ludwig I. im Jahre 1843. Der 1783/84 geschaffene Hauptraum der Bibliothek war zugleich der Festsaal der Akademie. Das Gebäude wurde im Jahre 1944 durch Bomben weitgehend zerstört (vgl. Volk, 1974). – Am Eingang des Wilhelminums wurde im Jahre 1890 eine Tafel angebracht, auf der man noch heute lesen kann, welche Institutionen »Das Wilhelminische oder Alte Akademie-Gebäude« im Laufe der Zeit beherbergte: »Die älteren Teile des Gebäudes dienten von ihrer Erbauung bis zur Aufhebung des Jesuiten-Ordens 1773 diesem Orden als Gymnasium und Kollegium. Dann gelangten sie nach vorübergehender Benützung durch den Malteserorden und verschiedene kurfürstliche Behörden, 1783 an die im Jahre 1759 gestiftete Akademie der Wissenschaften. Neben der Akademie befanden sich noch folgende bedeutendere Hof- u. Staatsanstalten im Gebäude: Zentral- spätere Staatsbibliothek 1774 – 1843, Kadettenkorps 1775 – 1826, Landesarchiv 1784 – 1844, Kurfürstl. Maler-Bildhauer u. Zeichenschule 1781 – 1809, Akademie der bildenden Künste 1809 – 1885, Universität 1826 – 40, Handelsministerium 1842 – 66, Landtagsarchiv 1845 – 68, Schwurgerichtshof 1848 – 57. Heute teilen sich mit der k. Akademie der Wissenschaften und den wissenschaftlichen Sammlungen des Staats folgende Staatsstellen in den Besitz des Gebäudes: Oberstes Landesgericht und Geheimes Staatsarchiv seit 1845, Rechnungskammer seit 1865, Oberlandesgericht seit 1879, eine Postfiliale seit 1887«. Heute befinden sich im Gebäude an der Neuhauserstraße ein Kaufhaus und das Bayerische Statistische Landesamt.

13. Joseph Burgholzer
1796

Stadtgeschichte
von
München,
als
Wegweiser
für
Fremde und Reisende.

Von
Joseph Burgholzer,
beeder Rechte Lizentiat.
[...]

Erstes Bändchen.
München, 1796.
Bey Joseph Lindauer.

*

Bibliothek, Akademie und Kunstgebäude.

Das Gebäud der Churfürstl. Hofbibliothek ist das zweyte vordere Stockwerk des ehemaligen Jesuitenkollegium's seit dem J. 1784, wohin selbe im obbemeldten Jahre von dem ersten Stockwerke des dermaligen fürstlich Pretzenheimischen Pallastes gebracht wurde, da sich selbe vorher im alten Hof* befand, unter dem Titel: Liberey (Bücherey). Diese prachtvolle Darstellung in Einem setzt schon eine lange vorhergehende Geschichte zum voraus. Die Geschichte dieser vortreflichen Bibliotheksammlung† fängt sich im 16ten Jahrhunderte mit Herzog Albert V. an, und setzet sich durch alle folgende Herzoge und Churfürsten bis

* Von der Dunkelheit dieser Bibliothek, so einen inneren Werth dieselbe schon hatte, kann man aus folgender Briefstelle eines Reisenden an den Baron de Crassier an seinen Freund von Passau 3ten October 1717, da selber die Bibliothek mit Mühe erfragen konnte, schliessen: Pour ce qui est de la Bibliotheque, personne ne sut me dire d'abord où elle étoit placée; et lorsqu'après bien des informations, j'appris que c'étoit à la vieille cour etc.
Voyage litteraire de deux Religieux Benedictins de la Congregation de S. Maur. Second voyage. à Paris 1724. 4. p. 175.
Ueberhaupt ward damal der alte Hof der einzige Verwahrungsort für Generalien und Dokumenten, und zwar ohne Ordnung, so, daß es den gegenwärtigen Zeiten vorbehalten war, aus dem Chaos Ordnung, und aus der Finsterniß Licht zu schaffen; wie man überhaupt aus den Sammlungsgeschäften der Nachwelt schliessen kann, wie vieles die Vorwelt zerstreuet habe.

† Historisch litterarischer Versuch von Entstehung und Aufnahm der Churfürstl. Bibliothek in München. Gerhoh Steigenberger ak. Rede. 1784.

auf den heutigen Tag noch fort. Daß diese Universalbibliothek aus verschiedenen, sonderheitlichen und Privatbibliotheken erwachsen sey, läßt sich leicht denken. Dergleichen Privatbibliotheken waren vorzüglich die Schedelische nach 1514, Widmannstadische nach 1540, Fuggerische nach 1555; die Doktor Hörwarthische nach 1600; die Doktor Meermannische, die Dommherr Werthensteinsche von Eichstädt und Augsburg, überbracht*, dann die Crusische oder Tübing'sche, und neuerdings die Bibliothek des Petrus Victorius, womit die Hofbibliothek erst jüngst von Sr. Churfürstl. Durchl. Karl Theodor vermehrt worden ist, und dessen Bildniß nach Titian bey den Seltenheiten und Manuscripten aufgehangen ist. Auch die Bibliothek des im Jahr 1790 den 27sten Oktober verstorbenen Staats- und geheimen Kanzlers Aloys Wiguläus Freyherrn von Kreittmayr ward mit der Hofbibliothek vereiniget, worein wie alle kleinere Flüße in grössere alle Privatbibliotheken zu fliessen scheinen. Das Hofbibliothekgebäud überhaupt besteht

1) Aus dem *Vorzimmer*, worinn von innen neben dem Eingang Herzog Wilhelm V. und seine Gemahlinn Renata in Lebensgröße von Christoph Schwarz gemalen sich befinden; ferner ein schönes Monument aus schwarzen Gypsmarmor von Hofstukatorer Feichtmayr, das von Sr. Churfürstl. Durchl. Karl Theodor aufgestellt, eine kurze Geschichte der Bibliothek enthält in folgender Inschrift, derer Buchstaben von Messing und vergoldet, also in den Marmor eingekittet zu lesen sind:

CAROLUS THEODORUS ELECTOR
Bibliothecam
ab Alberto V. institutam,
Subsequentium Principum
Munificentia locupletatam,
Ampliore et ornatiore loco constitui,
lectissimis Voluminibus
a Typorum elegantia,
a Clarorum Virorum Autographis
Notis et usu commendatis
aliisque librariorum opum
Accessionibus amplificavi,
necessariis legibus communivi.
Postremo ut Genti Bavaricae
et Orbi litterato gratificarer,
Scientiarum incremento
etiam apud posteros consulerem,
Utilitati publicae dedicavi.
Anno MDCCXC.

* Andreas Hörl bekam wegen Herführung der Werdensteinischen Bücher 217 fl. 35 kr. für Ausgabe und Unkösten im J. 1594 von Herzog Wilhelm V.

2) Aus dem *vordern Bibliotheksaale*, welcher der vormalige sogenannte Studentensaal war, worinn sich Geschichte überhaupt, Litterargeschichte, und Philosophie befinden, und zwar herunten die Profangeschichte, und Litterargeschichte, oben auf der Gallerie die Kirchengeschichte und Philosophie. Die Brüstung der Gallerie nimmt eine Sammlung von beyläufig 40000 Abhandlungen verschiedenen Inhalts ein. Und ober dem Vorzimmer sind die Dupple-ten. Unter den Alterthümern verdienen nicht so fast wegen der Seltenheit, als wegen den Original- oder sonst ausgezeichneten Ausgaben angemerkt zu werden: Antiquités Etrusques, Grecques et Romain[e]s, tirées du Cabinet de M. Hamilton, Envoyé Extraordinaire et Plenipotentiaire de S. M. Britannique en cour de Naples. IV. T. à Naples 1766–1767 englisch und französisch mit den vortreflichsten Kupfern. Ferner das Herkulanum, oder die Beschreibung der alten verschütteten Stadt Herkulanum, wovon noch immer Entdeckungen gemacht werden, in der Originalausgabe vom Jahr 1759. Mitten im Saale befinden sich die großen Erd- und Himmelskugeln von Appianus verfertigt, und von Joh. Georg Mielich gemalen.

3) Aus dem *hintern Zimmer*, worinn sich unten die Fontes Theologiae befinden. Aus den Polikloten [= mehrsprachigen Bibelausgaben] ist merkwürdig die Biblia complutensia etc. von Konrad Ximenes. Aus den Bibeln die Biblia sacra vulgatae editionis Sixti V. Pont[ificis] Max[imi] Iussu recognita atque edita. Romae ex Typographia apostolica vaticana 1592, in Duplo, wovon die eine ziemlich beschmutzt ist, weil selbe von den Jesuiten gewöhnlich über Tisch gelesen worden. Ferner ein Breviarium romanum ex Decreto SS. Concil. Trident. restitutum Pii V. Pont. Max. avec les Rubriques Traduites en François par le Comandement expres du Roy; pour l'usage de ses religieuses congregations à Paris 1588. II. Tomi. in groß Folio, das deßwegen merkwürdig ist, weil selbes vom König Heinrich IV. in Frankreich dem bajerischen Herzog Wilhelm V. als ein königliches Geschenk überschickt worden*. Mehrere merkwürdige Bibeln finden sich unter den Seltenheiten. Im nämlichen Zimmer oben befinden sich die Belles Lettres, worunter ein Homer vorzüglich merkwürdig, und mehrere unter den Seltenheiten.

4) Aus dem *Seitengange*, worinn sich oben befinden die Naturgeschichte, Medizin, und Musik. Aus der Naturgeschichte, die ein überaus wohlbestelltes starkes Fach ist, weil sich daraus zur Vervollkommung und Veredlung der Menschen noch vieles erwarten läßt, ist vor andern merkwürdig: Ausserlesene Schneckenmuscheln und andere Schaalthiere auf Befehl Sr. Majestät des Königs von Dänemark Friedrich V. von Friedrich Regenfuß königl. Kupferstecher. Koppenhagen 1758. Die Stiche sind ausserordentlich. Mehr anders unter den Selten-

* Es befindet sich von Kaiser Heinrich IV. in der Bibliothek des Reichsstiftes St. Emmeram in Regensburg ein so seltenes und an Alterthümern reiches Evangelienbuch, daß, wie man sagt, Churfürst Maximilian I. die Stadt Straubing samt allem dazu gehörigen dem Kloster um dasselbe gegeben hätte; ein Beweis, wie sehr Maximilian für die Aufnahme der Bibliothek besorgt gewesen; welcher Umstand seiner Wichtigkeit wegen aus den Briefen an den Baron de Crassier vom 1717 3. Oktober wörtlich eingerückt zu werden verdient: Le livre aux evangile[s] de saint Emmeram, est encore une rare et tres riche antiquité, c'est un don de l'empereur Henry IV. on me dit, que Maximilien (I.) grandpere du duc de Baviere à présent, ne savoit assez l'admirer, et qu'il en avoit offert sa ville de Straubingen avec ses dependances; mais les bons Moines persuadez que ce duc les leur reprendroit en suite, quand il voudroit, trouverent convenable de refuser un si bel offre. – Voyage litteraire de deux Benedictins etc. p. 175.

Abbildung 6
Bibliothekssaal von 1784 im Gebäude der Akademie. Foto, um 1930

heiten und Manuscripten. Eben so hat die Medizin ausnehmende anatomische Zeichnungen. Das Musikfach, welches besonders durch die Hörwarthsche Bibliothek sehr vermehrt worden, enthält vortrefliche Werke von dem berühmten Tonkünstler Orlando de Lasso herzoglichen Kapellmeister, der im J. 1594 starb. Im nämlichen Seitengange unten befinden sich die Seltenheiten, nämlich die im 15ten Jahrhundert gedruckten Bücher und die Manuscripten. Aus den Seltenheiten zeichnen sich aus die prächtige Bibel Martin Luthers, gedruckt zu Wittenberg durch Hans Lufft im J. 1561, oder vielmehr 1560, wie zu Ende steht, in 2 groß Foliobänden auf Pergament gedruckt. Die Titeln haben die sächsischen Wappenschilder zur Einfassung. Dabey befinden sich Portraits Johann Friedrichs des Churfürsten von Sachsen, Luthers, Melanchtons, der mit seiner Handschrift eine kleine Lebensgeschichte Luthers und 8 lateinische Distichen de Monarchiis beygesetzt hat, von Lukas Granach dem Jüngern. Ferner die 2 ersten gedruckten deutschen Bibeln, nämlich die sogenannte Maynzerbibel vom J. 1462, und die Straßburgerbibel vom J. 1466. – Claudii Ptolomaei Cosmographia. Bononiae per Dominicum de lapis. 1462. mit den allerältesten Landkarten. – Horatii Opera in 2 groß Oktavbänden von Johann Pine gestochen. 1733 – 37. – Cicero de Officiis et Paradoxa durch Johann Fust 1465. – Ein altdeutscher Kalender auf einem Regal Folioblatt an der Decke eines Buches von Günther Tzainer von Reutlingen zu Augsburg 1470 worinn die 4 letztern Monate genannt werden: Folmont, Herbstmont, Slachtmont, Wintermont. – Die Manuscripte bestehen aus chaldäischen, syrischen, hebräischen, arabischen, griechischen*, lateinischen**, und deutschen Werken, wovon sich die griechischen auf 300, die lateinischen auf 900, alle zusammen aber auf 1500 bis 2000 belaufen†. Hievon sind merkwürdig: Codex Traditionum Ravenatensium vom 9ten Jahrhundert auf ägyptisches Papier geschrieben, enthält 36 Großquartblätter, wovon die äussersten ziemlich beschädigt sind. Der dermalige Bibliothekscriptor und geheimer Schulkuratel-Offiziant Joh. Bapt. Bernhart rettete dieß seltene Manuscript in 2 Kopien, wovon sich die eine gegenwärtig in der hiesigen, die andere in der Churfürstl. Bibliothek zu Mannheim befindet. – Eine Chronik vom Anfang der Welt bis zur Regierung der römischen Kaiser Valens, und Valentinus, von Julius Pollux, welchen der dermalige Bibliothekadjunkt und Weltpriester Ignatz Hardt, Churfürstlicher Bücherzensurrath erst im J. 1792 herausgab. – Dioscorides aus dem 8ten Jahrhundert latein. – Virgilii Opera, auf Pergament. – Ein lateinisches Evangelienbuch auf purpurfarbenes Pergament geschrieben, die 3 ersten Evangelisten mit goldenen Uncial-Buchstaben, und Johannes in silbernen Currentbuchstaben, aus dem 9ten Jahrhundert. – Die 7 Bußpsalmen Davids, in Musik gesetzt von Orlando de Lasso, mit Alberts V., dieses Musikfreundes††,

* Herzog Albert V. kaufte im J. 1583 von einem Griechenmann 50 Stück griechische geschriebene Bücher um 312 fl. – Schon vom J. 1602 ist ein catalogus graecorum librorum manuscriptorum codicum (Ingolstad. 4to.) vorhanden. Der Churfürstl. Bibliothekadjunkt Ignatz Hardt, als ein vorzüglich griechischer Philolog, hat bereits einen griechischen Katalog mit Anmerkungen unter der Hand zum Druck fertig.

** Um die Ausgabe einiger lateinischer Manuscripten, besonders in Betreff der baierischen und deutschen Geschichte, hat sich Ignatz Felix von Oefele in seinen Scriptoribus rerum boicarum (2 Tomi. Monach. 1769. Fol.) etc. verdient gemacht.

† Eine gleiche Anzahl machen die Incunabula (erste gedruckte Bücher von Erfindung der Buchdruckerkunst bis 1499 inclus.) aus.

†† Er ließ zur Ehre seines Kapellmeisters des Cyprian de rore für 3500 Skudi die Moteten von Joh. G. Mielich malen; von welchem Maler auch die 7 Bußpsalmen, und die appianischen Globi vom J. 1576 merkwürdig sind.

sämtlicher Familie und Hofstaab gemalen von Joh. Georg Mielich, einem Münchner, mit noch bewunderungswürdigen lebhaften Farben. – Eine französische Uebersetzung des Bocacii von der Beschreibung berühmter Männer und Weiber, mit den schönsten Miniaturmalereyen; geschrieben im Jahr 1409. – Ein lateinisches Gebethbuch von Anton Sinnibald vom J. 1485, wovon die Anfangsbuchstaben schön mit Gold geziert und die Ueberschriften mit Ultromarino geschrieben sind, und übrigens mit vielen sehr feinen Miniaturfiguren verziert. Ein anders Gebethbuch, worinn sich 8 der schönsten Miniatur-Malereyen befinden, und auf den Ränden aller Blätter, Kräuter und Insekten nach der Natur; dessen Deckel, ganz von Silber, und mit Farben eingeschmolzen ist von Hans Lenker in Nürnberg 1574 verfertigt. Dabey ist nur zu bedauern, daß der Maler von diesen prächtigen Malereyen bisher noch unbekannt geblieben; zu vermuthen ist doch, daß selbe jünger, als der Einband seyn müssen, weil dieser nur aus verschiedenen Merkmalen erst nachher dazu genommen worden. Feine Originalhandzeichnungen von Albrecht Dürer, und Lukas Granach dem ältern sämtlich verfertigt im Jahr 1515. – Neues Namenbuechlein, woraus bald und leichtlich lesen zu lernen, sehr schön geschrieben, und zwar, was sonderheitlich zu merken, nach neuester Lesemethode, z. B. ab – ba, ad – da; u.s.w. vom 16. Jahrhundert. Der Einband, und dabey sich befindende Zeiger, ist mit Rosetteln belegt. – Hanns Jakob Fuggers österreichischer Ehrenspiegel mit 30000 Wappen vom J. 1555 in 2 Groß Regal Foliobänden. – Insektensammlung von Rudolph Schillenberg in 13 Quartbänden, natürlich und vergrößert ganz nach Leben gemalen; so wie auch die Papillionensammlung in 10 Quartbänden, die annoch fortgesetzt, und von Sr. Churfürstl. Durchl. um große Kösten beygeschaft werden. – Nebst diesen sind vornehme Fecht- Wappen- und Trachtbücher älterer und mittlerer Zeiten bekannt; z. B. Vitruvius de re militari. Roberti Valturii de re militari libri 12 aus dem 15ten Jahrhundert. Ars gladiatoria sive athletica etc. von Paul Hektor Mair aus dem 16. Jahrhunderte 2 Bände. Von Wappenbüchern sind 15 Bände von italiänischen, 7 von baierisch und deutschen, und mehr von andern Wappen vorhanden. Neben sonderheitlichen Trachtbüchern dienen auch zu dieser Absicht Chroniken; z. B. die Kaiserchronik vom J. 1565 von Georg Sorg Mahlern zu Augsburg.

5) Aus 3 mit Tischen, Pulten, durchaus schön und bequem eingerichteten *Lesezimmern*, wovon im mittlern etwas größern die akademischen Reden öffentlich abgelesen werden. Sie stehen Vor- und Nachmittag jedermanns Eintritt offen, ausser Donnerstag Nachmittags und Sonn- und Feyertägen, und werden von Lesern aller Ständen mit vollkommner Zufriedenheit besucht.

6) Aus dem *zweyten Bibliotheksaale*, welcher ehemal die Jesuitenbibliothek ausmachte, wovon der dortige Bibliothekdiener Remigius Odermat zugleich als solcher bey der Hofbibliothek ernannt worden. Diese enthält nunmehr blos Theologie und Jus canonicum. Darinn befinden sich auch die 4 baier'schen Regierungsstädte München, Burghausen, Landshut und Straubing, dann Ingolstadt (wie auch Jerusalem* in hölzernen Figuren mit allen Ringmauern, Thoren, Gebäuden und Strassen in dortmaliger Weite und Höhe, welche Herzog Albert V. durch Jakob Sandtner Drechsler von Straubing im J. 1573, 1574 u.s.w. in Grund legen ließ.

* Nach dem Grundsatze der alten Juden, daß ein Mann die Pflichten seines Lebens nicht erfülle, der es zurücklegt, ohne ein Haus zu bauen, einen Baum zu pflanzen, und ein Kind zu hinterlassen; mußte also ihre Hauptstadt eben so mit Gebäuden erfüllt, als das Land kultivirt und bevölkert werden.

7) Aus dem Seitengang, worinn sich die ganze Jurisprudenz befindet.

8) Aus 4 Zimmern, die allein zur Wohnung des Bibliothekärs bestimmt sind.

Was die Erhaltung der Bibliothek betrift, so verordneten Albert V. und Maximilian I., der auch noch eine Privatbibliothek hatte, eben das, was oben (§ 6) von der Schatz- und Kunstkammer, und Ferdinand Maria gab unterm 12ten Dec. 1663 der Churfürstlichen Hofkammer den Befehl, »bey allen Buchdruckereyen im Land, wie es anderer Orten auch gebräuchlich; zu verfügen, daß von allen neuausgehenden Büchern ein Exemplar zur Churfürstl. Bibliothek eingeschickt werde.« Welche so wohlthätige Verordnung zur Aufnahme der Bibliothek von Sr. Churfürstl. Durchl. unterm 2ten July 1790 gnädigst erneuert worden. Die mißbrauchte Güte, gegen erlegte Bescheingungen Bibliothekbücher entlehnen zu dörfen, hat im J. 1788 zu einem allgemeinen Verboth, kein Buch mehr aus der Bibliothek zu geben, aber auch zur gnädigsten Verordnung im Jahr 1790 Anlaß gegeben, daß die Bibliothek öffentlich seyn soll, wie obiges Monument zeigt; wie denn die Bibliothek Sr. Churfürstl. Durchleucht ihr gegenwärtiges Ansehen und vorzügliche Aufnahme, womit sie unter die ansehnlichsten deutschen*, ja europäischen Bibliotheken gezählt werden darf, verdankt; Höchstdero Kammerpräsident, Kämmerer, wirklicher geheimer Rath dann Oberst-, Münz- und Bergmeister Joseph August Graf von Törring-Gronsfeld zu Jettenbach bey aller von Zeitumständen aufgebotener Ersparniß es nicht für überflüßig findet, ausser dem ordentlichen Fond die Bibliothek mit wichtigen Werken zu vermehren, und auch da Schätze für die Zukunft zu hinterlegen. – Gegenwärtig wird noch an einem allgemeinen vollständigen Kataloge† gearbeitet. – In Betreff des Bibliothekärs findet sich schon vom J. 1576 bis 1585 als solcher Wolfgang Pronner (Brunner); aber von erneuerter Aufrichtung der Hofbibliothek waren Hofbibliothekäre seit dem Jahr 1749 Ignatz Felix von Oefele († 1780); Johann Kaspar Edler von Lippert, Churfürstl. wirklich geheimer und Oberlandesregierungsrath, dann geheimer Conferenz und des pfälzischen Löwenordens-Sekretär; Gerhoh Steigenberger († 1787); Georg Stanislaus de Roccatani († 1790 auf einer Reise nach Rom zu Mayland) der Oberbibliothekär zu Mannheim und München Nikola Maillot de la Treille, geheimer Rath († 1794 zu Mannheim).

[Textzitat S. 231–250]

*

Stadtgeschichte von München,
als
Wegweiser
für
Fremde und Reisende.
[...]

* Dennoch bleibt aus einer unverzeihlichen Unachtsamkeit die Hofbibliothek zu München ganz weg in Hirschings H. L. Versuch einer Beschreibung sehenswürdiger Bibliotheken Deutschlands nach alphabetischer Ordnung. Erlangen 1786. 4 Bände.

† Dokt. Joh. Georg Hörwarth geheimer Rath und Landschaftskanzler ließ im J. 1599 durch einen aufgenommenen Schreiber für 60 fl. Kostgeld jährlich und 30 fl. Verehrung Kataloge beschreiben.

Zweites Bänchen.
München, 1796.
Bey Joseph Lindauer.

*

Zusätze

[...] Seite 231. *Churfürstl. Hofbibliothek.* Die S. 243 und 421 angezeigten geschichtliche Vorstellungen aus der ganzen Bibel und der herzoglichen Familie, befinden sich nicht so fast in des Cyprian de rore Moteten, welche bereits im J. 1559 fertig waren, als in den 2 Bänden der 7 Bußpsalmen von Orlando de lasso, die im J. 1569 noch nicht ganz fertig schon samt obigen Moteten 10tausend Skudi kosteten. Beide dieser Werken, die eine eigene Abhandlung für sich verdienten, haben für sich sonderheitliche Erklärungs-Bände, welche Samuel von Quiccheberg auf Befehl und selbstiger Beyhülfe des Herzogs Albrecht V. verfaßt hat. – S. 245. Die 13 Bände der schönen Insektensammlung nach Fritschianischer Ordnung von Rudolph Schellenberg, welche aus einzelnen Blättern von ungleicher Grösse bestund, wurde in ordentliche Quartform gebracht, und sowohl diese als die Papilionensammlung mit feingeschriebnen Titeln, Aufschriften und Innhaltsanzeigen sehr genau und fleißig versehen von Joseph Kramer Hofbibliotheksekretär und geheimen Raths Kanzellisten. – S. 250. Bibliothekär Roccatani († 1790. 10. Oktb. zu Verona) hat das Verdienst, durch Fleiß, Thätigkeit und Sachkenntniß die Bibliothek in denjenigen guten Zustand gesezt zu haben, in welchem sie zum Behuf aller theoretischen und praktischen, einem Staat für den bessern Betrieb mancher wissenschaftlichen und staatswirthschaftlichen Zweige immer unentbehrlichen Nachforschungen nicht nur forterhalten, sondern immer noch mehr von den gegenwärtigen Mitarbeitern befördert wird. – Als erster Hofbibliothekär wird gefunden Erasmus Vendt 1564, und nach ihm Joh. Wenimaisterger 1575. Albertin. M. Prinklmayr. Esaias Leuker 1618. August Haimble 1627. Cl. Belchamp 1643. Symphor. Verraun d. Gesell. Jesu 1653. M. de Peuting 1654–57. Wolf. Brunner 1679 (ob der nämliche S. 250). Joh. Baptist Kreit. Dann Lücke bis 1749 auf Oefele u.s.w. [...]

[Textzitat S. 502–504]

◇

Übersetzung der Inschrift am Eingang zur Bibliothek:

Ich, Kurfürst Karl Theodor, habe die von Albert V. gegründete, durch die Großzügigkeit der auf ihn folgenden Fürsten immer reicher ausgestattete Bibliothek an einem weitläufigeren und prachtvolleren Ort untergebracht. Ich habe ihren Bestand um auserlesene Bände erweitert, elegante Druckerzeugnisse, Bücher, die mit handschriftlichen Bemerkungen berühmter Männer und deren ständigem Umgang mit ihnen im Wert gestiegen sind, und andere Zugänge aus den Schätzen des Buchhandels. Ich habe die Bibliothek durch die notwendigen Gesetze gefestigt. Schließlich habe ich sie dem öffentlichen Nutzen gewidmet, auf daß mir das bayerische Volk und die ganze gelehrte Welt dafür danke und dem Wachstum der Bildung auch in den folgenden Generationen gedient sei. Im Jahre 1790.

◊

Joseph Burgholzer (* 1758 in Moosinning, † nach 1804) kam 1771 nach München, studierte seit 1781 zwei Jahre lang Zivilrecht an der Universität in Ingolstadt, redigierte von 1789 bis 1795 das »Münchner Intelligenzblatt«, übernahm seit 1796 juristische Tätigkeiten und wurde 1801 Wirklicher Registrator bei der kurfürstlichen Generallandesdirektion. – Er verbindet in geschickter Weise die von Gerhoh Steigenberger erstmalig zusammengestellte Geschichte der Hofbibliothek mit seiner persönlichen Kenntnis der Räume und Bestände. Seine Darstellung der Bibliothek vermittelt einen Eindruck davon, wie angesehene Besucher damals durch die Räume mit den Bücherschätzen geführt wurden. Die Geschichte von der Rettung der Papyrus-Handschrift dürfte er vom damaligen Skriptor Johann Baptist Bernhart selbst erfahren haben.

Herzog Albrecht V. hatte seine Büchersammlung **Liberei** genannt. Das war die seit der Mitte des 15. Jahrhunderts bei den deutschen Humanisten bevorzugte, vom lateinischen Wort »liber« [= Buch] abgeleitete Benennung für eine Bibliothek. So heißt es im Testament Herzog Albrechts V. (aus den Jahren 1572 und 1578): »Also wollen wir auch, dass unnser neu aufgerichte liberei, item das gewelb mit den antiquitäten, item die khunstcamer mit allem dem, was darinnen ist, und wir noch darein verordnen möchten, allerdings ungethailt und jederzeit unverwendet beysammen bleiben« (nach: Schauss, 1879, S. 21). – Unter Kurfürst Karl Theodor war zwar im Jahre 1787 das Ausleihen der Bücher verboten worden, wie jedoch auch die Inschrift im Vorzimmer der Bibliothek ausdrücklich bezeugt, war die Bibliothek seit 1790 öffentlich zugänglich.

Wolfgang Prommer († etwa 1606), auch Brunner, Pronner oder Prummer, stammte aus Landsberg am Lech. Seit 1553 studierte er in Ingolstadt an der Artistenfakultät und wurde 1558 Baccalaureus. Um 1562 begann er seine Tätigkeit bei Johann Jakob Fugger in Augsburg. Im Jahre 1571 siedelte er mit der Fuggerschen Bibliothek nach München um. Ab 1575 wurde er ganz in den herzoglichen Dienst übernommen und verrichtete »wie bisher seinen Dienst in der Bibliotheca«. Aus Gesundheitsgründen wurde er 1598 in den Ruhestand versetzt. 1604 mußte er als »gewester Bibliothecarius« um Nachzahlung des noch ausstehenden Gehaltes bitten. Nach seinem Tod wurden seine Bücher an die Stadtpfarrkirche Landsberg verkauft.

Gerhoh Steigenberger (* 1741 in Peißenberg, † 1787 in München) trat 1758 in das Augustinerchorherrnstift Polling ein, wo er Philosophie, Mathematik und Theologie studierte. Nach weiteren Studien in Paris und Rom lehrte er in Polling und versah das Amt des Stiftsbibliothekars. 1773 wurde er Professor für Philosophie und Litterärgeschichte an der Universität Ingolstadt. 1777 wurde er nach Differenzen mit den Exjesuiten seines Amtes enthoben und kehrte nach Polling zurück. 1781 wurde er Hofbibliothekar in München (unter der Oberaufsicht des Geistlichen Geheimen Rats und Ersten Bibliothekars Maillot de la Treille) und Mitglied der Akademie der Wissenschaften. Mit seiner anläßlich einer öffentlichen Festversammlung der Akademie am 28. März 1784 gehaltenen Rede über die Geschichte der Hofbibliothek wurde Steigenberger zu ihrem ersten Historiographen (vgl. Steigenberger, 1784).

»Nach dem Tod Steigenbergers trat am 28. Oktober 1787 Stanislaus de Roccatani, Propst von Kaiserswerth, als Bibliothekar dessen Nachfolge an. Dieser war nach heutigen Begriffen denkbar ungeeignet für sein Amt, denn er konnte weder deutsch noch griechisch. Über seine sonstigen Eigenschaften und Fähigkeiten wird nichts berichtet«. Aber er sorgte »für die praktischen Dinge, für die Einrichtung der Lesesäle und vor allem für die Bereitstellung der Kataloge, die inzwischen so weit gediehen waren, daß sie den Anforderungen des Gebrauchs genügten« (Bachmann, 1966, S. 59 und 61). In seine Amtszeit fällt ein wichtiges Ereignis: Am 18. Dezember 1789 unterzeichnete Kurfürst Karl Theodor die Entschließung, in der die Öffentlichkeit der Hofbibliothek proklamiert wird. Roccatani pries dieses Ereignis mit einer großen lateinisch gehaltenen Rede in einer öffentlichen Sitzung der Akademie am 28. März 1790 (vgl. Roccatani, 1790). – Der Kurbayerische Hof- und Staatskalender nennt den in Rom geborenen Roccatani 1788 erstmals als Bibliothekar; danach war er auch »der arkadischen Akademie zu Rom Mitglied«; 1790 wurde er außerdem »des heil. Swibert in Kaiserswerth Probst [der Ort Kaiserswerth wurde 1929 nach Düsseldorf eingemeindet], dann der Akademie Altherthümer und schönen Künste zu Kassel Mitglied«. Im gleichen Jahre wurde er in die Bayerische Akademie der Künste aufgenommen.

Über Nicolas Maillot de la Treille († 1794 in Mannheim) ist lediglich bekannt, daß er nach der Ernennung Lipperts zum Archivar am 4. August 1781 als Geistlicher Rat und Erster Bibliothekar die Oberaufsicht über die Hofbibliothek erhielt. Zum gleichen Zeitpunkt war Steigenberger zum Bibliothekar ernannt worden (nach: Bachmann, 1966, S. 49).

Ignaz Hardt (* 1749 in Otterfing bei Holzkirchen, † 1811 in München) studierte in Salzburg und Landshut. 1773 wurde er zum Priester geweiht und war zunächst in der Seelsorge tätig. 1786 erhielt er in München eine Anstellung als Hofbibliothek-Adjunkt; 1799 wurde er Mitglied der Akademie der Wissenschaften und 1801 Unterbibliothekar. Seine Hauptarbeit war von Anfang an die Katalogisierung der griechischen Handschriften. – Im einleitenden Teil einer akademischen Rede stellt Hardt einerseits wenig bekannte Zitate zusammen, in denen die Bestände der Hofbibliothek rühmend erwähnt werden, andererseits die ihm bekannten Bibliothekare:

> Es würde diese Bibliotheck noch zahlreicher, und prächtiger seyn, wenn nicht so viele tausend Werke durch Kriege, unbehutsames Ausleihen u.s.f. theils mangelhaft geworden, theils ganz verloren gegangen wären. Ich las in den Bibliotheckspapieren ein vom Bibliothekär Peutinger verfaßtes Verzeichniß von 3304 Bänden, die nur unter 2 Bibliothekärn verloren giengen.
> Ich wünschete nun, daß ich alle, welche die Aufsicht über diese Bibliotheck hatten, namentlich anführen, und davon sprechen könnte. Ich fand aber in den Bibliothecks-Papieren nur folgende.
> Erasmus Vendius A[nno] 1564.
> Jo. Wenimaisterger A[nno] 1575.
> Albertinus et Prinklmayr.
> Es. Leucker A[nno] 1618.
> Aug. Haimble A[nno] 1627.
> Cl. Belchamp Anno 1643, der anfangs Kammeradvokat, dann Rath und Bibliothekar wurde.
> Symph. Vervaux S.J. A[nno] 1653.
> M. de Peuting A[nno] 1654.
> Wolf. Brunner A[nno] 1679.
> Jo. B. Kreit Hofrath.
> Fr. Kandler A[nno] 1710.
> Cl. v. Oefele A[nno] 1747. etc.
> (Hardt, 1803, S. 8)

Erasmus Fend (1532–1585), auch Vend, Vendt oder Vendius, studierte von 1549 bis 1553 an der Artistenfakultät in Ingolstadt, fand anschließend eine Anstellung am herzoglichen Hof in München und war von 1554 bis 1564 als Archivar tätig. Die Hofbibliothek, anfangs nur aus der Fuggerschen Bibliothek bestehend, wurde zunächst provisorisch zusammen mit dem damaligen Archiv im Alten Hof untergebracht und damit auch in die Obhut des Archivars übergeben. Später erhielt er das Amt eines Kastners von München; damit wurde er auch Hofrat. Im Jahre 1575 wurde er erneut mit der Ordnung des Hofarchivs betraut. Samuel Quichelberg erwähnt in seinem Kommentar zu den Distichen im Motetten-Codex des Cipriano de Rore 1564 Fend als Aufseher der Bibliothek: »Versuum autem autor est Erasmus Vendius, tum tempore bibliothecae ducalis praefectus« (übersetzt: Der Verfasser der Verse ist Erasmus Vendius, seinerzeit [= um 1559] Präfekt der herzoglichen Bibliothek). – Mit der Aufsicht über die Bibliothek war seit ihrer Gründung der Hofkanzler und später der Oberstkanzler beauftragt, »also jeweils der wichtigste Regierungsbeamte und einflußreichste Berater des Fürsten« (Hacker, 1980, S. 353).

Es ist merkwürdig, daß in Hardts und auch Burgholzers Aufzählung der erste Bibliothekar der Münchner Hofbibliothek Aegidius Oertel (* um 1532 in Ingolstadt, † 1619) fehlt. Nach seinem Studium in Ingolstadt wurde er wegen seiner orientalischen Sprachkenntnisse, die der Archivar und provisorische Verwalter der Bibliothek Fend nicht besaß, im Jahre 1561 als Bibliothekar berufen. Im Jahre 1573 wurde er allerdings entlassen, vermutlich weil 341 Bücher fehlten.

Johann Weinmeister, auch Wenimaister, Wonimaister oder Wenimaisterger, studierte in Ingolstadt und war seit 1569 im herzoglichen Kanzleidienst angestellt. Nach zweijähriger Aushilfe in der Bibliothek bewarb er sich 1575 um das Richteramt in Dorfen. Ab 1576 war er als Rentschreiber beschäftigt.

Aegidius Albertinus (* 1560 in Deventer/Niederlande, † 1620 in München) trat 1593 als Kanzlist am Münchner Hof in bayerische Dienste. Von 1596 bis 1620 war er Hofratssekretär, 1596 auch Geheimer Sekretär. 1598 wurde ihm die Verwaltung der Hofbibliothek (bis 1606 oder 1607) übertragen. Seit 1599 war er Sekretär des Defensionsrates und von 1612 bis 1619 Sekretär im Geistlichen Rat. »Der sprachmächtige Volksschriftsteller Albertinus, der in der bayerischen Literaturgeschichte einen festen Platz einnimmt, hat sein Bibliothekarsamt nur als „Nebendienst" betrachtet, und tatsächlich waren er und fast alle seine Nachfolger nur nebenamtliche Bibliothekare, da sie ihren Dienst als Hofratssekretär, Hofrat oder Hofkammerrat beibehielten und ihnen die Verwaltung der fürstlichen Bibliothek zusätzlich übertragen wurde« (Hacker, 1980, S. 354).

Esaias Leucker († 1627) wurde 1609 bayerischer Hofsekretär und Hofrat. Seit etwa 1612 war er Geheimer Sekretär; 1617 wurde er zum Hofbibliothekar ernannt. Er konnte sich aber nur kurze Zeit der Bibliotheksarbeit widmen, weil er Ende 1619 mit politischen Sonderaufgaben betraut wurde und in den folgenden Jahren viel auf Reisen war. Er galt als Autorität in Wirtschafts- und Münzfragen. Sein Nachfolger als Bibliothekar wurde 1626 für ein Jahr der Hofrat Johann Friedrich Herwart.

Der kurfürstliche Kammerdiener Augustin Haimbl, auch Haimble, löste bereits Ende 1627 den Hofrat Herwart als Bibliothekar ab. Sein Nachfolger war der aus Lothringen stammende Hofkammerrat Claudius Belchamps, der ab Oktober 1629 die Hofbibliothek leitete. Er hat sich, wie auch schon Haimbl, tatkräftig um die Bibliothek gekümmert, vor allem in den Jahren 1632 und 1633, als Gustav Adolph München belagerte und plündern ließ.

»Nach dem Tod Belchamps' wurde im Juni 1645 der Hofrat Symphorian VERVAUX, ein Vetter des Historiographen [= Johannes Vervaux, 1586–1661], zum Bibliothekar bestellt. Er war der letzte Verwalter der Hofbibliothek unter Maximilian I. und anscheinend der unzuverlässigste. Im April 1654 wurde er von der Kurfürstinwitwe Maria Anna entlassen« (Hacker, 1980, S. 354).

Markus von PEUTING, auch Peutinger, war der Nachfolger von Symphorian Vervaux. Nach einem handschriftlichen Vermerk stellte er im Jahre 1654 ein Verzeichnis der vermißten Bücher fertig: »Elenchus librorum qui desiderantur in Bibliotheca Ser[enissi]mi Ferdinandi Mariae U[triusque] B[avariae] Ducis Elect[oralis] etc. etc. Inceptus quidem a Gaspare Erhardo Excelsi Concilii Electoralis Secretario principio Iulii A[nn]o 1654, perfectus autem cura Marci de Peuting, Cons[iliarius] et Biblioth[ecarius] ...« (nach: Hartig, 1917, S. 124).

Der Hofrat Johann Baptist KREIT wurde 1663 zum Bibliothekar ernannt und blieb es bis zu seinem Tod im Jahre 1675.

Johann Kaspar KANDLER (* 1644 in München, † 1718 in München) besuchte die Schule im Münchner Jesuitenkolleg. Bis 1693 war er kurfürstlicher Sekretär bei der Bayerischen Reichstagsgesandtschaft in Regensburg, anschließend Geheimer Ratsregistrator und Hofbibliothekar in München.

Johann Baptist BERNHART (* 1759, † 1821 in München) war seit 1782 an der Hofbibliothek acht Jahre lang ohne Besoldung beschäftigt; erst 1790 wurde er als Hofbibliothek-Skriptor angestellt. Im Jahre 1802 wurde er Hofbibliothek-Sekretär und suchte noch in diesem Jahre zuerst aus dem Münchner Franziskanerkloster und anschließend aus 54 bayerischen Mendikantenklöstern die wertvollsten Bücher für die Hofbibliothek aus. Von 1806 bis 1811 ordnete er die Inkunabeln nach datierten und undatierten Drucken und verfaßte den Katalog dazu. Die Fächer »Incunabula cum anno« (Inc.c.a.) und »Incunabula sine anno« (Inc.s.a.) blieben bis heute erhalten. Im Jahre 1818 wurde er Kustos. – In einem Schreiben vom 15. April 1806 bat er zum wiederholten Male um eine Zulage von 300 Gulden. Als Begründung wies er auf seine 22jährige Mitarbeit in der Bibliothek, auf die geleistete Mehrarbeit sowie auf seine Verdienste während der Besetzung durch französische Truppen hin. Mit dem Hinweis, daß den drei anderen Kustoden die Zulage bereits gewährt worden sei, schreibt er:

> Wenn also diese 3 Kustoden für besonders geleistete Arbeiten Gratificationen erhielten, und wenn sie doch den vollen Gehalt vom Finanzjahr 1804/5 bis zum letzten März 1806 bezogen haben, so ist es doch ja ganz billig, auch mir die im allerhöchsten Reskripte vom 12. Julius 1805 bereits zugesicherte Gratification allergnädigst zukommen zu lassen und diß um so mehr, als ich bei der Anwesenheit der fremden Truppen besonders im Jahr 1800 litterarische Schäze, die der französische Commissaire Neveu für die Nationalbibliothek zu Paris mit Nachdruck gefordert hat, rettete, welche, wenn sie Neveu mitgenommen haben würde, auch für das theuerste Geld nicht wieder hätte beigeschaft werden können.
>
> Wäre ich im Felde gestanden, und würde ich dem Feinde eine oder zwei Kanonen abgenommen, oder solche dem Vaterlande bei einer Verlustgefahr auch nur gerettet haben, ganz gewiß würde mir die Ehren Medaille anerkannt worden sein; ob man gleich Kanonen zu allen Zeiten wieder beischaffen könnte. Sollte ich also, da ich litterarische Schäze, die nicht mehr zu haben sind, und die bei der königl. Hofbibliothek eine Hauptzierde ausmachen, z.B. der Cicero von 1465 auf Pergament, der Ptolemaeus mit der Jahreszahl

1462, die Mentellische deutsche Bibel mit dem beigeschriebenen Jahr 1466, die Biblia Polyglotta von Arias Montanus auf Regalpapier gedrukt, der Vergil und der Horaz, beide von Aldus im Jahr 1501 auf Pergament gedrukt, Luthers Bibel von 1560 gleichfals auf Pergament gedrukt, mit den Porträten des Luthers, Melanchthons und des Churfürsten Friedrich August von Sachsen, durch Lukas Cranach gemahlt, geziert, nebst mehreren andern, dem Vaterlande durch meine Sorgfalt rettete, nicht auch einer Belohnung würdig sein?
(Bayerische Staatsbibliothek, Alte Registratur A)

Der Oberhofbibliothekar Aretin unterstützte die Bitte Bernharts, und noch im April 1806 wurde die Gratifikation ausbezahlt. – Als die bayerischen Truppen im Jahre 1815 Paris besetzten, wurden alle Handschriften und die meisten Drucke, die seinerzeit von den französischen Offizieren nach Paris mitgenommen worden waren, wieder nach München zurückgebracht.

Über den Hofbibliotheksekretär Joseph Kramer ist nicht mehr bekannt, als Burgholzer in den »Zusätzen« überliefert. Die von ihm geordneten und beschrifteten Originalhandzeichnungen des Schweizer Malers und Kupferstechers Johann Rudolph Schellenberg (1740 – 1806) mit Abbildungen von Insekten (Entoma) und Schmetterlingen (Papiliones) werden später nur noch bei Joseph Anton Eisenmann (1812) erwähnt (heute unter den Signaturen Cod.icon. 64 und 78 – 87).

Remigius Odermat wurde als Bibliotheksdiener aus der ehemaligen Bibliothek des Jesuitenkollegs in die Hofbibliothek übernommen worden. Nach der Auflösung des Jesuitenordens im Jahre 1773 fiel die Bibliothek des Jesuitenkollegs mit rund 23.000 Bänden der Hofbibliothek zu, verblieb aber im Kolleggebäude. Nachdem sich Kurfürst Karl Theodor 1783 entschlossen hatte, die Akademie, die Hofbibliothek und andere Sammlungen im ehemaligen Jesuitenkolleg neben der Michaelskirche unterzubringen, wurde in dieses Gebäude ein Bibliothekssaal eingebaut und die Hofbibliothek 1784 dorthin überführt. Erst jetzt wurde die **Jesuitenbibliothek** mit der Hofbibliothek vereinigt. Der Bestand der Hofbibliothek dürfte vor der Vereinigung mit der Jesuitenbibliothek ungefähr 80.000 Bände (ohne Handschriften) umfaßt haben.

Die Büchersammlung des Florentiner Humanisten Pietro Vettori (1499 – 1585) ließ Kurfürst Karl Theodor bereits 1778 in Rom erwerben und 1783 nach München bringen. Das erwähnte Porträt Vettoris befindet sich noch im Besitz der Bayerischen Staatsbibliothek; es hängt im Gang der Abteilung für Handschriften und Seltene Drucke. 1787 kam die Sammlung des Juristen und Mitbegründers der Akademie der Wissenschaften Johann Georg von Lori (1723 – 1786) und 1790 die des Juristen und Staatsmannes Wiguläus Xaverius Aloisius von Kreittmayr (1705 – 1790) hinzu.

Die im »zweyten Bibliothekssaale« aufgestellten **Stadtmodelle**, die Herzog Albrecht V. durch den Straubinger Drechslermeister Jakob Sandtner zwischen 1568 und 1574 schnitzen ließ, befinden sich heute im Bayerischen Nationalmuseum. Ursprünglich standen die Stadtmodelle (nach der Beschreibung Hainhofers, 1611) in der Kunstkammer im Alten Hof.

14. Joseph von Hazzi
1803

Statistische
Aufschlüsse
über das
Herzogthum Baiern,
aus ächten Quellen geschöpft.
Ein
allgemeiner Beitrag zur Länder- und Menschenkunde

von
Joseph Hazzi,
Kurpfalzbaierischem General-Landesdirekzionsrath
in München.

Dritter Band.
Erste Abtheilung.

Nürnberg,
in der Steinschen Buchhandlung 1803.

*

Nazionalbibliothek.

Die vorige Hofbibliothek erhielt erst unter der gegenwärtigen Regierung den Namen Nazionalbibliothek. Sie hat im ehemaligen Jesuiterkloster ein schönes Lokale, steht den ganzen Tag jedermann offen und wird vorzüglich von jungen Leuten sehr besucht. Gegen Scheine erhält man selbst auf einige Zeit Werke nach Haus. Ihr Reichthum besteht mehr im ältern Geschichtsfache als im neuen, aber durch die Klosterbibliotheken etc. wird das Fehlende ausgefüllt und unter der thätigen Leitung des so geschikten Literaten Hrn. Christoph Baron von Aretin auch diese Bibliothek bald eine der ersten in Deutschland werden. Dabei aber sollte man denn doch auch mehrere öffentliche Filialbibliotheken im Lande errichten, daß überall die höhere Bildung gleiche Schritte hielte.

[Textzitat S. 373]

◊

Joseph von Hazzi (* 1768 in Abensberg, † 1845 in Ölkhofen bei Grafing) besuchte die Klosterschule in Rohr und studierte Rechtswissenschaft und Physik in Ingolstadt. 1793 wurde er Fiskalrat in München; später kam er in das Departement des Forstwesens. Er gewann dabei Einblick in die Verhältnisse der Forstverwaltung und benutzte die bei seiner Tätigkeit als Kommissar gesammelten Erfahrungen, um in seinen »Statistischen Aufschlüssen« auch

Abbildung 7
Max I. Joseph, König von Bayern. Lithographie von J. N. Strixner, um 1815

auf Mängel in der Verwaltung des Landes aufmerksam zu machen und Verbesserungen anzuregen. Nach dem Regierungsantritt des Kurfürsten Maximilian IV. Joseph im Jahre 1799 und der damit eingeleiteten Reorganisation der Staatsverwaltung wurde Hazzi das Amt eines Rates in der General-Landesdirektion übertragen. Während der französischen Besetzung Bayerns mußte er als Marschkommissar den französischen Generälen zur Verfügung stehen und hielt sich auch länger in Frankreich auf. Danach wurde er als Rat bei der Zentral-Staatsschulden-Liquidations-Kommission angestellt und 1816 in den Adelstand (»Ritter von«) erhoben. Er wurde Vorstand der Landesbau-Kommission und später auch Vorstand des Landwirtschaftlichen Vereins zu München. 1837 legte er alle Funktionen nieder und zog sich auf sein Landgut in Elkhofen bei Grafing zurück. Er gilt als bedeutender Agrarpolitiker und Förderer der Landwirtschaft in Bayern.

Seit der Säkularisation, die der Münchner Hofbibliothek einen ungeheuren Zuwachs an Drucken und Handschriften brachte und damit auch ihre Funktion veränderte, kam bei den Bibliothekaren, in Schreiben der Regierung und in der Öffentlichkeit der Name **Nationalbibliothek** (auch »Hof- und Nationalbibliothek«) in Gebrauch. Kurfürst Maximilian IV. Joseph lehnte diese Bezeichnung jedoch in einem Schreiben vom 19. Mai 1803 – wohl wegen des republikanischen Klanges – entschieden ab: »Wir haben in verschiedenen Vorstellungen wahrgenommen, daß Unsere Hofbibliothek zugleich den Beysaz einer Nationalbibliothek erhält, da Wir diesen Beisaz aus verschiedenen Rücksichten für ganz ungeeignet halten; so wird unserem HofoberbibliothekärAmt aufgegeben, ferner nicht mehr zu dulden, daß derselbe gebraucht werde, sondern es soll der ehemalige Name Hofbibliothek allein beibehalten werden« (Bayerische Staatsbibliothek, Alte Registratur A 1 und 6). In der »Konstitutionsurkunde der königlichen Akademie der Wissenschaften« vom 1. Mai 1807 verwendet der Kurfürst selbst – inzwischen war er König Max I. Joseph geworden – die Bezeichnung »Hof- und Centralbibliothek«. Dieser Name setzte sich gewissermaßen als Kompromiß für die Zeit der Zugehörigkeit zur Akademie durch, in der Regel mit dem vorangestellten Adjektiv »Königliche«. Nur in der »Dienst-Ordnung für die königliche Central-Bibliothek zu München« vom 20. Oktober 1811 fehlt eigenartigerweise der Namensteil »Hofbibliothek«. Nach der Loslösung von der Akademie legte König Ludwig I. in den Bibliotheksgesetzen vom 31. Dezember 1828 den neuen Namen »Hof- und Staatsbibliothek« fest. Dieser Name (teils mit dem Vorsatz »Königliche«, teils mit dem Vorsatz »Königlich Bayerische«) war bis zum Ende des Königreiches im Jahre 1918 in Gebrauch.

Andere Maßstäbe galten allerdings für die Bezeichnung **Nationaltheater**. Denn mit der seit 1776 in München bestehenden »National-Schaubühne«, die Kurfürst Karl Theodor 1778 übernahm und förderte, verband sich die Pflege der »vaterländischen« Literatur und »nationaler« Singspiele. Das Wort »national« hatte in diesem Zusammenhang die Bedeutung von »deutschsprachig«. Bereits im Jahre 1785 wurde der Bau eines »Hof- und Nationaltheaters« erwogen; 1793 wurden Verordnungen und Gesetze für das »Churfürstliche Nationaltheater« erlassen; 1795 mußte die »Hof-Nationalschaubühne« aus dem alten Salvator-Opernhaus in das Residenztheater umsiedeln und hieß eine zeitlang nur noch »Churfürstliches Hoftheater«. Von 1806 bis 1918 hieß das Münchner Hoftheater jedoch durchgehend »Königliches Hof- und Nationaltheater«; es erhielt 1818 einen Neubau an der Stelle des früheren Franziskanerklosters.

Die Forderung Hazzis, **Filial- oder Provinzialbibliotheken** zu errichten, wurde bereits durch ein kurfürstliches Reskript vom 28. April 1803 erfüllt. Darin heißt es: »Wir haben beschloßen: aus den bei Unserer Hofbibliothek sowohl als bei der UniversitätsBibliothek entbehrlichen Werken, und aus den KlosterBibliotheken, nicht allein für die Schulen, sondern auch zum Gebrauche Unserer Staatsdiener, nach dem Vorschlage des Hofgerichts zu Straubing, – in Straubing, Amberg und Neuburg ProvinzialBibliotheken errichten zu laßen, welche jedoch für breite Zweke in einem Local und unter einer Aufsicht aufzustellen sind« (Bayerische Staatsbibliothek, Alte Registratur B 86). Eine erste ausführliche Verordnung »die Organisation der öffentlichen Bibliotheken in den größeren Städten des Königreiches betreffend« wurde jedoch erst am 8. Juni 1916 erlassen. Aus den Provinzialbibliotheken, zeitweise auch Kreisbibliotheken genannt, entwickelten sich die heutigen Staatlichen Bibliotheken in Amberg, Ansbach, Aschaffenburg (»Hofbibliothek«), Bamberg, Coburg (»Landesbibliothek«), Dillingen, Neuburg an der Donau, Passau und Regensburg.

Freiherr Johann Christoph von Aretin (* 1772 in Ingolstadt, † 1824 in München) studierte in Heidelberg und Göttingen Jura. Obwohl er ein tüchtiger Jurist war, neigte er wohl mehr den Musen zu, denn er schrieb auch Dramen und komponierte. Bereits mit 21 Jahren war er Hofrat. 1799 wurde er Erster Rat bei der General-Landesdirektion in München, 1801 Mitglied der Akademie der Wissenschaften, 1802 Aufseher des historischen Faches, 1803 Mitglied der Kommission zur Erfassung der Bibliotheken der säkularisierten Klöster und Oberbibliothekar. In der Diskussion über die Verwertung der Klosterbibliotheken war er von Anfang an die dominierende Persönlichkeit und beeinflußte so ganz entscheidend das Schicksal der Hofbibliothek. Wenngleich er ein großer Bücherliebhaber war, so fehlten ihm doch die bibliothekarischen Fähigkeiten, vor allem was die Katalogisierung betraf. Seit 1808 wurde Julius Wilhelm Hamberger aus Gotha als zweiter gleichberechtigter Bibliothekar angestellt. Da sich Aretin dadurch brüskiert fühlen mußte, sich mit der »Unterwerfung« der Bibliothek unter die Akademie nicht abfinden konnte und ihm der Dienst in der Bibliothek verleidet war, fiel ihm seine Versetzung als Präsident des Appellationsgerichts nach Neuburg an der Donau nicht allzu schwer. Von 1813 bis zu seinem Tod war er Präsident des Appellationsgerichts des Regenkreises in Amberg.

15. Lorenz Hübner
1805

Beschreibung
der
kurbaierischen Haupt- und Residenzstadt
München,
und
ihrer Umgebungen,
verbunden mit ihrer Geschichte,

von
Lor. Hübner.

Zweite Abtheilung.
Statistik.

München, 1805.
Im Verlage, und aus den Pressen des kurfürstl. privilegirten
Zeitungs-Comtoirs.

*

Litterarische und Kunstsammlungen.

1) Die kurf. Hof- und National- oder Centralbibliothek.

Diese nimmt das zweite Stockwerk des ehemahligen Jesuiten-Gebäudes, gerade über der Akademie der Wissenschaften, ein, und füllt die größten Sähle mit ihren seit Aufhebung der baierischen Klöster außerordentlich gehäuften Schätzen. Man ist sorgfältig beschäftiget, den neuen Reichthum mit dem älteren in Verbindung zu bringen. Ueberall gebricht noch es am Raume, für dessen Erweiterung mit großen Kosten gesorgt wird. Für die Bekanntmachung ihrer Kostbarkeiten und Seltenheiten ist eine eigene Monographie bestimmt, und, um das Aus- und Inland ganz mit ihrem wichtigen Inhalte bekannt, und sie zum Gebrauche der Gelehrten aller Klassen vollkommen geschickt zu machen, wird jetzt auch an einem Realregister gearbeitet.

Ihre Geschichte bis 1784 ist von Gerhoh Steigenberger, regulirtem Chorherrn von Polling, und Hofbibliothekar unter der Regirung Karl Theodors in einer akademischen Rede beschrieben, und bereits von so vielen Schriftstellern nacherzählt worden, daß wir hierüber nur das Nöthigste anzuführen haben. Herzog Albert V., der Großmüthige genannt, unter dem Wiguläus Hund Hofrathskanzler war, gab ihr im 16ten Jahrhundert die Entstehung dadurch, daß er Theils seine eigene Handbibliothek, die er aus Italien von seinen Studien mit sich brachte, Theils drei erkaufte Büchersammlungen von Hartmann Schedel, Joh. Albert Widmanstadt, und Fugger in Vereinigung brachte. Durch den geschehenen Ankauf war ein großer Schatz von lateinischen und deutschen, hebräischen, syrischen, arabischen und griechischen Handschriften, und Incunabeln gewonnen. Von letzteren ist schon im J. 1602 ein gedrucktes, aber unvollständiges Verzeichniß zu Ingolstadt bei Adam Sartorius in 4° [= Quarto-Format] erschienen. Herzog Albert sammelte diese Bibliothek in einem großen Dachbehältniß des alten Hofes; gab ihr die Inschrift: Liberei, und bedachte sie noch in seinem Testament, damit sie ungetheilt bleiben sollte. Sie hatte damahls den Ruhm der reichsten Büchersammlung.

Herzog Wilhelm trat eifrig in die Fußstapfen seines Vorfahrs, erkaufte die Hörwarthsche Bibliothek von Augsburg mit den besten Ausgaben des 16ten Jahrhunderts, und einer großen Anzahl musikalischer Bücher; sammelte eine Menge mathematischer Bücher, cosmographischer Charten, und spanischer Ausgaben selbst, und brachte die Bibliotheken des Domherrn Werdenstain von Eichstätt und die Crusiussche von Tübingen durch Kauf an sich, in welcher letzteren die kostbarsten griechischen Handschriften sich befanden. Auch kam noch die Bibliothek des kurfürstl. Leibarztes Meermann hinzu.

Kurfürst Maximilian I. war nicht weniger für die Aufnahme dieser Büchersammlung besorgt. Auf seinen Befehl mußten alle Handschriften der baierischen Klöster in den J. 1595 und 1610 verzeichnet und eingeschickt, und die Bibliotheken des Landes durch Gewold, Lauther u.a.m. durchsuchet werden. Unter ihm ward die Müllersche Bibliothek von Augsburg erkauft.

Ferdinand Maria erließ 1663 den Befehl: »Bei allen Buchdruckereien im Land, wie es anderer Orten auch gebräuchlich, zu verfügen, daß von allen neuausgehenden Büchern ein Exemplar zur kurfürstl. Bibliothek eingeschickt werde.« (Welcher Befehl auch unter Karl Theodor erneuert, und unter der jetzigen Regirung auf 2 Exemplare ausgedehnt wurde.)

Unter den folgenden 2 sehr stürmischen Regirungen konnte für die Hofbibliothek nichts, oder wenig geschehen. Desto eifriger nahm sich Maximilian III. der verwaisten an. Oefele ward ihr als Vorsteher gegeben – das Wichtigste, was in jener Zeit geschehen konnte. Ihm oder dessen Vorschlägen hat man die neuesten und wichtigsten Werke, besonders sehr kostbare historische, vorzüglich aber die Aufstellung von Werken zu verdanken, welche bereits dem Moder preisgegeben waren. Im J. 1774 ließ Maximilian III. diesen sehr vermehrten Bücherschatz in den ersten Stock des Fuggerischen Gebäudes in der Theatiner-Schwabinger Gasse übersetzen, wo ihm zwar nicht der würdigste Raum, aber doch Licht und freierer Zutritt vergönnt war.

Karl Theodor wünschte alle Bedürfnisse zugleich zu befriedigen, erbaute unter Aufsicht des Freih. v. Flachslanden die geräumigen großen Sähle, worin sich die Bibliothek wirklich befindet, und wies ihr im J. 1784 hier einen festen, würdigeren Platz an. Dieser Fürst vermehrte nicht nur die Bibliothek mit vielen Seltenheiten; sondern hat ihr auch die kostbare, zu Rom erkaufte Bibliothek des Peter Vettori einverleibt, welche die schönsten Ausgaben der Stephane, Alde, Junte, Giolite, Römer, Venetianer u.a.m. enthält. Im J. 1790 ist auch die Bibliothek des Staats- und geh. Kanzlers Alois Wiguläus Freiherrn von Kreitmayr mit der allgemeinen vereiniget worden. Der älteste bekannte Bibliothekar bald nach ihrem Beginne war im J. 1576 bis 1585 Wolfg. Pronner; aber seit ihrer Herstellung unter Max. III. folgten nacheinander Ignaz Felix v. Oefele, gest. 1780; Joh. C. Edler v. Lippert, gest. 1801; Gerhoh Steigenberger, gest. 1787; Georg Stan. de Roccatani, gest. 1790; Nic. Maillot de la Treille, gest. 1794; Bischof Cas. Freih. v. Häffelin, und jetzt Freih. Christ. v. Aretin.

Wie wohlthätig unser jetzige Beherrscher für Vergrößerung dieses Nationalreichthums bisher bedacht war, ist in frischem Andenken der baierischen Gelehrten, und wird einst das Erstaunen des Auslandes verdienen.

Sie stand bisher unter einem Ober- und einem Unterbibliothekar, 2 Aufsehern von Seite der Akademie, 2 Custoden, einem Sekretär, einem Bibliothekschreiber und 2 Bibliothekdienern. Doch erheischt der größere Anwuchs eine neue Organisation, und eine Menge gelehrter Mitarbeiter nebst einer ansehnlichen Zahl Schreiber und Gehülfen. Ihr Raum ist bereits durch den ehemahligen Sahl der größeren, oder sogenannten lateinischen Congregation erweitert worden. Allein er bedarf noch einer größeren Erweiterung, die bereits ausersehen ist. Die schöne Inschrift zu Ehren des Erbauers des großen Bibliotheksahles, Karl Theodor, welche im Vorzimmer auf schwarzem Gipsmarmor vom Hofstukatorer Feichtmayr zu sehen ist, spricht den reichen Inhalt dieser Bibliothek bis auf die neuesten Zeiten ihrer Vergrößerung aus:

CAROLVS THEODORVS ELECTOR
BIBLIOTHECAM
AB ALBERTO V. INSTITVTAM
SUBSEQUENTIVM PRINCIPVM
MVNIFICENTIA LOCVPLETATAM
LECTISSIMIS VOLVMINIBVS
A TYPORVM ELEGANTIA
A CLARORVM VIRORVM AVTOGRAPHIS
NOTIS ET VSV COMMENDATIS
ALIIS QUE LIBRARIORVM OPVM
ACCESSIONIBVS AMPLIFICAVI
NECESSARIIS LEGIBVS COMMVNIVI
POSTREMO VT GENTI BAVARICAE
ET ORBI LITTERATO GRATIFICARER
SCIENTIARVM INCREMENTO
ETIAM APVD POSTEROS CONSVLEREM
VTILITATI PVBLICAE DEDICAVI.
ANNO MDCCXC.

Sie wird außer den Sonn- und Feiertagen für jedermann geöffnet, und hat 3 geräumige und helle Lesezimmer mit Pulten und dem nöthigen Schreibgeräthe. Nach Hause werden, wichtige Fälle ausgenommen, keine Bücher geliehen. In einem der älteren Bibliotheksähle der ehemahligen Jesuitenbibliothek sieht man die 4 baierischen Regirungsstädte München, Burghausen, Landshut und Straubing in Gen. Pfyffers Manier mit hölzernen, gemahlten Figürchen abgesteckt. Sie sind auf Kosten Herz. Albert V. durch Jak. Sondtner, Drechsler von Straubing, in den J. 1573 u. ffl. in Grund gelegt worden. Die seltene Menge der typogr. Seltenheiten und Manuscripte zu beschreiben verlangt ein eigenes Werk, das man von der jetzigen bibliographischen Regsamkeit zuversichtlich zu erwarten hat.

2) Die akademische Bibliothek.

Die kurf. Akademie hatte seit ihrem Entstehen, das ist, in einem Zeitlaufe von 45 Jahren, fleißig gesammelt, viele treffliche Werke sich angeschafft, eine große Anzahl Bücher von

Mitgliedern, Gönnern und Schriftstellern geschenkt erhalten. Daraus entstand eine artige Büchersammlung, die mehrere Schränke füllte, und zum Theile noch füllt – zum Theile: denn ein beträchtlicher Theil des gesammelten Vorraths ist verschwunden; kein Verzeichniß, einige Bruchstücke ausgenommen, beurkundet ihre Lücken, und niemand weiß, in welche Hände sie ausgewandert sind. Ihr Vermissen verjährte sich um so leichter, als ihr Zusammentreffen nach keinem festen Plane geschah. Vaterländische Geschichte hätte vielleicht ihr wesentlicher sein sollen: allein auch hier bemerkt man Klüfte und Lücken, die kaum mehr zu füllen sind.

Immerhin ist eine artige Sammlung beisammen, und verdient geordnet zu werden. Sie befindet sich in einem eigenen Zimmer der Akademie. Ihre Vereinigung mit der Centralbibliothek kann einst von guten Folgen sein, und ihr schönes Fach, die Sammlung der Boica, durch den Ueberfluß der letzteren ergänzet werden.

[Textzitat S. 420–426]

◇

Lorenz HÜBNER (∗1751 in Donauwörth, † 1807 in München) war Jesuit und Publizist. 1775 wurde er Lehrer für Französisch und Italienisch in Burghausen, 1776 dort Professor für Rhetorik; 1779 übernahm er die Redaktion der »Münchner Staatszeitung« und der »Münchner gelehrten Beiträge«. Während der Illuminatenverfolgung unter Kurfürst Karl Theodor übersiedelte er 1783 nach Salzburg. Hier gab er seit 1784 die »Oberdeutsche Staatszeitung« und von 1788 bis 1799 die angesehene »Oberdeutsche allgemeine Litteraturzeitung« heraus, das wichtigste Organ der Aufklärung im katholischen Süden. Seit 1799 lebte er wieder in München und wurde Mitglied der Akademie der Wissenschaften.

Hübners Beschreibung der Hofbibliothek zeichnet sich durch genaue Kenntnisse, wichtige Details und kritische Bemerkungen aus. Die **Akademische Bibliothek**, deren unrühmlichen Zustand zu erwähnen er sich nicht scheut, wurde in der »Konstitutions-Urkunde der königlichen Akademie der Wissenschaften« vom 1. Mai 1807 durch König Maximilian Joseph mit der Hofbibliothek vereinigt. In Art. XXVI,4 dieser Urkunde heißt es: »Die Akademie der Wissenschaften soll künftig keine eigene Bibliothek mehr haben; die Bücher, welche sie dermal besitzt, so wie die Werke, welche sie künftig erhält, sollen an die Hofbibliothek abgeliefert werden«. Diese Entscheidung ist bis heute gültig geblieben: Die Bayerische Staatsbibliothek ist die Bibliothek der Bayerischen Akademie der Wissenschaften, sie erhält deren gesamten Tauschzugang und betreut in der Akademie eine kleine Handbibliothek.

Die unter Kurfürst Ferdinand Maria im Jahre 1663 erstmals für Bayern vorgeschriebene **Ablieferung neuerschienener Bücher** ist zu einer bis heute bestehenden Tradition geworden. Die Ablieferung wurde zuletzt durch das »Gesetz über die Ablieferung von Pflichtstücken (Pflichtstückegesetz – PflStG)« vom 6. August 1986 geregelt. Darin heißt es: »Von allen mittels eines Vervielfältigungsverfahrens hergestellten und zur Verbreitung bestimmten Texten, die in Bayern verlegt werden, sind ohne Rücksicht auf die Art des Textträgers und des Vervielfältigungsverfahrens unaufgefordert innerhalb von zwei Wochen nach Erscheinen unentgeltlich und auf eigene Kosten zwei Stücke in handelsüblicher Form an die Bayerische Staatsbibliothek München abzuliefern (Pflichtstücke). Als Texte im Sinne von Satz 1 gelten auch besprochene Tonträger, Musiknoten und andere graphische Musikaufzeichnungen, Landkarten, Ortspläne und Atlanten sowie bildliche Darstellungen«. Das zweite Exemplar gibt

Abbildung 8
Johann Christoph von Aretin. Ölgemälde, um 1805

die Bayerische Staatsbibliothek nach regionalen und sachlichen Aspekten an eine der Staatlichen Bibliotheken, eine der Universitätsbibliotheken, die Staatliche Musikhochschule oder die Staatliche Graphische Sammlung weiter.

Mit **Stephane**, **Alde** (auch Aldinen), **Junte** (auch Giuntinen) und **Giolite** werden die Drucke besonders geschätzter und bekannter Druckoffizinen bezeichnet, nämlich die des Henri Etienne (= Stephanus) und seiner Nachkommen (16./17. Jahrhundert), des Venezianers Aldus Manutius (druckte von 1495 bis 1515), des Florentiners Filippo Giunta (druckte seit 1497) und des Venezianers Gabriele Giolito de Ferrari (druckte seit 1541).

Kasimir Johann Baptist von Häffelin (* 1737 in Minfeld bei Kandel/Rheinpfalz, † 1827 in Rom) studierte Theologie in Heidelberg. Nach der Promotion 1765 und der Priesterweihe 1767 wurde er Hofkaplan und Mitglied der Mannheimer Akademie der Wissenschaften, ab 1782 der Bayerischen Akademie der Wissenschaften. Nach der Übersiedlung des Kurfürsten Karl Theodor von Mannheim nach München war er dessen Berater in Kirchenangelegenheiten. 1782 wurde er Komtur des bayerischen Malteser-Großpriorats, 1783 Vizeprobst des Kollegiatstifts zu Unser Lieben Frau in München, im selben Jahr Vizepräsident des Geistlichen Rates, 1787 Titularbischof von Chersones. 1799 wurde er Oberhofbibliothekar und regte eine engere Verbindung von Akademie und Bibliothek an; in seine Amtszeit fiel auch die Säkularisation der bayerischen Klöster. Im Oktober des Jahres 1803 wurde er Gesandter am Päpstlichen Hof in Rom, 1817 Gesandter am Hof des Königs von Neapel und ab 1815 wieder Gesandter in Rom bis zu seinem Tod. Auf Empfehlung des Königs von Bayern wurde er 1818 Kardinal. Sein Gesuch, für die Zeit seiner Abwesenheit in Rom die Bibliothek Aretin anzuvertrauen, traf auf vollendete Tatsachen, denn Aretin war bereits im August 1803 zum Oberhofbibliothekar ernannt worden.

Über den **Zustand der Hofbibliothek** im Jahre 1807 schreibt Friedrich Jacobs (1764 – 1847) an seinen früheren Gothaer Kollegen Julius Wilhelm Hamberger in einem Brief vom 20. Dezember 1807. Jacobs war gerade als Mitglied der Akademie der Wissenschaften und Professor am Lyzeum nach München berufen worden. Hamberger sollte in Kürze ebenfalls nach München kommen, um neben dem Oberbibliothekar Johann Christoph von Aretin an der neuen Organisation der Münchener Bibliothek mitzuwirken. Jacobs schreibt an Hamberger in dem Wissen, daß dem neuberufenen Norddeutschen in München ein gewisses Mißtrauen entgegenschlagen würde:

> Ich habe insbesondre das Vertrauen, daß Ihre biedre Weise Ihren künftigen Landsleuten besonders zusagen, und Ihnen das Vertrauen und Wohlwollen derer gewinnen werden, denen jetzt Ihre Anstellung nicht ganz gelegen ist. Der spröde, verschlossene Aretin ist doch schon viel geschmeidiger geworden; und wenn er Sie erst kennen lernt, wenn er sieht, daß Sie ihn nicht verdunkeln oder auf seinen Schultern emporsteigen wollen, so wird gewiß das Eis um seine Brust schmelzen, und er wird es Ihnen danken, daß Sie ihn von einem Berg von Sorgen befreyen, über die er nie hinauskäme. Stellen Sie sich vor, daß seit einigen Wochen etliche 20 Personen beschäftigt sind, in jedem Hauptfache die Bücher sämmtlich nach dem Alphabete zu stellen; ein wahrer Ausweg der Verzweiflung, wodurch man zugleich das Auffinden der Dubletten und das Aufsuchen der Bücher überhaupt erleichtern will. Zugleich wird das ganze Fach der Theologie und der Literargeschichte spatzieren getragen, man weiß nicht warum, denn an eine bleibende Verändrung ist noch nicht zu denken, da das Local ganz umgeschaffen wird. Die Verwirrung der Bü-

cher ist so groß, daß sie sogar meinen Kindern aufgefallen ist; und selbst die alphabetische Anordnung bietet die lächerlichsten Irrthümer dar. Justiniani Caesaris Institutiones stehn neben dem Julius Caesar als eine Ausgabe desselben, und de la Cerdas Virgil unter dem C. Von meiner Anthologie steht der Text besonders und in weiter Entfernung davon die Animadversiones; andre bétisen [?] zu geschweigen, die sehr zahlreich sind. Uebrigens wird alles zusammen genommen, und vor einer unwißenschaftl. Trennung darf Ihnen nicht bange seyn. Auch werden gewiß Ihre Vorschläge von der Academie auf das nachdrücklichste unterstützt werden. Das Personal der Bibl. ist mir noch nicht bekannt, außer Docen, einem recht angenehmen jungen, wohl unterrichteten und eifrigen Mann, auf dessen thätige Hilfe Sie gewiß rechnen können. Hardt ist nur mit den M[anu]sc[ri]pten beschäftigt, und bekümmert sich um das Uebrige nicht. Mancher mag nur als Handlanger dastehn. An eine gescheite Vertheilung der Arbeiten nach einem bestimmten und festen Plan scheint noch nicht gedacht worden zu seyn.
Die Schuldenlast der Bibl. ist nicht so entstanden, wie Sie glauben, sondern durch den Ankauf von Prachtwerken aus Buchhandlungen, die leben wollten und leben ließen. Dabei sind doch in allen Wißenschaften die größten Lücken gerade an den wichtigsten Werken. Aber Romane und andern Neuigkeitsplunder hat man in Menge.
(Petzet, 1907)

Anders als Jacobs erhofft hatte, wandelte sich jedoch die »Sprödigkeit« Aretins in einen fanatischen Haß gegen die neuberufenen Norddeutschen. Jacobs verließ München im Dezember 1810 und wurde in Gotha Direktor der Bibliothek und des Münzkabinetts.

Julius Wilhelm Hamberger (1754 – 1815) wurde aus Gotha nach München berufen und trat die Stelle als zweiter Bibliothekar in der Hofbibliothek Anfang 1808 an. Zuvor war er seit 1773 Kustos an der Universitätsbibliothek Göttingen und seit 1775 an der Herzoglichen Bibliothek in Gotha gewesen. Er wurde dem Oberbibliothekar Aretin gleichgestellt und sollte die Methoden der Göttinger Bibliothek in München einführen. Es kam zu Streitereien mit Aretin und dem Bibliothekspersonal. Teilweise wurden ihm schlechte Lateinkenntnisse und literarische Unwissenheit vorgehalten. Aber auch nach der Versetzung Aretins nach Neuburg im Jahre 1811 konnte Hamberger trotz seines Fleißes die Arbeit nicht meistern. »Gegen Ende des Jahres zeigten sich die Zeichen einer Geistesverwirrung deutlich, die immer schlimmer wurden. Die Tragödie nahm nun rasch ihren Lauf. Im Jahre 1812 mußte er, nachdem ein Erholungsurlaub in Weilheim nichts genützt hatte, in eine Irrenanstalt verbracht werden, wo er am 8. Juni 1813 starb« (Bachmann, 1966, S. 75).

Die Kurpfälzische Hofbibliothek Mannheim, auch kurz die **Mannheimer Bibliothek** genannt, wurde in den Jahren 1803/4 nach München überführt. Die Bibliothek war 1756 durch Kurfürst Karl Theodor gegründet worden und umfaßte etwa 100.000 Bände. Da sie gut katalogisiert war und der Katalog nach München kam, wurde sie anfangs geschlossen aufgestellt und erst später mit den Münchner Beständen vereinigt.

16. Joseph Anton Eisenmann
1812

Beschreibung
der
Haupt- und Residenzstadt
München
und
ihrer Umgebungen,
in
topographischer, geschichtlicher und
statistischer Hinsicht.

Von
Joseph Anton Eisenmann,
Professor der Geschichte und Erdbeschreibung am königlichen
Kadetten-Corps in München.

München,
in Commission bei Joseph Lindauer
1812.

*

Die Bureau's und Geschäftskreise der Sekretäre der Akademie, so wie der, mit jeder Klasse verbundenen Attribute, verbreiten sich über folgende, unter der Akademie bestehende Institute:

a) die Hof- und Central-Bibliothek;
b) die physikalisch-mathematischen, naturhistorischen, polytechnischen u.s.w. Sammlungen;
c) das chemische Laboratorium und die anatomische Anstalt;
d) den botanischen Garten;
e) das astronomische Observatorium;
f) das Münzkabinet;
g) das Antiquarium.

a) Königliche Hof- und Central-Bibliothek. Herzog Albert V., ein Fürst von ausgezeichnetem Geschmacke und vieler Gelehrsamkeit, legte im Anfange des 16ten Jahrhunderts den Grund zu dieser Bibliothek. Nach und nach gewann diese immer mehr an neuen Schätzen, besonders durch den Ankauf vieler, schätzbaren Privat-Bibliotheken. Unter der Regierung des jetzigen Königs erhielt die Bibliothek theils durch Ankauf neuer Schriften, theils durch die aus den Bibliotheken aufgehobener Klöster gesammelten Bücher, einen so bedeutenden Zuwachs, daß sie als eine der reichsten in Europa angesehen werden kann, und in der Zahl von Bänden von wenigen übertroffen wird. Sie enthält über 400,000 Bände, in 54 Zimmern, Säälen u.s.w. aufgestellt. Nebst allen gedruckten, nothwendigen und nützlichen Werken in Künsten, Wissenschaften, Sprachen u.s.w. besitzt die Bibliothek auch eine sehr große Anzahl der seltensten Manuskripte aus allen Sprachen. Unter den Handschriften befinden sich: 300 orientalische, bei welchen sich besonders auszeichnen, ein Koran mit goldenen Buchstaben, die Diwans von Hofyz und Sady, ein Hatty-Scherif vom Kaiser Suleyman an den Pascha von Cypern, Gedichte auf Palmblättern in malabarischer Sprache; 250 hebräische; 580 griechische, wobei Quatuor Evangelia mit Uncialbuchstaben vom 8ten Jahrhunderte in 3 Bänden; beiläufig 8000 lateinische, französische, italienische und teutsche, wobei ein lateinisches Evangelienbuch, mit goldenen und silbernen Buchstaben auf purpurfarbenes Pergament geschrieben vom 9ten Jahrhunderte, dann die Bußpsalmen Davids, in Musik gesetzt von Orlando de Lasso, mit besonders schönen Miniatur-Gemälden von Mülich, verschiedene Gebetbücher, geziert mit goldenen Anfangsbuchstaben, mancherlei Bildnissen, welche verschiedene Kräuter und Insekten nach der Natur vorstellen, ein in vergoldetem Silber eingebundenes Gebetbuch von Ant. Sinibaldus im J. 1485, mit den feinsten Miniatur-Gemälden, welche alle das herzoglich-baierische Wappen führen, ferner Codex Theodosianus aus dem 7ten Jahrh., und Codex Augustini tractatum in epist[olam] S[ancti] Ioan[nis] continens vom J. 823, dann Livre de Jean Boccace de nobles hommes et femmes mit den feinsten Gemälden vom J. 1458, und Codex traditionum ecclesiae Ravennatensis auf ägyptischem Papier; ferner eine Menge Inkunabeln, unter welchen 45 xylographische, und 20,000 typographische sich befinden; Autographa von Luther, Melanchthon, Aventin u.a.m.; Original-Handzeichnungen von Albrecht Dürer und Lukas Kranach, Schäffers Insekten-Belustigungen und Naturgeschichte der Frösche, Rudolphi Schellenbergii etc. Papiliones X Bände, eiusdem Entoma XII Bände. Unter den gedruckten Werken zeichnen sich besonders aus: die Gutenberg-Faustische lateinische Bibel vom Jahre 1450, die Faustische Schöfferische lateinische Bibel vom J. 1462 auf Pergament, Luthers Bibel von 1561 auf Pergament mit illuminirten Holzschnitten von Lukas Kranach; ferner beinahe alle Prachtausgaben von Bodoni und Didot, dann Histoire naturelle et générale des Colibris etc. par J. B. Audebert et L. P. Veillot. à Paris 1802. 2 Vol. Vorhanden sind überhaupt die seltensten und kostbarsten gedruckten Werke aller Fakultäten. Unter den Büchern, welche zum Kunstfache gehören, sind die vorzüglichsten: Die Bildnisse des Herkulanums und Pompeji, die Ruinen zu Palmira, allerlei Voyages Pitoresques, Museum Capitolinum, florentinum, Description de l'Egypte ou Recueil des observations et des recherches, qui ont été faites en Egypte pendant l'expedition de l'armée française, publiée par les ordres de Sa Majesté l'Empereur Napoléon etc. fol. max. Zwei Globen von dem berühmten Appian 1576 verfertiget, von Mülich gemalt, zieren die Bibliothek. Jeder Staatsdiener und in München Angesessene erhält, gegen Ausstellung eines Scheins, Bücher aus der Bibliothek, auf einige Zeit nach Hause. Das Lokale der Bibliothek ist in dem Gebäude der Akademie der Wissenschaften. Sie ist täglich, Sonn- und Feiertage ausgenommen, von 8 Uhr Morgens bis 2 Uhr Nachmittags geöffnet, während welcher Zeit auch Bücher abgereicht werden denjenigen, welche sie in dem Bibliotheks-Zimmer selbst zu lesen wünschen. Direktor der königlichen Hof- und Central-Bibliothek ist der geheime Legationsrath, Herr K. August v. Ringel.

[Textzitat S. 61 – 65]

◊

Joseph Anton EISENMANN (* 1776 in Oberlauda bei Würzburg) besuchte das Gymnasium in Mergentheim und studierte in Würzburg Philosophie und Theologie. Nach der Priesterweihe im Jahre 1800 war er zunächst als Kaplan tätig; während dieser Zeit hatte er auch die Aufsicht über die Schloßbibliothek des Grafen von Schönborn in Gaibach. 1803 erhielt er die Stelle eines Hofmeisters beim Grafen von Bocholz, 1805 wurde er Direktor und Professor der Philosophie und Mathematik am Lyzeum und Gymnasium in Miltenberg, 1807 Professor für Geschichte und deutsche Literatur, später auch für Geographie in München. – Die »Beschreibung« Eisenmanns erschien 1814 in einer zweiten Auflage.

Die Hofbibliothek war vor 1807 dem Obersthofmeisteramt unterstellt und von 1807 bis 1827 der **Akademie der Wissenschaften** zugehörig. Nach 1827 wurde die Bibliothek selbständig und damit zunächst dem Generalkonservatorium der Wissenschaftlichen Sammlungen, ab 1832 dem Innenministerium und ab 1847 dem Kultusministerium unmittelbar unterstellt. In der »Konstitutions-Urkunde der königlichen Akademie der Wissenschaften« vom 1. Mai 1807 wurde die Hof- und Zentralbibliothek der Akademie der Wissenschaften untergeordnet:

> XXV. Wir sezen mit der Akademie in unmittelbare Verbindung:
> A. Unsere Hof- und Central-Bibliothek zu München.
> B. Das Naturalien-Kabinet.
> C. Das Kabinet der physikalischen und mathematischen Instrumente.
> D. Das polytechnische Kabinet.
> E. Das chemische Laboratorium.
> F. Das Münzkabinet und das Antiquarium.
> G. Das astronomische Observatorium.
> Für einige noch fehlende Anstalten wird nach dem Vorschlage der Akademie in der Folge gesorgt werden. [...]
>
> XXVI. Was insbesondere Unsere Hofbibliothek betrift:
> 1. Soll diese, so viel möglich, in allen Zweigen der Literatur vollständig erhalten werden.
> 2. Von allen in Unserem Königreiche gedrukten Werken soll ein Exemplar an dieselbe gesendet werden.
> 3. Sie ist das vorzüglichste Depot aller kostbaren Manuscripte und Druckwerke, welche in Unseren übrigen Staatsbibliotheken sich vorfinden; wesshalb die Provinzial-Bibliotheken angewiesen worden sind, dieselbe dahin abzuliefern.

Karl August von RINGEL (* 1771/72 in der Pfalz, † 1831 in München) war zunächst Privatsekretär von Graf Maximilian von Montgelas. Im März 1799 wurde er Wirklicher Rat und Geheimer Sekretär beim Departement der Auswärtigen Geschäfte, im Juli desselben Jahres Legationsrat, Politischer Sekretär von Montgelas und Chef des Ministerialbüros, 1808 Geheimer Legationsrat im Außenministerium, zugleich Referent für Wissenschaft und Künste im Innenministerium. Im Februar 1812 wurde ihm die Stelle des Direktors der Bibliothek und Kommissärs bei der Akademie der Wissenschaften übertragen. Angeblich hatte König Max I. Joseph Ringel als dem Überbringer der Nachricht, daß durch den Tod Krenners die Bibliothek neuerdings ohne Direktor sei, kurzweg zum Direktor ernannt. Da sich Ringel kaum um die Bibliothek kümmern konnte, wurde Friedrich Adolf von Schlichtegroll als Mitdirektor bestimmt. Im Februar 1817 wurde Ringel Staatsrat und Generaldirektor im Außenministerium und 1821 Wirklicher Geheimer Kabinettsrat. 1825 ließ er sich in den Ruhestand versetzen.

Johann Nepomuk KRENNER war im April 1811 als neuer Direktor der Bibliothek ernannt worden, kümmerte sich aber nur sehr wenig um die Bibliothek. Durch andere Tätigkeiten ausgelastet hielt er sich auch nur selten in München auf. Seine Ernennung war eine Notlösung gewesen, da sich Julius Wilhelm Hamberger (nach der Versetzung Aretins) für die Leitung der Bibliothek als unfähig erwiesen hatte. Im Januar 1812 starb Krenner, ohne je Einfluß auf die Bibliotheksgeschäfte genommen zu haben. – Nicht zu verwechseln mit Johann Nepomuk Krenner ist der Staatsmann und Historiker Franz von KRENNER (1762–1819), dessen Sammlung von Büchern mit erotischem und satirischem Inhalt 1858 an die Hofbibliothek kam.

17. Joseph von Obernberg
1817

Reisen
durch das
Königreich Baiern.

Von dem
Kreisdirektor Joseph v. Obernberg,
der k. Akademie der Wissenschaften Ehrenmitgliede.

I. Theil.
Der Isarkreis.
Vierter Band. II. Heft.
Des ganzen Werkes 11. Heft.
Topographie der königl. Haupt- und Residenzstadt München.

München, bey Ignatz Joseph Lentner,
und Leipzig, in Comm. bey J. Fr. Gleditsch.
1817.

*

Einhundert neunter Brief.

Königliche Akademie der Wissenschaften. Attribute und Institute derselben: königl. Hof- und Zentral-Bibliothek; physikalisch-mathematische-naturhistorisch- und polytechnische Sammlungen; chemisches Laboratorium; der botanische Garten; das astronomische Observatorium; das Münzkabinet; das Antiquarium.

Lassen Sie uns nun zur vornehmsten und ersten wissenschaftlichen Anstalt übergehen, zu einer Anstalt, welche selbst für Gelehrte zur fortgesetzten Uebung bestimmt ist, – zur königlichen Akademie der Wissenschaften. In der Ansicht derselben, und ihrer kostbaren Attribute finden Sie einen Genuß höhern Vergnügens. [...]

Folgen Sie mir vor Allem in die reich gefüllten Säle der königlichen Hof- und Central-Bibliothek; einen ungeheuern literarischen Schatz werden Sie hier finden, und froh hierüber erstaunen. Sie nimmt das zweyte Stockwerk des wilhelminischen Kollegiums ein, und ist gerade über dem Lokale der Akademie aufgestellt.

Die Geschichte dieser Bibliothek bis zum Jahre 1784 ist von Gerhoh Steigenberger, regulirtem Chorherrn von Polling, und Hofbibliothekar unter der Regierung Karl Theodors in einer akademischen Rede beschrieben, und bereits, wie die neuere Geschichte, von vielen Schriftstellern nacherzählt worden. Lorenz Hübner hat folgenden Auszug derselben geliefert:

Herzog Albert V., unter dem Wiguläus Hund Hofrathskanzler war, gab ihr im 16ten Jahrhundert die Entstehung dadurch, daß er theils seine eigene Handbibliothek, die er aus Italien von seinen Studien mit sich gebracht hatte, theils drey erkaufte Bücher-Sammlungen von Hartmann Schedel, Joh. Albert Widmanstadt und Fugger in Vereinigung brachte. – Durch den geschehenen Ankauf war ein großer Schatz von lateinischen und deutschen, hebräischen, syrischen, arabischen, und griechischen Handschriften, und Incunabeln gewonnen. Von Letzteren ist schon im J. 1602 ein gedrucktes, aber unvollständiges Verzeichniß zu Ingolstadt bey Adam Sartorius in 4to [= Quarto-Format] erschienen. Herzog Albert sammelte diese Bibliothek in einem großen Dachbehältniß des alten Hofes; gab ihr die Aufschrift: Liberei, und bedachte sie noch in seinem Testament, damit sie ungetheilt bleiben sollte. Sie hatte damahls den Ruf der reichsten Büchersammlung. [...] Im Jahre 1790 ist auch die Bibliothek des Staats- und geheimen Kanzlers Alois Wiguläus Freyherrn von Kreitmayr mit der allgemeinen vereinigt worden.

So weit reichet die frühere Geschichte der Bibliothek. Aber eine neue, glänzende Epoche führte die Regierung Maximilians des Königs herbey. Theils durch Ankauf neuer Schriften, kostbarer Pracht- und Kupferwerke, theils durch die, aus den Bibliotheken säkularisirter Klöster gesammelten Bücher, erhielt die Bibliothek einen so bedeutenden, und außerordentlichen Zuwachs, daß sie nunmehr als eine der reichsten in Europa muß angesehen werden, und in der Zahl von Bänden nur von Wenigen übertroffen wird. Sie enthält über 400,000 derselben, in 54 Zimmern, Sälen, und Corridoren aufgestellt. Nebst allen gedruckten, nothwendigen und nützlichen Büchern über Künste, Wissenschaften, Sprachen, u.s.w. besitzet die Bibliothek auch eine sehr große Anzahl der seltensten Manuscripte aus allen Sprachen*; eine Menge Inkunabeln, unter welchen 45 xylographische, und 20,000 typographische sich befinden; Autographa von Luther, Melanchton, Aventin, u.a.m. Original-Handzeichnungen von Albrecht Dürer, und Lukas Kranach, Schäffers Insekten-Belustigungen und Naturgeschichte der Frösche; u.s.w.

Unter den gedruckten Werken zeichnen sich besonders aus: die Guttenberg-Faustische lateinische Bibel vom J. 1450, die Faustische Schöfferische lateinische Bibel vom J. 1462 auf Pergament; – Luthers Bibel von 1561 auf Pergament mit illuminirten Holzschnitten von Lukas Kranach; – ferner beynahe alle Prachtausgaben von Bodoni und Didot, dann Histoire naturelle et generale des Colibris etc. par J. B. Audebert et L. P. Veillot. à Paris, 1802. 2 Vol. – Vorhanden sind überhaupt die seltensten und kostbarsten gedruckten Werke aller Fakultäten.

Unter den Büchern, welche zum Kunstfache gehören, sind die vorzüglichsten: die Bildnisse des Herkulanums und von Pompeii; die Ruinen zu Palmira; allerley Voyages Pittoresques; Museum capitolinum, florentinum. – Description de l'Egypte etc. (auf Befehl des Kaisers Napoleon herausgegeben); – die alte Stadt Italica, von la Borde; des Grafen von Rechberg bekanntes Prachtwerk: Rußlands Völker darstellend etc. – Zwey Globen von dem berühmten Appian verfertigt, von Mülich gemahlt, zieren die Bibliothek.

Diese reichen literarischen Schätze sind durch wahrhaft königliche Munificenz gemeinnützig gemacht, bringen daher durch ihren Genuß seit Jahren die erwünschten Früchte; denn jedem, welcher sich hier unterrichten will, steht die Bibliothek an gewissen Tagen der Wo-

* Unter den Handschriften befinden sich: 300 orientalische [...] und Codex Traditionum ecclesiae Ravennatensis auf Egyptischem Papier. – (Eisenmanns Beschreibung von München.)

che von 8 Uhr Morgens bis 2 Uhr Nachmittags offen; und es werden ihm Bücher, die er in dem Bibliothek-Zimmer zu lesen wünschet, mit aller Bereitwilligkeit abgegeben; außerdem erhält jeder Staatsdiener, und in München Angesessene, gegen Austellung einer Recognition, Bücher aus der Bibliothek auf einige Zeit nach Hause. – Ueberhaupt kann der, stets rege Eifer des Bibliothek-Personals, und sein lebhafter Betrieb zur schnellen Vorlage jedes verlangten Buches nicht genug gerühmt werden. Diese, und die Kenntnißreiche Auskunft, welche man über die Literatur erhält, machen die Herren: Bibliothekär Titl. Scherer, Kustos Bernhart und seine Kollegen, die Sekretäre etc. bis zur Verehrungswürdigkeit schätzbar.

[Textzitat S. 362, 365 – 373]

◊

Ignaz Joseph von Obernberg (* 1761 in Amberg, † 1845 in München) war Historiker und Reiseschriftsteller. Nach dem Jurastudium in Ingolstadt wurde er 1785 Vogteirichter in Schliersee, 1787 Hofrat, 1799 Landesdirektionsrat, 1808 Kanzleidirektor des Salzachkreises in Burghausen; von 1811 bis 1820 war er Vorstand der Spezial-Staatsschulden-Tilgungskommission; 1788 wurde er Mitglied der Bayerischen Akademie der Wissenschaften, seit 1807 deren Ehrenmitglied.

Neben der »kenntnißreichen Auskunft« gehörte das **Vorzeigen der Bibliothek** auch noch Anfang des 19. Jahrhunderts zu den Aufgaben der Bibliothekare. Dieses Vorzeigen bestand darin, dem Besucher kostbare und seltene Bücher vorzulegen sowie deren Bedeutung und Wert zu erläutern. In § 40 (»Vorzeigen der Bibliothek«) der Dienst-Ordnung aus dem Jahre 1811 heißt es:

> Einwohner der Stadt, welche die Bibliothek zu besehen wünschen, können sich an jedem Montag von 11-2 Uhr bey dem Bibliothekar melden, der ihnen dann einen Führer mitgiebt. Reisende haben jeden Tag Zutritt; sie melden sich bey dem Bibliothekar, schreiben ihre Namen in das Fremdenbuch und erhalten von ihm einen Führer. Gesellschaften über 6 Personen stark können nur Ausnahmsweise zugelassen werden. Bey dem Vorzeigen an hohe Standespersonen wird der Bibliothekar selbst mitwirken; sonst geschieht es von den Custoden, die hierin Wochenweis abwechseln, und von einem Diener begleitet werden. – Niemandem wird zugestanden, die Leitern zu besteigen, oder selbst Bücher heraus zu nehmen und wieder in ihre Reihen zu stellen. – So wie keinem Bibliothek-Individuum erlaubt ist, einen Hund mit auf die Bibliothek zu bringen, eben so wenig kann dieser Unfug irgend einem Besuchenden gestattet werden. – Kein Diener wird von den Beschauenden irgend eine Belohnung annehmen.

Joseph Scherer (* 1776 in Mannheim, † 1829 bei Wien) studierte in Heidelberg Jura und kam bereits im Jahre 1800 nach München. Im Jahre 1803 kaufte er die Seidelsche Buchhandlung, die er aber 1808 wegen Überschuldung verkaufen mußte. Ob und in welchem Umfang Christoph von Aretin, der Scherer in die Bibliothek geholt hatte und 1803 Oberbibliothekar geworden war, an dieser Buchhandlung beteiligt war, ist unklar. 1806 wurde Scherer Unterbibliothekar, 1814 übernahm er interimistisch die Geschäfte des verstorbenen Julius Wilhelm Hamberger. Von der eigentlichen Bibliotheksarbeit scheint er wenig verstanden zu haben, weshalb er sich auch an Martin Schrettinger um Hilfe wandte; man hielt ihm auch vor, daß er zu oft im Dienst fehle. Die Leitung der Hof- und Zentralbibliothek wurde ihm – eher eine Verlegenheitslösung – erst 1822 übertragen; zum Oberbibliothekar wurde er sogar erst 1823 ernannt. Im Jahre 1826 mußte er wegen seines »kranken Gemütszustandes« in den Ruhestand versetzt werden.

18. Christian Müller
1817

München
unter
König Maximilian Joseph I.
Ein
historischer Versuch
zu
Baierns rechter Würdigung.

Von
Dr. Christian Müller.

Zweiter Theil.

Mainz, 1817,
bei Florian Kupferberg.

*

Die königliche Hof- und Zentralbibliothek.

Ihre Geschichte bis zum Jahr 1784 ist von Steigenberger, regulirten Chorherrn von Polling, in einer akademischen Rede geschrieben und dann oft nacherzählt worden. Ich will hier nur die Hauptmomente für meine Leser ausheben.

Herzog Albert V. – dessen schon oft als eines der vorzüglichsten und erleuchtetsten Baier-Fürsten gedacht worden ist – gab ihr im sechzehnten Jahrhundert die erste Entstehung, indem er seine eigene Handbibliothek, die er aus Italien von seinen Studien mit sich brachte, mit drei erkauften Büchersammlungen, der Schedelischen, Widmannstadtischen und Fuggerischen, zu einem Ganzen vereinigte. Durch diesen Ankauf war schon ein großer Schatz von lateinischen und deutschen, hebräischen, syrischen, arabischen und griechischen Handschriften und Inkunabuln gewonnen.* Herzog Albert sammelte diese Bibliothek in einem großen Dachbehältniß des Altenhofs, gab ihr die Inschrift: Liberei, und verordnete in seinem Testamente, daß sie ungetheilt bleiben sollte. Sie hatte damals schon den Ruhm einer der reichsten Büchersammlungen in Deutschland.

Herzog Wilhelm V. arbeitete gleichfalls für die Vermehrung dieser Sammlung. Er erkaufte die Hörwarthische Bibliothek von Augsburg mit den besten Ausgaben des sechzehnten Jahrhunderts und einer großen Anzahl musikalischer Bücher, kosmographischer Karten und spanischer Ausgaben und Werke, so wie die Bibliotheken des Domherrn Werdenstain von Aichstätt und die Crusiusische von Tübingen, in welcher lezteren sich die kostbarsten griechischen Handschriften befanden. Auch kam unter Wilhelm noch die Bibliothek des herzoglichen Leibarztes Meermann hinzu.

---

* Besonders durch die Fuggersche Bibliothek. s. oben

Kurfürst Maximilian I. trug zwar auch einige Sorge für die Vermehrung der Sammlung, indem er alle Bibliotheken des Landes durchsuchen ließ, in den Jahren 1598 und 1610, die Verzeichnung und Einsendung aller Handschriften aus den baierischen Klosterbibliotheken befahl,* die Müllerische Bibliothek ankaufte und die während des dreißigjährigen Kriegs zu Tübingen und Ludwigsburg gemachten litterarischen Beuten nach München bringen ließ. Wer aber kann ihm, neben seinem ganzen unpolitischen Benehmen im Fortgange des dreisigjährigen Kriegs, die von seinen Jesuiten bewirkte Schwachheit vergeben, mit der er die herrliche, an alten Schäzzen überreiche, Heidelberger Bibliothek dem deutschen Mutterlande entriß und – nach Rom an den Pabst schenkte, wo sie, bis in neuester Zeit die Manuskriptenschäzze wieder gerettet wurden, für Deutschland ganz, für Europa fast verloren gieng, da sie, mit der münchner Bibliothek vereinigt, für ewige Zeiten den herrlichsten und reichsten Bücher- und Manuskriptenschaz gebildet hätte und in Deutschland, als Palladium deutschen Wissens und Forschens, als Stolz des Landes und des Volks dagestanden wäre! – Was damals versäumt wurde, ließ sich durch keine nachfolgende Beiträge und Zuflüsse, selbst nicht durch die in der neueren Zeit ersezzen, und bleibt immer einer von den lichtlosen Nebelflekken in Maximilians I. Leben.

Ferdinand Maria erließ im Jahre 1663 den Befehl, daß von allen neu erscheinenden Büchern von den Buchdrukkern ein Exemplar zur k[öniglichen] Bibliothek eingeschikt werden solle. Zu mehrerem ließen es die Theatiner nicht kommen.

Unter den stürmischen Regierungen Max-Emmanuels und Karl Alberts konnte für die Bibliothek nichts, oder nur sehr wenig geschehen.

Desto eifriger nahm sich der Wissenschaft liebende Maximilian III. der verwaisten Anstalt an. Der berühmte Oefele ward ihr zum Vorsteher gegeben – das Wichtigste, was in jener Zeit geschehen konnte. Ihm ist besonders die Aufstellung von vielen Werken zu verdanken, die bereits dem Moder preisgegeben waren. Im Jahre 1774 ließ Maximilian III. diesen Bücherschaz aus dem alten Hof in den Siz der Akademie der Wissenschaften, in dem damaligen Fuggerischen Stok, jezt Prinz Eugenischen Pallast übersezzen.

Karl Theodor wünschte alle Bedürfnisse zugleich zu befriedigen. Er erbaute in dem ehemaligen Jesuiterkollegium die geräumigen schönen Säle, worin ein Theil der Bibliothek sich jezt noch befindet, und wieß ihr im Jahre 1784 hier einen würdigen Plaz an. Er vermehrte die Bibliothek mit manchen Seltenheiten, und verleibte ihr die kostbare, zu Rom erkaufte Bibliothek des Peter Vettori, welche die schönsten Ausgaben der Stephane, Alde, Junte, Giolite, der Römer, Venetianer und anderer mehr enthielt, ein. Im Jahre 1790 wurde auch die Bibliothek des um Baierns Gesezgebung (unter Maximilian III.) so verdienten Staats- und geheimen Kanzlers Kreitmair gewonnen.

Max-Josephs I. Regierung eröffnete auch für diese Bibliothek eine neue Glanzepoche. Durch die ausgesprochene und ausgeführte Aufhebung aller Klöster in Baiern, floß der Zentralbibliothek ein Schaz von Manuskripten und gedrukten Werken zu, dessen Werth noch jezt unberechenbar ist. Dazu kamen die Ankäufe und Geschenke der gegenwärtigen Regierung; und was die Sammlung im Jahre 1805 durch die Lüsternheit der Franzosen an Manuskripten

* Sowohl jene Durchsuchung der Bibliotheken des Landes durch Gewold, Lauter und andere, als die Einsendung der klösterlichen Handschriften gieng sehr lässig von Statten, und leztere wurde fast gar nicht befolgt.

verlor, das war nur nach Paris geliehen, und ward im Jahre 1815 wieder gewonnen und genommen.

Die Regierung ließ, um die Aufstellung der gewonnenen Schäzze möglich zu machen, im Jahre 1812 einen schönen Flügelbau an der Westseite des Jesuiterkollegiums aufführen, und lichtvoll und zwekmäsig für seine Bestimmung einrichten.

So steht die k[öniglich] baierische Hof- und Zentralbibliothek jezt da, als eine der reichsten und reichhaltigsten von Europa, würdig neben den Schwestern zu Göttingen, Dresden, Wien, Paris und Rom! – Sie enthält, ohne die Doubletten, über 400,000 Bände, in 54 Sälen und Zimmern aufgestellt.

Neben der Masse von zahlreichen gedrukten Werken aus allen Fächern des Wissens und der Kunst, muß ihr Reichthum an seltenen Manuskripten in den verschiedensten Sprachen und Dialekten rühmend angeführt werden. [...] Unter den altdeutschen Handschriften sind merkwürdig: Otfrids Evangelienbuch; zwei Codices des Nibelungenlieds u.s.w.; ferner eine Menge Inkunabuln, unter welchen 45 xylographische und 20.000 typographische (bis zum Jahre 1500) sich befinden; [...]

Zwei große Globen von dem berühmten Mathematiker Appian zu Ingolstadt im Jahr 1576 verfertigt, und von Mülich gemalt, zieren den großen freundlichen Saal.

Die Munifizenz des Königs schenkte der Bibliothek im Jahre 1806 mehrere der großen naturhistorischen Prachtwerke Frankreichs: dazu kamen noch die angekauften Sammlungen des Präsidenten Schreber. Sie erhielt dadurch nicht nur einen Zuwachs von größtentheils seltenen naturhistorischen Büchern, gegen 2000 Bände, sondern auch sehr viele naturhistorische Dissertationen und Monographien, wodurch dieses Fach der königlichen Bibliothek der Vollständigkeit so nahe gebracht worden ist, als wohl irgend eine Bibliothek Europa's. Ueberdieß ist das Fach der Philologie sehr reich an trefflichen, alten Ausgaben, besonders durch die Büchersammlung des Victorius, des größten Philologen seiner Zeit. Karl Theodor kaufte die Bibliothek dieses Gelehrten zu Rom, und führte sie, unter großem Wehklagen der Italiener, aus Italien. Die meisten Klassiker dieser Sammlung sind am Rande mit Anmerkungen des Victorius, und mit den von ihm gesammelten Varianten aus italienischen Handschriften versehen.

Auch sind des Victorius eigene Handschriften, für die Litteratur und die politische Geschichte seiner Zeit, von großem Werthe.

Bei allem Reichthum der Bibliothek fehlt es doch nicht an sehr fühlbaren Lükken fast in allen Fächern, besonders für die neueste und neuere Zeit und in dieser Hinsicht muß die münchner Bibliothek, so wie jede andere, der Göttinger weit nachstehen. Es ist unendlich viel Wesentliches aus den drei lezten Dezennien anzukaufen, und es zeigen sich dem Suchenden oft unbebaute Stellen, die er nicht erwartet hätte.

Die Anordnung der Bibliothek, an der ein sachkundiges Personal schon seit geraumer Zeit mit ununterbrochener Thätigkeit arbeitet, wird nun bald ganz beendigt seyn.

Die zahlreichen Doubletten werden verkauft. Der Antheil, welcher der Bibliothek an der Dotation der Akademie der Wissenschaften zukommt, ist nicht in Verhältniß mit ihren Bedürfnissen, und ließ in der neuesten Zeit, wo der neue Bau viele innere Einrichtungen nöthig machte, wohl schwerlich an bedeutende Anschaffungen denken.

Das Lokal der Bibliothek – besonders der große Saal, die zunächst anstoßenden Gemächer und die Lesezimmer, auch die Säle des neuen Baues – ist sehr freundlich.

Mehr als dieß alles aber erfreut Jeden, der die Bibliothek einmal oder täglich besucht, der schöne, liberale Sinn, welcher den gelehrten Kustoden, so wie dem allbekannten und beliebten Oberbibliothekar so ganz eigen ist. Solcher Geist wirkt dann kräftig auf das niedere Personal herab, und flößt auch diesem ein so gefälliges und zuvorkommendes Wesen ein, als die Weihe und die Bestimmung des Orts nur immer fordern kann. Scherers Humanität und Gefälligkeit steht unverdunkelt neben der von van Praet zu Paris, welcher in dieser Hinsicht wohl als Muster aller Direktoren großer öffentlicher Büchersammlungen aufgestellt werden darf. Das glükliche Talent eines alles festhaltenden Namen- und Orts-Gedächtnisses, das dem Suchenden so oft zu Hilfe kommen muß, wo Repertorien und Kataloge ihn verlassen, theilen sie auch beide.

Jeder Staatsdiener und zu München Ansäßige, erhält, gegen Ausstellung eines Scheines, Bücher aus der Bibliothek auf einige Zeit nach Hause. Fremde können dieses Vortheils nur auf besondere Vergünstigung von höherer Stelle theilhaftig werden, und die Schwierigkeiten, welche diese, bei andern Bibliotheken so leicht zu erhaltende, Vergünstigung hier macht, scheinen weder im Geiste des Instituts, noch in dem der Regierung zu liegen. Eben so sehr ist zu bedauern, daß die Handschriften dem häuslichen Gebrauche ganz entzogen sind, und deren Benuzzung nur auf das Lokal und die öffentlichen Stunden der Bibliothek beschränkt ist. Diese Vorenthaltung ist um so auffallender, da die augsburger Bibliothek, deren reiche Manuskriptenschäzze hierher gekommen sind, gerade in der leichten Mittheilung derselben an Auswärtige, so viel Liberalität zeigte. – Einzelne Fälle des Mißbrauchs – die bei allen großen Bibliotheken vorkommen – sollten doch den guten Gebrauch nicht aufheben.

Das geschmakvolle und bequeme Lesezimmer ist dagegen jedermann, von 8 Uhr Morgens, bis 2 Uhr Nachmittags, offen und zugänglich.

[Textzitat S. 94 – 107]

◊

Christian Müller (* 1786 oder 1790 in Eisenach) war Schriftsteller. Nach dem Studium in Göttingen wurde er Regierungssekretär in Eisenach. Nach einem Aufenthalt 1802 in Paris lebte er in München; 1817 wurde er Kabinetts-Sekretär des Prinzen Eugen von Leuchtenberg; 1820 reiste er nach Italien, 1821 nach Griechenland. Danach lebte er in Genf. – Bei der Beschreibung der Handschriften und Drucke hält er sich zwar im wesentlichen an Eisenmanns Text, erwähnt aber als erster bei den altdeutschen Handschriften zwei »Novitäten«, nämlich die Evangelienharmonie des Otfrid von Weißenburg und zwei Handschriften des Nibelungenlieds. »Otfrids Evangelienbuch« stammt aus dem säkularisierten Bestand der Dombibliothek in Freising (Signatur Cgm 14). Die eine Handschrift des Nibelungenliedes war erst 1810 von Schloß Ems in Vorarlberg gekauft worden (Signatur Cgm 34). – Besonders ausführlich stellt er die Bedeutung der erworbenen Privatbibliotheken Pietro Vettoris und Johann Christian Daniel Schrebers dar, die 1783 und 1813 in die Bibliothek gekommen waren.

Müller zählt die Münchner **Hof- und Zentralbibliothek** zu den reichhaltigsten in Europa und stellt sie neben die Bibliotheken in Göttingen, Dresden, Wien, Paris und Rom. Antonio Panizzi stellt in den »Minutes of evidence taken before the select committee on British Museum« auf die Frage nach den Bestandsgrößen europäischer Bibliotheken am 7. Juni 1836 fest:

Abbildung 9
Martin Schrettinger. Kupferstich von C. W. Bock, 1801

I believe the king's library at Paris is the finest in the world, and I do not believe it is exaggerated at 700,000 volumes; from what I have seen it is immense. Unfortunately I have not got precise returns from Munich; but I believe that Munich comes the next. A Mr. Schrettinger, who calls himself librarian, chose not only to return no answer to my queries, but he refused it with very bad grace. The library at Copenhagen is also very extensive; it is said to contain about 400,000 volumes, and that of Berlin 320,000. The library at Vienna is a very numerous library, but I think it is not 350,000 volumes of printed books and 16,000 manuscripts, as has been asserted. There is a work recently published on that library by Balbi, who lives at Vienna, and who says that the whole of that collection consists of somewhat under 300,000 volumes, including manuscripts and portfolios of prints. The Dresden library also has been, I think, exaggerated; I think it contains about 250,000 volumes. Besides these I do not think there are any superior to that of the British Museum.
(Reports from committees, 1836, S. 388)

Über die von Müller wegen ihres guten aktuellen Buchbestandes gelobte Bibliothek in **Göttingen**, die er während seines Studiums kennenglernt hatte, äußert sich Panizzi so:

The library of Göttingen, referred to as a pattern, is an university library; it is a library for the education of the persons attending the university, and not a national collection, like that of the British Museum. It is not a library for research, as ours ought to be, but a library for education; they ought not, therefore, to be conducted on the same principles. Yet even at Göttingen they buy rarities, as far as their means and as far as their principal object (education) allow them [...]
(Reports from committees, 1836, S. 391)

Sir Anthony PANIZZI (1797 – 1879), ursprünglich Antonio Genesio Maria Panizzi, war ein italienischer Patriot und Gelehrter, der 1822 aus politischen Gründen Italien verlassen mußte. 1823 kam er nach England und unterrichtete in Liverpool und London Italienisch. 1831 wurde er »Assistant librarian« am Britischen Museum, 1832 englischer Staatsbürger und 1857 schließlich »Principal librarian«. Auch nach der Einigung Italiens schlug er Angebote von Garibaldi und Cavour zur Rückkehr nach Italien aus. Er wurde zum bekanntesten englischen Bibliothekar des 19. Jahrhunderts.

Den **Verkauf von Dubletten** erwähnt Müller als einen normalen Vorgang. Durch die Säkularisation und andere Erwerbungen waren auch Mehrfachexemplare in die Bibliothek gekommen. Die ungeheuren Mengen an Büchern konnten nicht in den Bibliotheksräumen innerhalb des Akademiegebäudes aufgestellt werden; ein großer Teil wurde deshalb auf dem Dachboden der angrenzenden Michaelskirche aufbewahrt. So dachte man sehr bald daran, die Dubletten zu verwerten. In Artikel XXIX der »Konstitutions-Urkunde der königlichen Akademie der Wissenschaften« vom 1. Mai 1807 war festgelegt worden:

Als Doublette, worüber dem Oberhofbibliothekär eine andere Verwendung, nämlich: entweder öffentlicher Verkauf oder Tausch zum Vortheile der Bibliothek, gestattet ist, wird nur dasjenige Buch, es sey ein Inkunabel, oder anderes gedrucktes Werk, angesehen, auf welches weder Unsere Universitäts-Bibliotheken, noch eine andere öffentliche Biblio-

thek in Unserem Königreiche Ansprüche zu machen hat, und welches zu dem Bedürfnisse der Centralbibliothek selbst nicht weiter nöthig ist. Die entbehrliche Doubletten, welche verkauft, oder vertauscht werden, sollen vorläufig unparteiisch abgeschäzt, in einen besonderen Katalog gebracht, und in diesem soll ihre Verwendung jedesmal ordentlich angemerkt werden. Doubletten von wichtiger Seltenheit sollen gar nicht veräussert, sondern bei anderen inländischen Bibliotheken für unvorhergesehene Fälle aufbewahrt werden.
(Konstitutions-Urkunde, 1807, S. 20)

Der Bibliothekar Martin SCHRETTINGER (in der Bibliothek tätig seit 1802) sah einen Zusammenhang zwischen einer fehlenden oder gar zu geringen Dotation und dem Dublettenverkauf: »Kann man jenen hinlänglichen, oder vielleicht vor der Hand gar keinen Regie-Fond ausmitteln, so ermächtige man wenigstens den Bibliothekar, die vorhandenen Doubletten zu verkaufen ...« (Handbuch der Bibliothek-Wissenschaft, 1834, S. 149). – Letztlich aber ist der Bibliothek durch den Dublettenverkauf geschadet worden, weil auch solche Ausgaben verkauft wurden, die genau genommen keine Dubletten waren. Im Jahre 1815 erschien der erste gedruckte Auktionskatalog der Hofbibliothek (Catalogus librorum qui in Bibliotheca regia Monacensia bis aut pluries exstant, 1815) und 1820 ein weiterer (Verzeichniß einer Anzahl in der Königl. Hofbibliothek zu München befindlicher Doubletten, 1820). Unter den sogenannten Dubletten dieses Katalogs befanden sich auch 169 Inkunabeln. Als spektakulärster Fall der Dublettenverkäufe ist bis heute die 42zeilige Gutenberg-Bibel in Erinnerung geblieben: Von den drei Exemplaren (aus den Beständen der Klosterbibliotheken Rottenbuch und Andechs sowie der Mannheimer Bibliothek) verblieb nur das Exemplar aus Andechs in der Hofbibliothek.

Das »alles festhaltende **Namen- und Ortsgedächtnis**«, das Joseph Scherer in München und Joseph-Basile-Bernard van Praet in Paris als »glückliches Talent« zugesprochen wird, galt in einer Zeit, als der Bestand noch überschaubarer und der Zustand der Kataloge ungenügend war, als eine charakteristische Eigenschaft des Bibliothekars. »Von den Fertigkeiten, deren Uebung er [= der Bibliothekar] nicht unterlassen darf, ist es hier genug, das Gedächtniss zu nennen. Ist ihm schon ein treues und vestes Behalten von Titeln, Namen und Zahlen zur leichtern Führung seines Amtes unentbehrlich, so ist es doch fast noch mehr ein sicheres Localgedächtniss; denn derjenige Bibliothekar, der immer nur seinen Katalog handhaben muss, um zu finden, was er sucht, ist fürwahr ein sehr beklagenswerther Mann!« (Ebert, 1820, S. 14 f.)

19. Thomas Frognall Dibdin
1821

A
BIBLIOGRAPHICAL
Antiquarian
AND
PICTURESQUE TOUR
IN
FRANCE AND GERMANY.

BY THE REV.
THO. FROGNALL DIBDIN, F.R.S. S.A.

VOLUME III.

LONDON:
PRINTED FOR THE AUTHOR, BY W. BULMER AND W. NICOL,
Shakspeare Press,
AND SOLD BY PAYNE AND FOSS, LONGMAN, HURST AND CO.
J. AND A. ARCH, R. H. EVANS, R. TRIPHOOK,
AND JOHN MAJOR.
1821.

*

LETTER XLII.

MUNICH. CHURCHES. ROYAL PALACE. PICTURE GALLERY. PUBLIC LIBRARY.

Munich; Hôtel of the black Eagle; Aug. 16, 1818.

MY DEAR FRIEND;

Behold me, now, in the capital of Bavaria: in a city, remarkable for its bustle, compared with the other German cities which I have visited, and distinguished rather for the general creditable appearance of the houses and public buildings, than for any peculiar and commanding remains of antiquity. [...]

I was surprised to be told, the other day, that the city of Munich, although lying upon a flat, apparently of several miles in circumference, is nevertheless situated upon very lofty ground: – full twelve or thirteen hundred feet above the level of the sea – and that the snow-charged blasts, from the Tyrolese mountains, towards the end of autumn, render it at times exceedingly cold and trying to the constitution. But I must now revert to the city, and proceed at once to an account of the most interesting of ALL the public edifices at Munich – in my very humble, and perhaps capricious, estimation. Of course you will instantly catch at what I mean. »What, BUT the edifice which contains THE PUBLIC LIBRARY?« 'Tis wisely conjectured; and to this boundless region of books, of almost every age and description, and of all forms, character, and condition – let us instantly resort. But before we enter the building, we may as well pay our respects to the Directors and Librarians of the establishment. Of the former, the BARON VON-MOLL, and M. FREDERIC SCHLICHTEGROLL, are among the principal: of the latter, Messrs. SCHERER and BERNHARD have the chief superintendence: M. Bernhard being considered the Sub, and M. Schérer the Head, Librarian. Of all these gentlemen, more in my next letter from hence. At present, suffice it to say only, that I was constantly and kindly attended during my researches by M. Bernhard – who proved himself, in the frequent discussions and sometimes little controversies which we had together, to be one of the very best bibliographers I had met with upon the continent. In the bibliographical lore of the fifteenth century, he has scarcely a superior; and I only regretted my utter ignorance of the German language, which prevented my making myself acquainted with his treatises upon certain early Latin and German Bibles, written in that tongue. But it was his kindness – his diffidence – his affability, and unremitting attention – which called upon me for every demonstration of a sense of the obligations I was under. It will not be easy for me to forget, either the kind-hearted attentions or the bibliographical erudition of M. Bernhard ...

»Quae me cunque vocant terrae.«

But let not the other Officers of this magnificent establishment be jealous of this »oratio parainetica« – pronounced upon the sub-librarian. They shall not be forgotten in the sequel: for I do assure you that I have found, in every one connected with the Public Library at Munich, such unceasing kindness and attention as could not possibly be exceeded either at Paris or at London.

Be it known to you therefore, my good friend, that the PUBLIC LIBRARY at MUNICH is attached to what was once the *College of Jesuits*; and to which the beautiful church, described in a few preceding pages, belonged. On the suppression of the order of Jesuits, the present building was devoted to it by Charles Theodore in 1784: a man, who, in more than this one sense, has deserved well of his country. Would you believe it? – they tell me that there are at least *half a hundred* rooms filled by books and MSS. of one kind or other – including duplicates – and that they suppose the library contains nearer *four*, than *three hundred thousand volumes*! I scarcely know how to credit this; although I can never forget the apparently interminable succession of apartments – in straight lines, and in angular lines, of succession: floor upon floor: even to the very summit of the building, beneath the slanting roofs – such as I had seen at Stuttgart. But *here* it should seem as if every monastery throughout Bavaria had emptied itself of its book-treasures ... to be poured into this enormous reservoir.

You are to know, however, that the more ancient Fathers, or FOUNDERS of this collection, were, *Duke Albert*, in the middle – and *William V.* towards the end – of the sixteenth century: while *Maximilian I.* kept up the bibliomaniacal spirit of his predecessors at the commencement of the following century. During these last fifty years, an embargo has been laid upon the libraries of all the Bavarian monasteries and convents – and the capital of the Empire is destined, by a law of the land, to be the chief repository of the wisdom of past ages. Doubtless, however, very many rare, curious, and intrinsically valuable volumes, have escaped the researches of those who were authorised by government to secure them for the metropolitan collection – otherwise, they *must* have had the *first Virgil*, the *first Horace*, and *first Lucretius*, as well as the *first Psalter*, and the *Meditations of J. de Turrecremata*, of 1467: all of which are wanting here.

But I will now begin my labours in good earnest. An oblong, narrow, boudoir-sort of apartment, contains the more precious MSS., the block books, and works printed upon vellum. This room is connected with another, at right angles, (if I remember well) which receives the more valuable works of the *fifteenth century* – the number of which latter, alone, are said to amount to nearly twenty thousand. In such a farrago, there must necessarily be an abundance of trash. These, however, are now under a strict assortment, or classification; and I think that I saw not fewer than half a dozen assistants, under the direction of M. Bernhard, hard at work in the execution of this desirable task. As before, I will begin my *catalogue raisonné** with a brief account of such MANUSCRIPTS as I deemed more particularly deserving of attention.

* The curious reader is doubtless aware of the masterly *catalogue raisonné of a great portion of these MSS. by the late IGNATIUS HARDT; under the following title – Catalogus Codicum Manuscriptorum Graecorum Bibliothecae Regiae Bavaricae. Auctore Ignatio Hardt Eiusdem Bibliothecae supraefecto. Monachii*, 1806. 5 vol. 4to. This catalogue is handsomely printed, as well as ably executed; and was formerly considered to be extreme rarity in this country – as only 270 copies were said to have been struck off. No well-formed library can be said to be perfect without it.

LATIN MS. OF THE GOSPELS; *in small folio*. I have no hesitation in ascribing this MS. to the ninth century. It is replete with evidences of this, or even of an earlier, period. It is executed in capital letters of silver and gold, about a quarter of an inch in height, upon a purple ground: of course the MS. is upon vellum. The beginning of the text is entirely obliterated; but on the recto of the xvth leaf we read »*Expl[ici]t Breviarium*«. The reverse is blank. The ensuing leaf is blank. Then eight leaves of a table, or canons of the several Evangelists: after which, just preceding St. Matthew's Gospel, is a single leaf of vellum, with a white ground, which has an illumination of several subjects, put together in the form of a cross, on each side of it. The subject, which forms the bottom portion of the perpendicular division of the cross, was thus traced in outline by Mr. Lewis. It gives a fair notion of the style of architecture and of the draperies – each evidently copied after Roman art: [Abb. S. 111]

On the reverse, seems to be a representation of the Slaughter of the Innocents. The next illumination, similar to the foregoing, is that which precedes the Gospel of St. John: and of which the text is written in a large, lower-case character, uniformly of silver. From the recto of this illumination, I also selected the lower compartment – which thus represents the *Incredulity of St. Thomas*.

The draperies of these figures – but more especially of those on the reverse, which represent our *Saviour and the Disciples at Emaus* – are strongly indicative of art copied after Roman models. The colour of these draperies is usually white body colour. This MS. is, upon the whole, in a fine state of preservation; but I suspect that there was, formerly, a representation of each Evangelist before his particular text. [...]

I shall now proceed at once to an account of the xylograhical productions, or of in the public library of this place; and shall begin with a work, of which (according to my present recollection) no writer hath yet taken notice. It is a *Life of Christ*, in small quarto, measuring scarcely five inches by four. [...]

MIRABIBLIA URBIS ROMAE. Another generally unknown xylographic performance; printed in the German language: being a small quarto. I have secured a duplicate of this singular volume, for Lord Spencer's library, intending to describe it in the *AEdes Althorpianae*.* You must now prepare to receive an account of another singular xylographical production – also before undescribed by bibliographers. It is an octavo volume, entitled

The LIFE OF ST. MEINRAT; *in German*, in a series of wood-cut representations. [...] From this departement in the art of printing, we descend naturally to that which is connected with metal types; and accordingly I proceed to lay before you another list of *Book-Rarities* – taken from the earlier *printed volumes* in this most extraordinary Library.

We will begin with the best and most ancient of all Books: – the BIBLE. They have a very singular copy of what is called the *Mazarine edition*: or rather the parent impression of the sacred text: – inasmuch as it contains (what, I believe, no other copy in Europe contains, and therefore M. Bernhard properly considers it as unique) *four printed leaves of a table*, as directions to the Rubricator. At the end of the Psalter is a ms. note, thus: »*Explicit Psalterium*, 61.« This copy is in other respects far from being desirable, for it is cropt, and in very ordinary calfbinding. *Mentelin's German Bible*. Here are two copies of this first impression of the Bible in the German language: both of which have distinct claims to render them very desirable. In the one is an inscription, in the German language, of which M. Bernhard supplied me with the following literal version: »*Hector Mulich and Otilia his wife; who bought this Bible in the year of Our Lord, 1466, on the twenty-seventh day of June, for twelve florins*.« Their arms are below. The whole is decidedly a coeval inscription. [...] The second copy of this edition, preserved in the same library, has a German ms. memorandum, executed in red ink, stating that this edition is »*well translated, without the addition of a single word, faithful to the Latin: printed at Strasbourg with great care*.« This memorandum is doubtless of the time of the publication of the edition; and the Curators of the library very judiciously keep both copies.

A third, or triplicate copy, of Mentelin's edition – much finer than either of the preceding – and indeed abounding with rough edges – was purchased by me for the library in St. James's place; but it was not obtained for a sum beneath its *full* value.† The edition is however an essential article for the library in question; of which indeed the noble owner has long acknowledged the want – and I place the acquisition of *such* a copy of it among my luckiest *trouvailles*. [...]

Liber Prosperi: a very small quarto, in Latin prose and poetry; in most beautiful condition, and, I apprehend, executed by *Hans Glein*, from the Gothic *d*, in the midst of a roman

* Where it is fully described, in vol. ii. p. 188, etc. with fac-similes of the type and ornaments. An entire page of it is given at p. 189.

† It must be mentioned, however, that a fine copy of the *German edition of Breydenbach's Travels, of* 1486, was given into the bargain.

type. I besought M. Bernhard most vehemently to lay aside for me a duplicate of this rare book, if he found one; as he rather led me to think that such duplicate was in the library. I never heard of the work before. [...]

But a still greater curiosity, in my estimation, was a small leaf, by way of *advertisement*, containing a list of publications issuing from the press of a printer, whose name has not yet been discovered, and attached apparently to a copy of the *Fortalitium Fidei*; in which it was found. Luckily there was a duplicate of this little broadside – or advertisement – and I prevailed upon the curators, or rather upon M. Bernhard (whose exclusive property it was) to part with this Sibylline leaf, containing only nineteen lines, for a copy of the *AEdes Althorpianae* – as soon as that work should be published.* Of course, this is secured for the library in St. James's Place.

I am now hastening to the close of this catalogue of the Munich book-treasures. You remember my having mentioned a sort of oblong cabinet, where they keep the books PRINTED UPON VELLUM – together with block books, and a few of the more ancient and highly illuminated MSS. I visited this cabinet the first thing on entering – and the last thing on leaving – the Public Library. »Where are your *Vellum Alduses*, good Mr. Bernhard?« said I to my willing and instructive guide. »You shall see only *two* of them« – (rejoined he) but from these you must not judge of the remainder.« So saying, he put into my hands the *first editions of Horace and Virgil*, each of 1501, and bound in one volume, in old red morocco. They were gems – almost of the very first order: and – almost of their original magnitude: measuring six inches and three eighths, by three inches and seven eighths. I am now abundantly persuaded, from the numerous and exquisite vellum Alduses which I have seen, that the legitimate *octavo* measure of books of that description is six inches and a half, by full four inches. This, by the bye; and as a soft secret in your own ear. M. Bernhard spoke truly, when he said that I was not to judge of the remaining vellum Alduses by the foregoing; but these »foregoing« are indeed most covetable tomes. They are sound and clear; but the Virgil is not equal to Lord Spencer's similar copy, in whiteness of colour, or beauty of illumination. Indeed the illuminations in the Munich copy are left in an unfinished state. In the ardour of the moment I talked of these two precious volumes being worth »120 louis d'or.« M. B[ernhard] smiled gently, as he heard me, and deliberately returned the volumes to their stations – intimating, by his manner, that not thrice that sum should dispossess the library of such treasures. I have lost my memoranda as to the number of these vellum Alduses; but the impression upon my mind is, that they have not more than six.

Of course, I asked for a VELLUM *Tewerdanckhs* of 1517, and my guide forthwith placed two MEMBRANACEOUS copies of this impression before me: – adding, that almost every copy contained variations, more or less, in the text. Indeed I found M. B[ernhard] »doctissimus« upon this work; and I think he said that he had published upon it as well as Camus.†

---

* *as soon as it should be published.*] – An admirably executed fac-simile of the above curious document appears in the work here referred to: vol. ii. p. 131 – where the subject of its probable printer is gone into at considerable length. [...]

† The reader, if he have leisure and inclination, may consult a long note in the *Bibliographical Decameron*, vol. i. p. 201, respecting the best authorities to be consulted upon the above very splendid and distinguished performance. Camus is included in the list of authorities referred to. Meanwhile it is pleasant to announce what may be, in its way, a curious fact: that my friend Mr. Cohen has absolutely read the *original* poem *through*; with some fruit, it is to be hoped, which will one day be laid before the public.

This is about the ninety-ninth time that I have most sensibly regretted my utter ignorance of that language – German – in which it pleaseth M. Bernhard to put forth his instructive bibliographical lucubrations. Of these two copies, one has the cuts coloured, and is very little cropt: the other has the cuts uncoloured, and is decidedly cropt.

With the Tewerdanckhs, I take my leave both of the public Library of Munich and (for the present) of its obliging and well-informed Second Librarian. But I must not leave this WORLD OF BOOKS without imparting to you the satisfaction which I felt on witnessing half a dozen grave-looking scribes employed, chiefly under the direction of M. Bernhard, in making out a classed catalogue of *Fifteeners* – preparatory to the sale of their Duplicates. This catalogue will be important in many respects; and I hope to see it in my own country within two years from the date of the present epistle.*

And now methinks it is high time to put the concluding paragraph to this said epistle – so charged with bibliographical intelligence respecting the capital of Bavaria. [...]

[Textzitat S. 238, 256–261, 279–280, 284–285, 287–289, 293, 295–298]

◊

Thomas Frognall Dibdin (* 1776 in Calcutta, † 1847 in Kensington bei London) studierte am Saint John's College in Oxford. Mit seiner »Introduction to the knowledge of rare and valuable editions of the Greek and Latin classics« (1802) erregte er die Aufmerksamkeit von Lord Spencer. Im Jahre 1804 wurde er als anglikanischer Geistlicher ordiniert. Er gilt als bedeutender englischer Bibliograph. Seine Reiseberichte enthalten viele interessante Bemerkungen über Bibliotheken, Bibliothekare und Bücher. Seine Veröffentlichungen sind drucktechnisch von höchster Qualität und mit vielen Abbildungen ausgestattet.

Bei seinem Aufenthalt in München im Jahre 1819 schaute sich Dibdin die in seinen Augen wertvollsten Bestände an (illuminierte lateinische und deutsche Handschriften, frühe Holzschnitte und Kupferstiche, Blockdrucke, Inkunabeln, Frühdrucke und Drucke auf Pergament) und versuchte auch einige Stücke zu kaufen. Bei seiner Abfahrt in Augsburg, der letzten Station vor München, war er äußerst gespannt und erregt, die Bestände der Münchner Hofbibliothek endlich zu sehen: »However, my fate was fixed – and I now only looked steadily forward to Munich; my imagination being warmed (you will say „inflamed") with the thoughts of the countless folios, in manuscript and in print – including block-books, unheard and undreamt of – which had been described to me as reposing upon the shelves of the Royal or PUBLIC LIBRARY« (S. 240).

Durch die Säkularisation der Klosterbibliotheken hatten sich auch etwa 200.000 Dubletten angehäuft, die zu verwalten waren. Der Erlös aus dem **Verkauf von Dubletten** – teilweise wurden Versteigerungen veranstaltet – kam dem Anschaffungsetat der Bibliothek zu-

* Two years have elapsed since the above was written, but no CLASSED CATALOGUE of any portion of the Public Library of Munich has appeared in our country. Speaking of *duplicates*, not printed in the fifteenth century, it may be worth observing that they have at Munich not fewer than six copies (double the number of those at Strasbourg; vide p. 73 ante.) of the ACTA SANCTORUM; good handsome copies, in vellum binding. –

gute. Leider wurden bis in die Mitte des 19. Jahrhunderts auch Drucke verkauft, die man heute nicht mehr als Dubletten ansehen oder allein wegen ihrer Seltenheit nicht verkaufen würde. Dibdin gelang es damals in Verhandlungen mit dem Kustos Johann Baptist BERNHART, dem seit 1811 das Ausscheiden und Verkaufen der Dubletten oblag, nur wenig für seinen Auftraggeber Lord Spencer zu erwerben. Unter den erworbenen Stücken befanden sich aber Spitzenstücke: ein Blockbuch, nämlich die »Mirabilia urbis Romae« (ein Romführer in deutscher Sprache) und ein deutscher Bibeldruck des Straßburger Druckers Mentelin. Auf letztere Erwerbung war Dibdin besonders stolz. Als Zugabe erhielt er noch eine Reisebeschreibung des Bernhard von Breydenbach aus dem Jahre 1486. In einer »Note«, die Dibdin in französischer Sprache bestätigte, wurden Titel und Preise genau festgehalten: »Biblia germanica. Mentelin, s.a.« für 1000 Gulden, »Epistolae S. Augustini. Mentelin, s.a.« für 100 Gulden, »Bernardi de Breittenbach itinerarium Hierosolymitanum, germanice. Moguntiae, 1486«, »Mirabilia urbis Romae, germanice, arte xylographia facta« sowie ein Holzschnitt »Christus am Kreuze vorstellend« zusammen für 80 Gulden, schließlich »Ioannis de Turrecremata contemplationes, 1473« für 22 Gulden (Bayerische Staatsbibliothek, Alte Registratur C I). Trotz dieser und anderer Verkäufe ist die Inkunabelsammlung der Bayerischen Staatsbibliothek mit ihren über 18.500 Exemplaren bis heute die umfangreichste der Welt geblieben.

Die Handschriften und Drucke, die Dibdin erwähnt, sind so genau beschrieben, daß man heute die Stücke ohne weiteres identifizieren kann. Die meisten gehören zu den Kostbarkeiten, die den Bibliotheksbesuchern noch das ganze 19. Jahrhundert hindurch als Zimelien gezeigt wurden. Dibdin gab seiner Beschreibung der Münchner Bestände insgesamt elf Abbildungen bei, die er von seinem Begleiter Mr. Lewis und von dem »venerable and worthy Mr. Hess, an eminent engraver, and a professor in the Fine Arts, at Munich« herstellen ließ. Karl Ernst Christoph HESS (1755 – 1828) war Kupferstecher. Im Jahre 1782 wurde er Hofkupferstecher und Professor der Düsseldorfer Akademie. Als Galerie und Akademie 1806 von Düsseldorf nach München verlegt wurden, kam er auch nach München. Er war bekannt wegen seiner schönen Wiedergaben von Gemälden Rembrandts.

Friedrich Adolf Heinrich von SCHLICHTEGROLL (* 1765 in Waltershausen bei Gotha, † 1822 in München) besuchte das Gymnasium in Gotha und studierte seit 1783 in Jena und Göttingen Jura, Theologie und Philosophie. Von 1787 bis 1800 unterrichtete er am Gymnasium in Gotha, ab 1799 war er bereits Konservator am herzoglichen Münzkabinett. Im Jahre 1807 wurde er als Sekretär der Bayerischen Akademie der Wissenschaften nach München berufen. Er erstellte die endgültige Fassung der »Dienst-Ordnung für die Centralbibliothek« vom 20. Oktober 1811. Als Spezialisten zog er für die Formulierung Karl Ehrenbert von Moll zu Rate. Neben Karl August von Ringel wurde er (wohl 1812) als Mitdirektor der Hof- und Zentralbibliothek bestellt. Nach seinem Tode wurde Joseph Scherer im Dezember 1822 mit der Leitung der Bibliothek beauftragt.

Karl Ehrenbert von MOLL (* 1760 in Thalgau bei Salzburg, † 1838 in Augsburg) studierte in Kremsmünster und Salzburg vorzugsweise Rechtswissenschaften. 1790 war er bereits Direktor der Hofkammer in Salzburg und ein Jahr später auch des Salz-, Münz- und Bergwesens. »Trotz dieser vielfachen und umfassenden Thätigkeit eines verantwortungsvollen ersten Verwaltungsbeamten des Landes fand M[oll] bei seiner eminenten Begabung noch Zeit genug, um auch der wissenschaftlichen Beschäftigung und der Pflege der Musik, die er sehr liebte, einen guten Theil seiner Kräfte zu widmen. Er unterhielt nicht nur mit den bedeutendsten Gelehrten einen lebhaften Briefwechsel, sammelte auf seinen vielfachen Reisen im Lande mit größtem Eifer, seltenem Verständnisse und mit dem scharfen Auge eines Naturforschers und Culturhistorikers die mannigfachsten Naturgegenstände, besonders Mineralien, Käfer und Pflanzen, dann Bücher, Manuscripte, Bilder, Kupferstiche und culturhistorische Sachen, sondern trat auch schon früh als Schriftsteller auf« (Allgemeine deutsche Biographie). Der Salzburger Fürstbischof ernannte ihn im Jahre 1800 zum Geheimen Rat. Auch während der Besetzung Salzburgs durch die Franzosen hatte er Regierungsämter inne. Als ihm 1804 ein Sitz in der Akademie der Wissenschaften in München zugesichert wurde, entschloß er sich zum Übertritt in den Dienst des Bayerischen Kurfürsten. Seit 1807 war er Sekretär der Mathematisch-physikalischen Klasse der Akademie. Seine Privatbibliothek umfaßte 80.000 Bände, seine Mineraliensammlung 5.000 Exemplare und sein Herbarium 2.000 Pflanzenarten, hinzu kamen eine Porträtsammlung, Kupferstiche, Städteansichten, Schlachtenbilder und Manuskripte. Einen großen Teil seiner Sammlungen schenkte er der Akademie sowie im Jahre 1835 der Hof- und Staatsbibliothek. In der Hofbibliothek hatte Moll keine Funktion.

20. Adolph von Schaden
1825

Topographisch-statistisches
Taschenbuch
für
Fremde und Einheimische;
oder:
Neueste kurzgefaßte Beschreibung
der
Haupt- und Residenz-Stadt
München,
ihrer Merkwürdigkeiten und Umgebungen;
auf alle Tage der Woche eingerichtet, und mit
allerhöchster Genehmigung, großentheils,
aus amtlichen Quellen geschöpft

von
Adolph von Schaden.

Mit 5 Ansichten und 1 Plane.

München, 1825.
Joseph Lindauer'sche Buchhandlung
C. T. F. Sauer

*

Dienstag.

Königl. Hof- und Zentral-Bibliothek – Königl. Kupferstich-Sammlung – Münzkabinett – Gasthof zum schwarzen Adler – Königl. botanischer Garten – chemisches Laboratorium – allgemeine polytechnische Sammlung – allgemeines Krankenhaus – Hoftheater.

Vormittag.

Wir verfügen uns heute zur achten Stunde in das Gebäude der Akademie der Wissenschaften – in dem ehemaligen Jesuiten-Collegium – in die Neuhauser-Gasse, um vorerst die Königl. Hof- und Zentral-Bibliothek zu bewundern.

Dieselbe, eine der größten und bedeutendsten in Deutschland, ist, wie fast alle übrigen, nicht durch fortgesetzte planmäßige Vermehrung gebildet worden, sondern weit mehr noch durch zufällige allmählige Erwerbung einzelner Sammlungen zu ihrer dermaligen Größe angewachsen. Den ersten bedeutenden Grund hiezu legte Herzog Albrecht V. (1550 – 79), durch den Ankauf einzelner Privat-Bibliotheken, als: der Hartm. Schedel'schen, Albr. Widmannstadt'schen und Fugger'schen. In neueren Zeiten erhielt sie durch den Ankauf der Bibliothek des Pet. Victorius, unter Churfürst Carl Theodor, durch die Einverleibung der Handschriften und Bücher aus Mannheim, in den Jahren 1803 etc. durch die Auswahl aus den Bibliotheken der aufgehobenen Stifter und Klöster ihre bedeutendsten Vermehrungen; so wie später noch durch die Cobres'sche, die Schreber'sche und Lippert'sche Sammlung (erstere ein Geschenk Sr. Königl. Hoheit des Kronprinzen), die Fächer der Naturgeschichte und der baierischen Geschichte einen neuen Zuwachs erhielten.

Die gedruckten Werke der Bibliothek, die außer einem großen Saale 53 Zimmer aufnehmen, sind dermalen in 188 Fächer abgetheilt, welche, bis auf wenige Ausnahmen, sämmtlich in alphabetischer Folge nach drei Formaten aufgestellt sind; das Sach- und Nummernschild auf dem Rücken jedes Buches erleichtert das schnelle Auffinden und Zurückstellen, wie denn nach richtiger Angabe jedes verlangte Werk in wenigen Minuten herbeigeholt werden kann. Die Anzahl der Bände in diesen Fächern wird auf viertehalb Hunderttausend angegeben.

Der vorzüglichste Reichthum der Königl. Hof-Bibliothek besteht in der Anzahl und dem Werth der hier befindlichen Handschriften.* Die Sammlung der hebräischen Manuscripte bildet die erste nicht unbedeutende Reihe (313); unter den 300 orientalischen Handschriften sind vorzüglich bemerkenswerth, ein Koran auf Pergament mit goldenen Buchstaben, einst das Eigenthum des berühmten Pere de La Chaise, Nisami's aus Gendsch Erzählungen, Schirin, Medschnun und Leila, Heftpeïger, und Iskendername, mit Miniatur-Bildern; eine braminische Handschrift mit weißer Farbe auf schwarzer Wachsleinwand, einige malabarische Handschriften auf Palmblättern; die Divans von Hafiz und Saadi, ein Hatti-sherif vom Kaiser Suleyman an den Pascha von Cypern etc. Ueber die griechischen Handschriften (579), ist ein ausführlicher Katalog von Ignaz Hardt, in 5 Bänden 4° 1806–12 erschienen. Bemerkenswerth darunter sind die Perikopen der Evangelien in Uncialschrift, 3 Bände in 4°, aus dem 8ten Jahrhundert; ein Psalterium in klein 4°, wegen der freien, großen Schriftzüge; ein vortrefflich geschriebener Thucydides aus dem 11ten Jahrhundert; die Reden des Demosthenes etc. auf Baumwollen-Papier aus Chios, u.a.m.

Die ältesten lateinischen Handschriften sind: eine Uebersetzung der vier Evangelien, vor der des heil. Hieronymus (st[arb] 420), mit der Beischrift: Ego Valerianus scripsi, und der wohlerhaltene Codex Alaricianus, aus dem Anfange des 5ten Jahrhunderts. Aus späterer Zeit: die alte Uebersetzung des Dioskorides, in lombardischer Schriftform; die Evangelien, auf Purpur-Pergament, mit goldnen und zu Ende mit silbernen Buchstaben im 9ten Jahrhundert geschrieben; die Bücher des A[lten] T[estamentes] in größtem Format aus dem 12ten Jahrhundert; die meisten Werke des Raim. Lullus in lateinischer und catalonischer Sprache u.s.w. Die Handschriften auf Pergament in Fol[io] von einzelnen Werken des heil. Augustinus und Gregorius d. Großen zählen beiderseits über hundert Bände. Besonders ist hier noch

* »Wegen der in öffentlichen Bibliotheken sich öfters ereignenden, für die betreffenden Individuen unangenehmen Fälle, daß bei schon früher gründlich verglichenen Handschriften, aus Mangel deßfallsiger Nachweisung, Jemand Anderer sich unnöthig von neuem dieser mühsamen Arbeit unterzieht, werden alle diejenigen Herren Literaten, welche irgend eine Handschrift der Königl. Bibliothek zu München zu solchem Gebrauche mitgetheilt erhalten, hiemit ersucht und eingeladen, eine kleine Note über die von ihnen besorgte Vergleichung und Abschrift vorn auf der ersten freien Seite des Manuscripts, nebst Beifügung ihres Namens und des Datums, mit Bleistift einzuzeichnen. München, 17. Oct. 1822.«

eines Denkmals auf ägyptischem Papyrus aus dem 9ten Jahrhundert zu erwähnen, der 1808 von J. B. Bernhart edirte Codex traditionum ecclesiae Ravennatis. Dann finden sich auch noch etliche altrömische Wachstafeln vor, die aber bis ins 15te Jahrhundert gebraucht wurden, so daß die bis jetzt darin gebliebenen Schriften ökonomische Notaten eines Kloster-Küchenmeisters in deutscher Sprache sind; ferners theologische Theses in drei Holztafeln geschnitten, und mit Stereotypen eingelegt, vom Jahre 1553.

Unter den älteren deutschen Handschriften, bis 1500, zeichnen sich folgende aus: Otfrid's evangelische Geschichte in Reimen, zu Freising um 883-906 geschrieben; eben diese in der altsächsischen Alliterations-Poesie, aus den Zeiten K[aiser] Ludwig's des Frommen; Willeram's Dolmetschung des hohen Liedes, von ihm selbst (starb 1085 als Abt zu Ebersperg) durchgesehen. Das Lied der Nibelungen, die ältere Handschrift von etwa 1235, die jüngere, mehr in baierischem Dialekt, von ohngefähr 1290. Aelter als beide ist die durch ihre eigenthümlichen Schriftzüge merkwürdige Handschrift des Parcifal, des Wolfram von Eschenbach, so wie die des Tristan. Die einzige noch vorhandene Handschrift von Ulrich von Lichtenstein's Frauendienst. Zwei Abschriften des Rechtbuchs Kaiser Ludwig's des Baiern, von etwa 1350 – 65. Die Rittergedichte des Münchener Malers Ulrich Fütterer, im J. 1498, in einem ungeheuren Foliobande. Joh. Burcardi et alior[um] diaria ceremoniarum curiae romanae, zur geheimen Geschichte der Päpste, vom J. 1484 – 538. Unter den neueren Handschriften finden sich eigenhändige Aufsätze von Aventin, Luther, Melanchthon; Briefsammlungen aus dem 16ten und 17ten Jahrhundert; die Briefe Churfürst Friedrich's V. von der Pfalz, an seine Gemahlin; zwei geistlich-allegorische Theaterstücke von Calderon, mit dessen eigenhändiger Unterschrift etc.

Eine besondere Reihe bilden die durch ihren Kunstwerth interessanten Manuscripte, unter denen wir folgende auszeichnen: Drei Evangeliarien und ein Missale von Kaiser Heinrich dem Heiligen (st[arb] 1024) dem Bamberger Dom geschenkt, beide außen mit Elfenbein-Sculpturen, Perlen und Edelsteinen, innen mit Malereien von byzantinischen Künstlern damaliger Zeit geziert. Die Evangelien mit Goldbuchstaben geschrieben, in Auftrag Kaiser Karls's des Kahlen, aus St. Emmeram; Boccaccio de casib[us] viror[orum] et feminar[um] illustr[ium], in französischer Sprache 1458, mit vielen Miniaturen, in Fol[io]; ein Andachtsbuch mit schönen Gemälden aus der altniederländischen Schule; ein anderes mit Miniaturen, von Anton Sinibaldus, 1485 für eine baierische Fürstin geschrieben; ein drittes, von ohngefähr 1570, mit schönen Miniaturbildern, jede Seite mit Blumen etc. geziert; die zwölf Monate, treffliche altniederländische Bildchen; Turnierbuch Herzog Wilhelm's IV., von 1510 – 18; die Weissagungen der Sybillen, altfranzösische Miniaturen; Orlando di Lasso's VII Bußpsalmen mit unzähligen Randgemälden von Johann Mülich zu München, um 1568 – 70; ein auf Pergament im J. 1515 gedrucktes Andachtsbuch, mit Randzeichnungen von Albrecht Dürer und L. Cranach; Rösel's Abbildungen der Insecten und Anatomie der Frösche etc.

Unter den gedruckten Werken zeichnet sich zunächst die Sammlung xylographischer Denkmale aus, 50 Nummern; ferners die Reihe der auf Pergament gedruckten Bücher, 124 Nummern, darunter das Faust-Schöfferische Duranti Rationale divinorum officiorum, 1459, die lateinische Bibel vom J. 1462; das Psalterium vom J. 1459; Luther's Bibel, Wittenberg 1561, mit seinem und Melanchthon's Bildniß, von L. Cranach gemalt. Die Sammlung der sogenannten Incunabeln, hier bis zum J. 1500, bildet eine zweifache Reihe, die ohne Jahrzahl, gegen viertehalb tausend Werke, und die bis zum Jahre 1500 erschienenen, in chronologischer Aufstellung, über 6000 Nummern zählend. Das älteste typographische Denkmal darunter ist die in Versen cölnischen Dialects verfaßte Manung (Aufforderung) aller Stände der Christenheit, sich gegen die Türken zu waffnen, zu Ende des Jahres 1454 gedruckt. Des Churfürsten Diethrichs von Mainz Schrift wider Graf Adolph von Nassau 1462, ein Patent-Folio-Blatt.

Um aus den übrigen Fächern der Bibliothek einige Seltenheiten anzuführen: so bemerken wir, wegen der nur in diesen Exemplaren befindlichen Widerdrücke, das Museum Capitolinum und Florentinum; Audebert's und Vieillot's Histoire naturelle des Colibris, 1802, der Text mit goldenen Lettern gedruckt; das große Werk über Aegypten; andere Seltenheiten haben mehr für die Liebhaber besonderer literarischer Curiositäten Interesse.

Vorstand der Königlichen Hof- und Zentral-Bibliothek ist der gelehrte und humane Herr Scherer.

Das Lokal der Bibliothek, besonders der große Saal, die zunächst anstoßenden Gemächer und die Lesezimmer, auch die Säle des neuen Baues, sind sehr freundlich.

Jeder zu München ansässige und anständige Mann erhält gegen Ausstellung eines Scheines, Bücher aus der Bibliothek auf einige Zeit nach Hause, und auch Fremde können dieses Vortheiles durch Vergünstigung von höherer Stelle theilhaftig werden. Das bequeme und geschmackvolle Lesezimmer ist dagegen für Jedermann von 8 Uhr Morgens bis 2 Uhr Nachmittags offen und zugänglich.

Nachdem wir uns ein paar Stunden in der Königl. Hof- und Zentral-Bibliothek umgesehen, verfügen wir uns nach 10 Uhr in die Königl. Kupferstich-Sammlung, welche sich mit der Hof-Bibliothek in demselben Gebäude befindet, und von dieser nur durch einen Gang getrennt bleibt.

[Textzitat S. 41 – 51]

◊

Johann Nepomuk Adolph von Schaden (* 1791 Oberstdorf, † 1840 München) war Schriftsteller. Nach dem Besuch des Gymnasiums in Dillingen schlug er zunächst die militärische Laufbahn ein. Nach dem Ausscheiden aus dem aktiven Dienst hielt er sich seit 1821 in Dresden, Prag und Wien auf. Seit Ende 1822 lebte er in München. »Schaden's schriftstellerische Thätigkeit war eine fruchtbare und vielseitige, wenngleich keine wirkungsvolle ... Schließlich warf sich S[chaden] auf die Abfassung von Handbüchern für Reisende, von topographischen, statistischen, historischen Werken, deren Aufzählung, wie die seiner Romane, uns erspart bleiben kann« (Allgemeine deutsche Bibliographie). – Seiner Beschreibung der Haupt- und Residenzstadt hat er die Form einer »Schauwoche, oder: sieben Tage der Kunst, unterrichtendem Vergnügen und angenehmer Zerstreuung geweiht« (S. XIII) gegeben, die am Sonntag in der Frauenkirche beginnt, am Dienstagvormittag die Hof- und Zentralbibliothek einbezieht und am Samstag im Isartor-Theater endet.

Als **Verfasser der Beschreibung** der Hof- und Zentralbibliothek hat Adolph von Schaden (wie man erst einer Anmerkung in der 1833 erschienenen zweiten Auflage mit dem Titel »Neueste humoristisch-topographisch-statistische Beschreibung ...« entnehmen kann) den damaligen Kustos Bernhard Joseph Docen (in der Bibliothek tätig seit 1804) gewinnen können. Da Docen hauptsächlich mit der Katalogisierung der Handschriften beschäftigt war, liegt der Schwerpunkt der Beschreibung auch auf den Handschriften, die er als den »vorzüglichsten Reichthum« der Bibliothek herausstellt. Die Aufzählung der einzelnen Stücke ist mit detaillierten und interessanten Bemerkungen versehen, die nur von einem Kenner wie Docen stammen können.

Die **Aufstellung der Drucke** seit dem Jahre 1814 geht auf die Ideen von Martin SCHRETTINGER zurück. Er hatte große Vorbehalte gegen die sonst vorherrschende systematische Aufstellung und plädierte für eine Aufstellung in Gruppen, die in sich nicht weiter untergliedert sein sollten: »Die einzige Klippe, woran alle bisherigen Bibliothek-Einrichtungen mehr oder weniger scheiterten und nothwendig scheitern mußten, war das Vorurtheil, daß eine Bibliothek am zweckmäßigsten eingerichtet sey, wenn die sämmtlichen Bücher bis in die feinsten Unterabtheilungen rein systematisch aufgestellt wären« (Handbuch der Bibliothek-Wissenschaft, Wien, 1834, S. 18). Anzahl und Art der Fächer sollten pragmatisch nach dem Umfang des Bestandes festgelegt werden. Für die Hofbibliothek wurden zwölf Hauptklassen mit zunächst 180 (später 189) Fächern festgelegt; dazu kamen noch zwölf Fächer für spezielle Sammlungen, nämlich: Bavarica, Dissertationen, Inkunabeln, auf Pergament gedruckte Bücher, Xylographa (von Holztafeln gedruckte Bücher), Chalcographa (ganz in Kupfer gestochene Bücher), Sinica, Ausgaben von Totentänzen, Rariora (einschließlich Remota und Erotica) und Dupla. Entgegen den Vorstellungen Schrettingers wurden die Bücher innerhalb der meisten Fächer alphabetisch aufgestellt, was die Vorteile der offenen Gruppenaufstellung stark minderte. Diese Aufstellung wird bis heute, erweitert um einige Fächer, für alle Bücher mit Erscheinungsjahren vor 1936 weitergeführt, allerdings wurde seit dem Jahre 1913 auf die alphabetische Einreihung verzichtet. – Die Aufstellungsmethode Schrettingers wurde auch an anderen Bibliotheken angewandt, beispielsweise in der Stadtbibliothek Frankfurt am Main (bis 1930) und in Sankt Petersburg.

Im Jahre 1813 wurde die Privatbibliothek des Erlanger Naturforschers Johann Christian Daniel SCHREBER (1739 – 1810) und im Jahre 1821 die des bayerischen Staatsmannes, Historikers und Hofbibliothekars Johann Kaspar von LIPPERT (1724 – 1800) erworben. Vorwiegend naturwissenschaftliche Werke enthielt die Sammlung des Augsburger Bankiers Paul Joseph von COBRES (1737 – 1823), die bereits im Jahre 1808 in die Bibliothek kam.

21. Joseph Anton von Destouches
1827

Die
Haupt- und Residenz-Stadt
München
und ihre
Umgebungen.
Ein Wegweiser
für Fremde und Einheimische.

Von dem k. Kreisrath v. Destouches.

Mit Ansichten und zwei Karten.

München
in der Buchhandlung von W. Michaelis.

*

VII. Abschnitt.
Von den Bibliotheken und anderen
wissenschaftlichen und artistischen
Anstalten, Sammlungen und Zeit-
schriften.

I. Bibliotheken.

1. Die königliche Central-Hofbibliothek.

Diese Bibliothek begründete Herzog Albert V. in Mitte des sechszehnten Jahrhunderts damit, daß er seine eigene Hand-Bibliothek, die er aus Italien brachte, dazu verwendete, und dann noch drei Privat-Büchersammlungen, die des Hartmann Schedel, des Johann Albert Widmanstadt und die Fugger'sche hierzu erkaufte.

Herzog Wilhelm kaufte dazu die Hörwart'sche, dann die Bibliothek des Domherrn Werdenstein von Eichstätt, und die Crusios'sche von Tübingen dazu.

Auch Maximilian I. und Kurfürst Ferdinand Maria ließen sich die Bereicherung dieser Bibliothek sehr angelegen seyn, und Letzterer befahl, daß von allen erscheinenden neuen Büchern ein Exemplar zur kurfürstlichen Bibliothek eingesandt werden soll. Vorzüglich hatte die Bibliothek auch dem Kurfürsten Karl Theodor eine Bereicherung durch die Einverleibung der Handschriften und Bücher aus Mannheim, und durch den Ankauf der Bibliothek des Peter Viktorius die größte Wohlthat und ihre Erweiterung und Verschönerung durch ihre Verlegung in ihr dermaliges Lokal, das Gebäude des Jesuiten-Kollegiums, zu verdanken, welches jener selbst gelehrte, mit der Literatur seines Zeitalters sehr bekannte Fürst gänzlich dazu herstellen, und mit allen nöthigen Sälen und Zimmern versehen ließ.

Bei dem Entstehen dieser Bibliothek ward dieselbe im alten Hofe, im Jahre 1771 in dem ersten Stockwerke des Fugger'schen Gebäudes untergebracht, im Jahre 1784 aber derselben das dermalige Lokal eingeräumt.

Unter der Regierung des Königs Maximilian Joseph erhielt sie den bedeutendsten Zuwachs durch die Auswahl aus den Bibliotheken der aufgehobenen Klöster, und durch die Cober'sche, Schreber'sche und Lippert'sche Büchersammlungen. Ersteres war ein Geschenk unsers dermal regierenden Königs Ludwig I., noch als Kronprinz.

Die gedruckten Werke der Bibliothek, die ausser einem großen Saale 53 Zimmer füllen, sind in 188 Fächer abgetheilt. Diese Bibliothek zählt gegen viermal hundert tausend Bände.

Unter den vorzüglichsten Handschriften sind besonders bemerkungswerth: ein Koran mit goldenen Buchstaben, die Divans von Hafiz und Saadi, ein Hatty Scherif vom Kaiser Suleyman an den Pascha von Cypern auf Palmblätter in malabarischer Sprache, Gedichte in dieser Sprache auf Palmblätter, eine braminische Handschrift mit weißer Farbe, auf schwarze Wachsleinwand geschrieben, welche mit den übrigen vorhandenen orientalischen Handschriften die Zahl von 300 vollmachen. Der hebräischen zählt man 250, der griechischen 580, unter welchen sich die vier Evangelien mit Uncial-Buchstaben vom achten Jahrhundert, ein Thucidides vom eilften Jahrhundert und die Reden des Demosthenes auf Baumwollen-Papier aus Chios befinden. Der lateinischen, französischen, italienischen und deutschen Handschriften zählt man bei acht tausend, unter welchen viele sehr merkwürdige, prächtig gebundene Handschriften, ein lateinisches Evangelienbuch mit goldenen und silbernen Buchstaben auf purpurfarbenes Pergament geschrieben, vom 9. Jahrhundert, dann die Bußpsalmen Davids, von Orlando de Lasso in Musik gesetzt, mit besonders schönen Miniaturgemälden von Mülich, ferners auch das Gebetbuch Kaisers Ludwig des Bayers, in Silber gebunden, besonders sehenswürdig sind.

Unter den ältesten deutschen Handschriften zeichnet sich vorzüglich Otfriedes evangelische Geschichte in Reimen aus. Es ist zu Freising zwischen den Jahren 883 und 996 geschrieben worden.

Es würde ein eigenes Büchlein füllen, wenn man nur alle merkwürdigsten Handschriften und gedruckten Werke dieser Bibliothek anführen wollte, doch will man noch unter den sich auszeichnenden gedruckten Werken der Guttenberg-Faustischen lateinischen Bibel vom Jahre 1450, der Faustisch-Schofferischen lateinischen Bibel vom Jahre 1462 auf Pergament, und Luthers Bibel von 1561 auf Pergament mit illuminirten Holzschnitten von Lukas Kranach erwähnen.

Das geräumige Lesezimmer steht jedermann täglich, Sonn- und Feiertage, und die eingeführten Ferien zu Weihnachten, Fastnacht, Ostern und Pfingsten, dann die Herbstferien ausgenommen, von 8 Uhr Morgens bis 2 Uhr Nachmittags offen. Gegen Ausstellung eines Scheines kann jeder andere hier ansässige anständige Mann Bücher auf einige Zeit nach Hause erhalten.

Auch befindet sich im Lokale der Bibliothek ein eigenes Lesezimmer für die Mitglieder der Akademie der Wissenschaften, in welchem man alle deutschen Zeitschriften und Literatur-Zeitungen findet.

[Textzitat S. 210–214]

◊

Joseph Anton von Destouches (* 1767 in München, † 1832 in München) war Statistiker. Nach dem Studium in Ingolstadt stand er seit 1788 im landesherrlichen Dienst. 1790 wurde er Rentkammerrat in Amberg, 1792 Hofkammerrat, 1798 Kammerfiskal, 1799 Landesdirektionsrat, 1808 Kreisrat für den Naabkreis. Seit 1799 erschienen seine historisch-staatswirtschaftlich-statistischen Arbeiten, aufgrund derer er 1808 auch korrespondierendes Mitglied der Bayerischen Akademie der Wissenschaften wurde. Seit 1817 war er Kronfiskal und seit 1818 Regierungsrat am Reichsarchiv. Als Dramendichter nahm er Themen des Ritterdramas und des vaterländischen Schauspiels noch Anfang des 19. Jahrhunderts auf.

Der »Wegweiser« ist im Jahre 1827 erschienen. Destouches erwähnt in der Vorrede die Beschreibungen von Westenrieder (1782), Burgholzer (1796), Hübner (1802), Müller (1816/17), Eisenmann (1812), Huber (1819/20), von Schaden (1824) und Köbler (1827). Da er aber in einer Zeit lebte, »in welcher fast jeder Tag etwas Neues hervorbrachte und noch hervorbringt« (S. VI), hält er eine neue und aktuelle Beschreibung für ein »wahres Bedürfniß«. Destouches war 1817 nach 27 Jahren wieder in seine Vaterstadt München zurückgekehrt. Und er stellt fest: »Wer München vor zwanzig Jahren sah, und jetzt wieder sieht, glaubt ein Jahrhundert abwesend gewesen zu seyn; denn er findet eine neue Stadt, eine neue Welt« (S. VII). – Der Text über die Bibliothek wurde von C. A. Baumann (Die Haupt- und Residenzstadt München und ihre Umgebungen, 1832) wörtlich übernommen.

Das Lesezimmer mit Zeitschriften und Literaturzeitungen war zunächst Mitgliedern der Akademie der Wissenschaften, später Professoren und sonstigen Bevorrechtigten vorbehalten. Die Tradition eines eigenen **Zeitschriftenlesesaales** (früher »Journalzimmer« genannt) hat sich bis heute erhalten. Die Bayerische Staatsbibliothek bezieht derzeit laufend etwa 36.800 Zeitschriften und Zeitungen. Im Zeitschriftenlesesaal und in den Sonderlesesälen liegen die jeweils neuesten Hefte und Nummern von knapp 18.000 Titeln für alle Benützer der Bibliothek bereit.

22. Adolph von Schaden
1833

Neueste
humoristisch-topographisch-statistische
Beschreibung
der
Haupt- und Residenzstadt
München
und deren Umgebungen,
für
Fremde und Einheimische

von
Adolph von Schaden.

Zweite, nach einem neuen Plane gänzlich umgearbeitete,
sehr vermehrte und verbesserte, dann mit vollständigen
Registern versehene Auflage.

Nebst ganz neu aufgenommenem, durchaus richtigem Grundriße,
und vielen ebenfalls neuen Kupfern.

München 1833.
Joseph Lindauer'sche Buchhandlung
(C. C. F. Sauer).

*

V.

Der Hofgarten. – Hofgartenkaserne. – Spatzierfahrt in die St. Anna- und Schönfeld-Vorstadt. – Franziskaner-Kloster. – Prater. – Neuberghausen. – Englischer Garten. – Königinstraße. – K. Central-Veterinärschule. – Chinesischer Thurm. – Klein-Heselohe. – Der See. – Der Wasserfall. – Sckells und Rumfords Denkmale. -Paradiesgarten. – Tivoli. – Schönfeld-Vorstadt. – Neue Ludwigs-Straße. – Ludwigskirche. – K. Hof- und Central-Bibliotheks- und Archivgebäude. – Gebäude des k. Kriegsministeriums. – [...]

Der Kutscher that, wie ihm geheißen worden; Lorenz nahm das Wort wieder: Euer Gnaden – sprach er – diese Ludwigsstraße, eine Schöpfung S[einer] M[ajestät] des jetzt regierenden Königs, wird, wenn sie ganz vollendet ist, unter die pompösesten in Europa gehören. [...] So – jetzt sind wir beim Bau der neuen Ludwigskirche; sie wird nach dem Plane unseres trefflichen Herrn Professors Gärtner ganz in rein byzantinischem Geschmacke aufgeführt, erhält auf den Flanken der Hauptfacade zwei Thürme, dann drei Thore hinter einer Vorhalle und sehr schöne und zweckmäßige Nebengebäude; da schauens her Euer Gnaden, da habe ich eine Steinzeichnung, die ein sehr geschicktes Mandl aufgenommen hat; akkurat so wird die Ludwigskirche* aussehen, wenns ganz fertig ist. Vorwärts jetzt Seppel! – auf dem leeren Platze hier zwischen der Ludwigskirche und dem Gebäude des Kriegsministeriums wird sich das neue Hof- und Centralbibliothek- und Archivgebäude erheben. Als unser wackerer Magistrat den herrlichen Bauplatz hier für dieses neu aufzuführende Prachtgebäude S[einer] M[ajetät] dem Könige als ehrfurchtsvollsten Beitrag zu diesem Unternehmen angetragen hatte, erhielt derselbe eine freudige, schriftliche Anerkennung von Seite der kgl. Staatsregierung und alsbald darauf ein huldvolles Schreiben S. Maj. des Königs. Nachdem dieser für die Bausumme so beschwerliche Aufwand eines Platzankaufes auf solche Art glücklich beseitiget wurde, ist bereits der Grundstein gelegt worden und der eigentliche Bau hat begonnen. Auch das neue Bibliotheks-Gebäude wird nach Herrn Professor Gärtners Plan in byzantinischem Geschmacke erbaut. [...]

* [...] Die Zahl großer Bauwerke, welche die Regierungsperiode König Ludwigs bereits so glänzend bezeichnen, erhält wieder einen Zuwachs, und es wird diese neue Unternehmung an Umfang und Herrlichkeit Alles übertreffen, was die neuere Zeit im Gebiete der Baukunst Würdiges hat entstehen sehen. Dem königl. Residenzschlosse steht nemlich abermals eine Erweiterung und Umgestaltung bevor, [...] Nicht minder herrscht auf andern Punkten der Hauptstadt bei den mannichfaltigen großen Bauten, die König Ludwig unmittelbar oder mittelbar ihre Entstehung verdanken, fortwährend die regste Thätigkeit. Einige unter diesen (der Königsbau, die Pinakothek, die Allerheiligenkapelle), nach Außen schon seit geraumer Zeit fertig dastehend, nähern sich nun auch in ihrem Innern allmählich der Vollendung. Das am spätesten begonnene Gebäude der Bibliothek und des Reichsarchivs in der Ludwigsstraße, wozu der Grundstein erst am 8. Julius 1832, dem Geburtstage der regierenden Königin, gelegt worden ist, wächst schon in seiner ganzen Ausdehnung zusehends aus der Erde herauf, und erreicht bis zu Ende der dießjährigen Bauzeit (nämlich i. J. 1832) die Höhe von 27 b[ayerischen] Schuh über dem Niveau der Straße. Die Länge der Façade beträgt 518, die Höhe des Gebäudes 85, die Tiefe 60 bayer. Schuh. Erfinder und Baumeister dieses vorzugsweise für die Freunde der Wissenschaft so erwünschten Bauwerkes ist Hr. Professor Friedr. Gärtner. Nebst der Ludwigskirche ist es das zweite diesem Künstler zur Ausführung übertragene große Werk, das nach den vorliegenden Planen ebenfalls zu ungemeinen Erwartungen berechtigt. Der hier in Anwendung gebrachte Styl ist eine Mischung des sogenannten Byzantinischen und des Florentinischen. Ausnahmsweise werden bei diesem Baue nur Backsteine gebraucht. Es ist jedoch zu bemerken, daß bei Anfertigung des Ziegels eine Kunst und Sorgfalt verwendet wird, die den geringen Stoff völlig umzubilden und ihm innerlich wie äußerlich die Eigenschaften eines edeln Materials zu geben weiß, wie denn überhaupt dem technischen Theile an allen königlichen und öffentlichen Bauten in München das Siegel der Vollendung aufgedrückt ist. Für diesen Zweck eine Masse tüchtiger Bauleute aller Art herangezogen zu haben, ist ein nicht genug zu würdigendes Verdienst der Oberbaubehörde und des Mannes an ihrer Spitze. – Den Unterbau des Bibliothekgebäudes bildet eine Quaderkonstruktion mit hydraulischem Cementüberzuge. Von da bis an das Dach (das jedoch von Außen nicht sichtbar ist) unbeworfener Ziegel. Das reiche Gesims wird ebenfalls aus Ziegeln konstruirt und nur theilweise mit Cement überzogen. Das Erdgeschoß ist für die Archive bestimmt. Die obern Räume dienen zur Aufnahme der Büchersammlungen und Manuscripte. Als ein Hauptschmuck und Vorzug im Innern des Gebäudes darf die überaus sinnreich projektirte, majestätische Treppe bezeichnet werden, ganz geeignet zu reichen Schätzen des Geistes den Zutritt zu öffnen. Diese, so wie eine bedeutende Anzahl für die gehörige Benutzung der Bibliothek höchst nöthiger Räume, kann aber erst dann in Ausführung kommen, wenn der Plan des Gebäudes in seiner ganzen Ausdehnung verwirklicht wird, wozu bis jetzt von den Ständen des Reichs die nöthigen Summen noch nicht bewilligt sind. [...]

VIII.

Dritte Wanderung (durch das Kreuzviertel). – Gebäude des ehemaligen Jesuiten-Collegiums. – Akademie der Wissenschaften und bildenden Künste. – Philologisches Seminar. – Ludwigs-Maximilians-Hochschule. – Das Reichsarchiv. – Antiken-Saal. – Hof- und Central-Bibliothek. – [...]

Jetzt steigen wir zwei Treppen in die Höhe und betreten die Säle der kgl. Hof- und Staats-Bibliothek.

Dieselbe, eine der größten und bedeutendsten in Europa, ist, wie fast alle übrigen, nicht durch fortgesetzte planmäßige Vermehrung gebildet worden, sondern weit mehr noch durch zufällige allmählige Erwerbung einzelner Sammlungen zu ihrer dermaligen Größe angewachsen.* Den ersten bedeutenden Grund hiezu legte Albrecht V. (1550-79), durch den Ankauf einzelner Privat-Bibliotheken, als: der Hartmann Schedel'schen, Albr. Widmannstadt'schen und Fugger'schen. In neueren Zeiten erhielt sie durch den Ankauf der Bibliothek des Pet. Victorius, unter Churfürst Carl Theodor, durch die Einverleibung der Handschriften und Bücher aus Mannheim, in den Jahren 1803 etc. durch die Auswahl aus den Bibliotheken der aufgehobenen Stifter und Klöster ihre bedeutendsten Vermehrungen; so wie später noch durch die Cobres'sche, die Schreber'sche und Lippert'sche Sammlung (erstere ein Geschenk Seiner Majestät des jetzt regierenden Königs), die Fächer der Naturgeschichte und der bayerischen Geschichte einen neuen Zuwachs erhielten.

In unsern Tagen machte dieser große königliche Bücherschatz eine bemerkenswerthe Acquisition, indem demselben der berühmte und gelehrte k[önigliche] geh[eime] Rath und Akademiker Hr. Baron v. Moll zu Dachau mehrere tausende der vorzüglichsten und seltensten Werke zum Geschenke machte; die Sammlung wird »donatio molliana« genannt.

Im allgemeinen ist voraus folgendes zu bemerken: Die königl. Hof- und Staats-Bibliothek ist in mehr als sechzig großen und kleinen Sälen, Zimmern und Korridors aufgestellt, und enthält, nach einem sehr mäßigen Anschlage, in runden Zahlen wenigstens 16,000 Handschriften, über 50 xylographische Denkmale, mehr als 13,000 Inkunabeln, wenigstens 250,000 Werke (wenn jedes Werk nur zu 2 Bänden berechnet wird, manches zählt 25, 50, auch 100 Bände, wirft sich eine halbe Million heraus), weit mehr als 100,000 Dissertationen, gewiß dreimal so viel andere kleine Schriften. Unter der besondern Abtheilung »Cimelien« wird ein zahlreicher und höchst bedeutender Schatz von Handschriften bewahrt, welche wegen ihres hohen Alterthums, als Autographa, durch kunstreiche Gemälde, in Rücksicht ihrer kostbaren Einbände von Gold und Silber, mit Edelsteinen besetzt, vorzügliche Aufmerksamkeit verdienen.

Der vorzüglichste Reichthum der kgl. Hofbibliothek besteht in der Anzahl und dem Werth der hier befindlichen Handschriften. [...]

Vorstand und Direktor der kgl. Hof- und Staats-Bibliothek ist dermalen der k[önigliche] Hofrath Lichtenthaler.

---

* Verfasser dieser mit Recht so oft belobten Beschreibung der kgl. Hof- und Staats-Bibliothek war Herr Docen, der für die Wissenschaften viel zu früh verstorbene ehemalige Custos der Bibliothek. Für die zweite Auflage wurde der schätzbare Aufsatz ebenfalls wieder von einem bei der kgl. Hof- und Staats-Bibliothek beschäftigten, würdigen Gelehrten – durchgesehen und ergänzt.

Abbildung 10
Johann Philipp von Lichtenthaler. Pastell von J. Stieler, um 1835

Das Lokal der Bibliothek, besonders der große Saal, die zunächst anstossenden Gemächer und die Lesezimmer, auch die Säle des neuen Baues, sind sehr freundlich.

Nach den neuesten Verordnungen sind zum Entleihen der Bücher aus der k[öniglichen] Hof- und Staats-Bibliothek nur die hier ansäßigen Staatsdiener vom Rathe aufwärts und königliche Professoren berechtigt. Andere Personen haben hiezu die besondere Erlaubniß des königlichen Staatsministeriums des Innern einzuholen.

Die Hof- und Staats-Bibliothek wird jetzt nur dreimal in der Woche, nämlich Montags, Mittwochs und Freitags von 8 – 1 Uhr geöffnet, und bleibt an den übrigen Wochentagen, so wie an Sonn-und Feiertagen, geschlossen.

Besondere Ferien sind: vom Weihnachtsabend bis zum neuen Jahre; vom Mittwoch der Quinquagesima bis zum Fasching-Dienstag; vom Palmsonntag bis Ostermontag; sodann vom 1. September bis 14. Oktober einschlüßig.

An jenen Tagen, an welchen die Hof und Staats-Bibliothek überhaupt geöffnet wird, hat in das Lesezimmer Jedermann zwar Zutritt, allein Unterhaltungsschriften, Uebersetzungen von Klassikern, Grammatiken, Compendien, Chrestomathien, Bilderbücher u.s.w. werden auch dort nicht mitgetheilt.

Aus der königlichen Hof- und Staats-Bibliothek verfügen wir uns in die königliche Kupferstichsammlung, welche nur durch einen langen Gang vom Bücherschatze getrennt ist, [...]

[Textzitat S. 39, 45 – 49, 72, 77 – 79, 82 – 83]

◇

Die Beschreibung der Bücherschätze hat Adolph von Schaden nahezu wörtlich seinem Topographisch-statistischen Taschenbuch aus dem Jahr 1825 entnommen. Er hat sie auch 1837 für seine »Neueste Beschreibung der Haupt- und Residenzstadt München und deren Umgebung« nur wenig verändert beibehalten.

Bei der Fahrt durch die Ludwigstraße wird bereits auf das **neue Gebäude** der Hof- und Staatsbibliothek aufmerksam gemacht, das erst Anfang des Jahres 1844 für die Benützung zugänglich wurde. Der Bibliothekar Johann Andreas Schmeller schreibt in seinem Tagebuch am 4. Februar 1834 über das neue Gebäude:

> Mit Director Lichtenthaler und Bibliothekar Schrettinger das bereits unter Dach gebrachte neue Bibliothekgebäude in Augenschein genommen. So ist nun doch, wogegen ich bey jeder Vorlage des Plans – zum Schein um meine Meinung gefragt – nach Kräften geeifert, der Lesesaal mit allen Arbeitslocalitäten, nicht in die Mitte – diese ist einem eiteln Prunksaale bestimmt – sondern an das eine südliche Ende des langen Darmes gebracht, zum empfindlichsten Nachtheil alles Dienstes. Auch werden die Diener, wenn sie ein über dem Lesesaal befindliches Buch holen sollen, erst in der Mitte des Gebäudes eine Treppe finden, um dazu zu gelangen, ein Übelstand, welchen doch der Baumeister, Professor Gärtner, weiland, auf meine Erinnerung, durch Anlegung von Treppen aus allen Sälen des ersten in die des zweiten Stockwerkes begegnen zu wollen, versichert hatte. (Schmeller, 1954, Band 2, S. 192).

Am 15. Juni 1836 vertraut Schmeller seinem Tagebuch weitere kritische Bemerkungen über das neue Gebäude an:

In der außerordentlichen Beylage zur Allgemeinen Zeitung spricht ein Lobhudler aus München unter anderm von »der zahlreichsten Bibliothek der Welt (!!) der Münchner königlichen«, und dem weithin verbreiteten Bau in einfacher venetianischer Architektur, der sie aufnehmen soll.
Dieser Bau, unternommen, wie böse Zungen raunen, um ein gutes Stück der neuen großartigen Straße, welche des Königs Namen trägt, 520 Fuß auszufüllen, entspricht allerdings dieser Absicht. Daß er in jeder andern nicht an diesem Platze, nicht in dieser darmartigen gerade der Wetterseite ausgesetzten Fronte hätte geführt werden müssen habe ich, wie viele, von Anfange zu sagen nicht unterlassen. Meine Stimme wurde immer für nichts geachtet, oder mit dem Gewaltspruche niedergeschmettert: Der König will's so.
Die Mitte, wohin das Sensorium des Ganzen, wenn es kein todter Speicher seyn soll, die Arbeitslocalitäten hätten verlegt werden müssen, nimmt, den einen Flügel aller innern Verbindung mit dem andern beraubend, ein leerer Prunksaal mit Malereyen und Statuen ein. Nur an der südlichen Extremität des Darmes sind Räume in denen, und zwar von erwärmter Luft, den 3/4jährigen Winter hindurch wird gelebt werden können. Da soll auch mir oder meinem Nachfolger in der Bearbeitung der 18000 Manuscripte, – die an der entgegengesetzten nördlichen Extremität aufgestellt werden sollen – ein kleiner Verschlag eingeräumt werden.
Nur an drey Orten wird es möglich seyn, aus dem ersten Stockwerke ins zweite zu gelangen; und sogar diese drey Treppenverbindungen wären rein vergessen worden, wenn Lichtenthaler erst jüngst nicht darauf aufmerksam gemacht hätte. Mein Vorschlag, daß man aus jedem Saal in den über ihm liegenden kleine Treppen anlegen sollte, ist in den Wind verhallt.
Von fast allem was in unsern Tagen bey einem bestimmten Bibliothekbau hätte geschehen müssen, um den Dienst und die Benutzung des Inhalts zu fördern, ist gerade das Gegentheil gethan worden. Und immer der Refrän: der König wills so. Der ursprüngliche, von Schrettinger ausgegangene Plan war ein Viereck, im Innern durch ein Kreuz verbunden, so daß man aus dem Mittelpunkte, wo gearbeitet wurde, nach allen Seiten hin ohngefähr gleich weit zu gehen hatte. Der König aber wollte eine lange Fronte in die Ludwigsstraße, diese allein kostete nach dem Anschlag 300000 Fl., schon ein Item für die deshalb anzugehenden Landstände. Sie bewilligten. Die Fronte wurde eingerichtet als für sich das Ganze vorstellend. Hierauf Wahrnehmung, diese Fronte biete nicht Raum genug, es seyen noch Seitenflügel anzubauen. Dazu gaben die inzwischen zahmer Gewordenen weitere 200000 Fl. Was von der Fronte an die Seitenflügel stößt, mußte nun großentheils umgebaut werden. Reiner Verlust von 10 – 20000 Fl. Und immer der alte Refrän. Bey jeder Kleinigkeit in der Ausführung der alte Refrän.
Mir scheint, es wäre loyaler von den Berufenen, auch einen Willen zu haben und so die vielleicht strengen Urtheile, die eine spätere Generation nicht blos munkelnd über dieses und andere jetzt in die Wolken erhobenen Werke fällen wird, von ihrem Urheber abzuwenden.
Nun sollen auch für die innere Einrichtung noch gegen 100000 erforderlich seyn.
(Schmeller, 1954, Band 2, S. 219-220)

Johann Philipp von Lichtenthaler (* 1778 in Sulzbach, † 1857) studierte Philosophie und evangelische Theologie. Er unterrichtete zunächst als Gymnasialprofessor. 1815 berief ihn der spätere König Ludwig I. als Prinzenerzieher und Hofbibliothekar nach Würzburg. In dieser Zeit entstand bereits ein freundschaftliches Verhältnis zwischen Ludwig und Lichtenthaler. Von 1826 bis 1855 war er Direktor der Hof- und Staatsbibliothek. Da Lichtenthaler stets einen direkten Zugang zum König hatte – Ludwig war 1825 König geworden -, war auch eine Bindung der Bibliothek an die Akademie beziehungsweise eine Aufsicht durch die Akademie nicht mehr begründet. Er bemühte sich um eine planvolle Ergänzung der Bestände, löste die Hofbibliothek von der Akademie der Wissenschaften und überführte sie in den Neubau an der Ludwigstraße.

Bernhard Joseph Docen (∗ 1782 in Osnabrück, † 1828 in München) studierte Literatur und Archäologie in Göttingen und Jena. Johann Christoph von Aretin holte ihn 1804 an die Hofbibliothek nach München. Hier wurde er 1806 Skriptor und 1811 Kustos sowie Adjunkt an der Akademie der Wissenschaften. Seine Hauptarbeit war die Katalogisierung der Handschriftenbestände. Er galt als einer der ersten Kenner der althochdeutschen Sprache und Literatur und entdeckte so bedeutende Zeugnisse wie das Fragment »Muspilli« und die Titurel-Fragmente Wolframs von Eschenbach. Nach seinem Tode fand man unter seinen Büchern mehr als hundert Handschriften, die er ohne Nachweis aus der Bibliothek entnommen und teilweise jahrelang in seiner Wohnung hatte (nach: Johann Andreas Schmeller, 1985, S. 138). – Docen hat die »mit Recht so oft belobte Beschreibung der kgl. Hof- und Staatsbibliothek« offensichtlich für das 1825 erschienene »Topographisch-statistische Taschenbuch« Schadens verfaßt.

Mit dem »bei der Hof- und Staatsbibliothek beschäftigten, würdigen Gelehrten«, bei dem sich Schaden für die Durchsicht und Ergänzung der zweiten Auflage seiner »Beschreibung« bedankt, ist Johann Andreas Schmeller (∗ 1785 in Tirschenreuth/Oberpfalz, † 1852 in München) gemeint. Schmeller war 1829 als Amtsnachfolger Docens als Kustos in der Bibliothek angestellt worden. Er hat an der Beschreibung der Bestände nichts geändert, aber es ist charakteristisch, was er an dem Beitrag aktualisiert hat. Als bedeutenden Neuzugang hebt er die Sammlung des berühmten Freiherrn Karl Ehrenbert von Moll hervor. Für die Bestandsgröße schätzt Schmeller »nach einem sehr mäßigen Anschlage« 16.000 Handschriften und 663.050 Druckwerke (davon 50 Blockdrucke und 13.000 Inkunabeln); dabei unterscheidet er sehr genau zwischen Werken (Titeln) und Bänden, denn nach Bänden gezählt müßte die Zahl um 250.000 höher angesetzt werden. Das Problem aller Bestandsangaben von Bibliotheken ist bis heute die Zähleinheit geblieben, da meist nicht zwischen »Werken«, »Ausgaben« und »Bänden« unterschieden wird oder unterschieden werden kann. Schließlich arbeitete Schmeller auch die seit 1830 gültigen Bibliotheksgesetze in die Beschreibung Docens ein. Um die dringend nötige Katalogisierung der Bestände zu bewältigen, war die Bibliothek nur noch an drei Tagen der Woche geöffnet. Diese Regelung war in der Öffentlichkeit mehrfach auf heftige Kritik gestoßen.

Noch im Jahre 1829 begann Schmeller damit, den Nachlaß Docens zu bearbeiten. Dabei fand er Pergamentblätter, die Docen meist von alten Buchdeckeln abgelöst hatte; darunter befanden sich auch die Blätter mit dem »Muspilli« und dem »Ruodlieb«. Schmeller gelang es unter anderem, den Codex zu finden, aus dem die Blätter des »Muspilli« stammen und konnte im Jahre 1832 diesen althochdeutschen Text des 9. Jahrhunderts erstmalig herausgeben (nach: Johann Andreas Schmeller, 1985, S. 136 ff. und 162 f.).

Der in den Tagebucheintragungen Schmellers erwähnte Martin Schrettinger (∗ 1772 in Neumarkt/Oberpfalz, † 1851 in München) besuchte das Gymnasium in Burghausen und

Amberg. 1789 wurde er in das Benediktinerkloster Weißenohe (bei Nürnberg) aufgenommen, wo er nach dem Noviziat Theologie und Philosophie studierte und im Jahre 1800 die Stelle des Klosterbibliothekars erhielt. Noch vor der Säkularisierung des Klosters ging er 1802 nach München und wurde auf eigenen Wunsch in der Hofbibliothek (ohne Besoldung) beschäftigt; seinen Lebensunterhalt bestritt er aus der kleinen Pension, die ihm als Exkonventualem zustand, und aus gelegentlichen Gratifikationen der Bibliothek. Er wartete darauf, bei der Reorganisation angestellt zu werden. So erhielt er 1806 die Stelle eines Hofbibliothek-Kustos. 1823 wurde er Unterbibliothekar und gleichzeitig königlicher Hofkaplan, 1839 auch Kanonikus bei Sankt Kajetan in München.

Schrettinger widmete sich hauptsächlich der Katalogisierung der Druckschriften. Mit den unbibliothekarischen Arbeitsmethoden Aretins konnte er sich nicht anfreunden, insbesondere nicht mit der Beschäftigung von »Diurnisten« gegen Akkordlohn. Er wehrte sich (unter Scherer und auch noch unter Lichtenthaler) vergeblich gegen die alphabetische Aufstellung innerhalb der Buchfächer, die ein Suchen der Bücher ohne Kataloge ermöglichen sollte. Erst im Jahre 1913 ging man von dieser umständlichen Methode ab. Letztlich waren es Schrettingers zukunftsweisende Ideen, die ab 1814 endgültig zum Tragen kamen, und auf der Trennung von Aufstellung und Katalog beruhten, einem Prinzip, das heute unbestritten ist. – Im Jahre 1819 begann er einen Schlagwortkatalog (»Realkatalog« oder »Alphabetischer Material-Katalog«), in der Folgezeit auch ohne Zustimmung Scherers anzulegen. Bis kurz vor seinem Tod im Jahre 1851 erschloß er rund 84.000 Titel aus 80 von damals 189 Fächern. Dieser Katalog ist als »der Schrettinger« bekannt geworden und wird noch heute gern genutzt. Der Versuch Heinrich Konrad Föringers (in der Bibliothek tätig seit 1832) den Schlagwortkatalog weiterzuführen, scheiterte am Einspruch der Direktion.

Der »ursprüngliche, von Schrettinger ausgegangene Plan« für den Neubau war dem König bereits im Februar 1827 übergeben worden. Schrettinger hat seine Überlegungen für einen idealen Bibliotheksbau auch in seinem »Versuch eines vollständigen Lehrbuches der Bibliothek-Wissenschaft« (1829, Heft 4, S. 179 ff.) und später in seinem »Handbuch der Bibliothek-Wissenschaft« (1834, S. 139 ff.) dargestellt. In der Urkunde zur Grundsteinlegung vom 8. Juli 1832 wird dieser Plan indirekt mit folgenden Worten erwähnt: »Dieses Gebäude wurde zur Aufnahme der reichen Bücher-Sammlung und des ReichsArchivs aufgeführt. Dasselbe sollte nach dem ursprünglichen Plane ein großes Viereck bilden. Die Umstände geboten Beschränkung des Unternehmens, veränderte Einrichtung des Haupt-Gebäudes, und Verzicht auf die Seiten-Gebäude. Damit jedoch der ursprüngliche Plan verewiget werde, wurden die zum Aufbau nicht gelangenden Bau-Theile, im Grundplane in Umrissen angedeutet« (nach: Hundert Jahre Bayerische Staatsbibliothek, 1932, S. 392).

23. Felix Schiller
1841

München
dessen
Kunstschätze, Umgebungen
und
öffentliches Leben.

Von
F. Schiller.

Mit Vignetten und einem Plane der Stadt
mit Randansichten.

München 1841.
Verlag von Johann Palm.

*

Die königl. Hof- und Staatsbibliothek*

befindet sich zur Zeit ebenfalls noch in der Akademie im 2ten Stock, bis sie, nach Vollendung des neuen Bibliothekgebäudes in der Ludwigsstraße, in dieses übergesiedelt werden wird. – Sie wurde durch Albrecht V. 1550 begründet, und wuchs in dem Laufe dreier Jahrhunderte, durch die ansehnlichen Vermehrungen unter allen Regenten, besonders aber unter Karl Theodor, und durch die, bei Aufhebung der Klöster gewonnenen reichen Schätze, namentlich an Handschriften, zu einer Sammlung von 13,000 Incunabeln, 16,000 Handschriften, 50 Holzschnitt- und 250,000 gedruckten Werken an, welche letztere allein über 600,000 Bände enthalten; die kleineren Schriften, Dissertationen u.s.w. nicht mit eingerechnet.

Der Raum und Zweck dieses Buches verbietet, hier nur den kleinsten Theil der merkwürdigen Werke namentlich anzuführen, und wir beschränken uns, nur auf einige der seltensten aufmerksam zu machen: ein Koran auf Pergament mit goldenen Buchstaben; persische Handschriften mit Miniaturen; die Divans von Hafiz und Saadi; eine malebarische und braminische Handschrift auf Palmblättern; eine griechische Handschrift der Evangelien aus dem 8ten Jahrhundert; mehrere griechische Schriftsteller in Handschriften aus dem 11ten Jahrhundert; mehrere sehr alte lateinische Handschriften: die 4 Evangelien, der Codex Alaricianus aus dem 5ten Jahrhundert u.a.; unter älteren deutschen Handschriften: Ottfrieds

* Die Bibliothek ist Montag, Mittwoch und Freitag den ganzen Vormittag für den freien Eintritt geöffnet, wo man in den dazu hergerichteten Lesezimmern jedes beliebige Werk zur Einsicht und Studium erhalten kann; wegen Benützung von Büchern in der eigenen Behausung erfährt man die näheren Bedingungen ebenfalls dort.

evangel. Geschichte in Reimen 883 – 906; das Nibelungenlied von 1235 und 1290; der Parcival von Wolfr. von Eschenbach; die einzige noch vorhandene Handschrift vom Frauendienst von Ulr. v. Lichtenstein, u.a.m.

Von besonderem Kunstwerth sind die reich mit Edelsteinen und Malereien verzierten Handschriften: die Evangelien, und ein Missale von Kaiser Heinrich dem Heiligen; die Evangelien mit Goldbuchstaben, u.a.

Unter den gedruckten älteren Werken erwähnen wir nur: das Faust-Schöffer'sche Duranti Rationale divinorum officiorum. 1459; eine lateinische Bibel von 1462; das Psalterium von 1459; Luthers Bibel mit seinem, und Melanchtons Bildniß, von Cranach u.a.m.

Wer genauere Auskunft begehrt, wird dieselbe auf die zuvorkommenste Art durch die immer anwesenden Herrn Kustoden erhalten. Vorstand der Bibliothek ist der k[önigliche] Hofrath Lichtenthaler.

Wie schon eben erwähnt, wird binnen kurzer Zeit diese große Sammlung in:

Das neue Bibliothekgebäude*

auf der Ludwigsstraße Nr. 23 transferirt werden. Dasselbe ist eines der schönsten und imposantesten, welche München in so reicher Auswahl schmücken, und von dem Prof. v. Gärtner, ebenfalls in dem mittelalterlich-italienischen Styl (byzantinisch-florentinisch), in einer Fronte von 520' und einer Höhe von 85' erbaut. Von beiden Seiten führt eine breite steinerne Treppe, geziert mit den Statuen des Aristoteles, Hippocrates, Homer und Thucydides, (von Sanguinetti und Meyer) zu dem dreifachen Portal, und in die Vorhalle des Erdgeschosses, in dessen gewölbten Räumen das Reichs-Archiv bereits seinen Platz gefunden hat. Das großartige Stiegenhaus wird mit den, zu beiden Seiten oberhalb sich anschließenden Säulenkorridors, eine Hauptzierde des inneren Gebäudes werden, welches in den oberen Stockwerken der Hauptfaçade, so wie in denen der beiden Seitenflügel, die auf das zweckmäßigste eingerichteten Säle und Zimmer umfaßt, welche den Schatz der Bibliothek in sich aufzunehmen bestimmt sind.

[Textzitat S. 110 – 113]

◊

Felix von Schiller (* 1805 in Breslau, † 1853 in München) war Landschaftsmaler. Er studierte zunächst Jura, »stand auch schon als Oberlandesgerichtsreferendar im Staatsdienst, als er beschloß, ganz zu der von jeher mit großer Vorliebe gepflegten Malerei überzugehen. Begab sich also 1829 zur weiteren Ausbildung nach München, wo er sich den unter Rottmann's und Morgenstern's Vorbild florirenden Stimmungsmalern anschloß ... Mit großer Vorliebe nahm er seine Stoffe aus den Seen des baierischen Hochlandes, insbesondere aus dem alsbald so viel von den Poeten und Künstlern gefeierten Chiemsee« (Allgemeine deutsche Biographie). Er schrieb auch Lieder und Dramen zu besonderen Gelegenheiten.

Schiller zählt zu den von München begeisterten Autoren. »Der Standpunkt, auf welchem München, geschmückt mit einem Reichthum des Schönen und Großartigen, jetzt steht, zieht

* Um das Innere des Gebäudes zu sehen, ist vorläufig die Stunde von 11-12 an allen Wochentagen bestimmt; man wendet sich an den Bauaufseher im Gebäude rechts.

Abbildung 11
Das große Treppenhaus im Bibliotheksneubau. Lithographie nach F. v. Gärtner, 1844

von Jahr zu Jahr eine größere Anzahl Reisender herbei« (S. V). So möchte er die Fremden, die München besuchen, schnell und kurz unterrichten. Sein Büchlein ist 1843 und 1851 in wenig veränderter Form neu aufgelegt worden. Im Jahre 1857 erschien es in neuer Aufmachung unter dem Titel »Schiller's München«.

Obwohl das neue Bibliotheksgebäude in der Ludwigstraße noch nicht bezogen war, konnte es bereits täglich besichtigt werden. Ein besonderer Anziehungspunkt scheint dabei von Anfang an das »großartige Stiegenhaus« gewesen zu sein. Der Bibliothekar Johann Andreas SCHMELLER schreibt über die **große Treppe** in seinem Tagebuch am 8. Mai 1843:

> Der König war Nachmittags, den Director suchend, zweimal im Gebäude, Arm in Arm mit dem Baumeister dieses Denkmal unsterblichen Ruhmes, namentlich die noch unvollendete Prachttreppe sich beschauend, an deren Schlusse sein und Albrechts V colossale Statuen die eintretenden Bewunderer begrüßen werden.
> (Schmeller, Band 2, 1956, S. 339)

Schmeller schildert in seinem Tagebuch am 4. Juni 1843 und am 13. Januar 1844 auch wie letztlich wegen der Treppe sogar die Eröffnung der Bibliothek verzögert wurde:

> Wie sehr ich mich mit meinem Büchlein beeilt hatte, vor dem 16. October fertig zu seyn – dennoch ist dem Publicum die Bibliothek noch immer nicht geöffnet. Claraevallensis [= Direktor Lichtenthaler] wartet nach wie vor auf allerhöchste Entscheidung über Anstellung eines Portiers, eines Hausmeisters, und eines Dieners mehr, so wie über Einführung einer regelmäßigen Nachtwache. Auch auf seinen Antrag, uns 7 bei der Translocirung außergewöhnlich angestrengten Beamten (Lichtenthaler, Schmeller, Krabinger, Schmidhammer, Föringer, Wiedmann und Würthmann) irgend eine Remuneration zukommen zu lassen, weder Ja noch Nein. [...]
> Auf der Bibliothek beschäftigt mich seit Wochen die Anordnung der Landkarten, welche schon 1829 mir mit als Sparte zugefallen. Während ich October über Hals und Kopf das Schriftchen über die Bibliothek fertig zu bringen suchte, um es zur vermuthlichen Eröffnung am Ende der Ferien 16. October bereit zu haben, hat der Director diese Eröffnung noch jetzt nicht förmlich statt haben lassen. Solange seine Anträge auf Anstellung eines Thürhüters, eines Hausmeisters und eines Heizers nicht genehmigt worden, habe der Dienst nicht angefangen werden können. Ein Haupthinderniß war die Prachttreppe, denn da sie, auf eine Äußerung Sr. Mt. nicht gebraucht werden, sondern nur der Schönheit wegen da seyn soll, muß ein eigener Mann beständig im Vestibulum aufpassen, um die Eingehenden von ihr abzuhalten und durch den Hof auf eine der Hintertreppen zu weisen. Nun sind diese Anträge endlich genehmigt (s. Allg. Ztg.) und eine Anzeige der BibliothekDirection vom 9t. d[es Monats = Januar 1844] über die Tage und Stunden, in denen die Bibliothek nach den Gesetzen von 1829 besuchbar ist, muß als Erklärung gelten, daß die Anstalt eröffnet sey. Eine förmliche Eröffnungsanzeige zu machen sey nicht angegangen, weil sonst die Schuld der so lang verschobenen Eröffnung auf das Nichtgenehmigen jener Anträge, also auf eine Seite gefallen wäre, welche nie eine Schuld haben kann und darf.
> (Schmeller, Band 2, 1956, S. 364–366)

In dem in deutscher und französischer Sprache erschienenen offiziellen Bibliotheksführer

(Allgemeine Auskunft über die K. Hof- und Staatsbibliothek zu München, 1. Auflage 1843; 2. Auflage 1846), der von Schmeller verfaßt wurde (im Tagebuch nennt er den Bibliotheksführer »Büchlein« beziehungsweise »Schriftchen über die Bibliothek«), findet sich nach der Beschreibung der Eingangshalle und der Marmortreppe folgender Hinweis: »Der gewöhnliche Verkehr hat zur Zeit nicht über diese, sondern über eine der innern Treppen statt, zu welcher man durch den nördlichen Hof gelangt.« In der ersten Auflage des Bibliotheksführers aus dem Jahre 1843 fehlt dieser Hinweis noch.

Über die im allgemeinen dem König vorbehaltene Treppe berichtet im Jahre 1845 im Rahmen eines ausführlichen Artikels, ausgestattet mit zwei großen Holzschnitten, auch die Leipziger »Illustrirte Zeitung«:

> Hier befindet sich die große Prachtstiege, deren Abbildung wir sehen. – In gerade aufsteigender Richtung, nur durch einen Treppenspiegel unterbrochen, führt sie aus dem Erdgeschoß des 8vordern in das erste Stockwerk des hintern Flügels, allein durch Vermittlung zweier offnen Säulengänge von da aus nach dem gleichen Piano des vordern Flügels. Diese Gänge, welche an der einen Seite Fenster haben, die nach den Hofräumen gehen, nach der andern auf die breite Treppe herabsehen, sind mit Kreuzgewölben überdeckt, die Treppe selbst aber mit einem Tonnengewölbe; beide Gewölbe werden von einer Doppelreihe Säulen getragen, welche, durch Arkaden verbunden, auf Postamenten ruhen, die dem die Gänge abschließenden Geländer zum Haltpunkt dienen. Dieses ganze Treppenhaus ist auf das Bunteste mit Ornamenten und Figuren ausgemalt. Letztere, abwechselnd Gestalten von Erwachsenen und von Kindern, sind durch Embleme und Beischriften als Anspielungen auf den Inhalt der Bibliothek kenntlich, auf künstlerische und gelehrte Bildung, Erfindungen, auf Philosophie, Philologie, Archäologie, Botanik, Zoologie, den Buchdruck u. dergl. m. In den Lünetten über den Fenstern sind Medaillen angebracht mit den Bildnissen in Gypsrelief ausgezeichneter Forscher, Gelehrter und Dichter [...]
> Diese mit so viel Pracht ausgestattete breite Stiege führt geradezu in das Vorzimmer des Lesesaals, wo Bücher ausgegeben und angenommen werden, und ihre Anlage, wie beträchtliche Kosten auch dafür verwendet worden, muß durch diese aus der Idee des Gebäudes consequent entnommene Anordnung gerechtfertigt erscheinen. Leider indeß ist diese schöne und bequeme Treppe dem Publicum nicht geöffnet; es muß den Zugang zu dem so nahen Vorzimmer durch den Hof, auf Hintertreppen, durch einen langen Corridor und durch das Lesezimmer suchen und die Figuren auf unserem Bilde gehören einzig der Phantasie des Künstlers, wenn sie nicht etwa einen sehr vornehmen Besuch vorstellen, welcher ausnahmsweise die Treppe benutzen darf.
> Wir indeß wollen zur bequemern Einsicht in den Plan des Gebäudes von diesem Vorrecht an dieser Stelle auch für uns Gebrauch machen, steigen die Prachtstiege empor, lesen die lateinische Inschrift über dem mittlern Eingang – was sogar in unserm Bilde einem leidlich guten Auge möglich ist – und gehen durch das Vorzimmer, in welchem rechts und links die Bureaus der Untersecretaire für das Ausleihen der Bücher sich befinden, in den großen, geräumigen Lesesaal, dessen gewölbte Decken von Säulen getragen werden, dessen hohe gegen Osten gelegene Fenster reichlich Licht einlassen und der an wohleingerichteten Tischen mit Bequemlichkeit gegen achtzig Leser aufnimmt.
> (Die neue Bibliothek in München, 1845, S. 137 f.)

Für die Charakterisierung des Bibliotheksgebäudes in der Ludwigstraße gelten die **vier Statuen** bis heute als am treffendsten. Auf der Freitreppenbalustrade sieht man die Statuen von vier sitzenden griechischen Gelehrten. Sie weisen stellvertretend auf den alle Wissenschaftsgebiete abdeckenden Buchbestand hin: Thukydides (Geschichte), Homer (Dichtung und Kunst), Aristoteles (Philosophie) und Hippokrates (Medizin). Die Statuen wurden nach Entwürfen Ludwig Schwanthalers von Francesco Sanguinetti (Aristoteles und Hippokrates) und Ernst Mayer (Homer und Thukydides) in Kelheimer Kalkstein ausgeführt. Nach dem zweiten Weltkrieg wurden die stark verwitterten und leicht beschädigten Originale im Jahre 1960 durch Kopien ersetzt; die Originale stehen heute in einem Schulhof in Bernau am Chiemsee.

Die im Bericht der Leipziger »Illustrirten Zeitung« erwähnte **Inschrift** stand im Rundbogenfeld über dem Portalarchitrav der Eingangstür zur Bibliothek. Sie lautete folgendermaßen (nach: Krebber, 1987, S. 36):

IUSSU ET AUSPICIIS
LUDOVICI I. BAVARIAE REGIS
CONFESSU
UTRIUSQUE REGNI CURIAE
THESAURIS LITERARUM ET LIBERALIUM ARTIUM
SERVANDIS AUGENDIS ET IN USUM PUBLICUM
VERTENDIS HAS AEDES CONDITAS VIDES

[Übersetzung: Auf Anordnung und unter der Schirmherrschaft Ludwigs I., Königs von Bayern, und mit der Zustimmung beider Kammern des Reichs siehst Du dieses Gebäude, begründet zur Bewahrung, Vermehrung und öffentlichen Nutzbarmachung der Schätze in Wissenschaften und freien Künsten.]

24. Acht Tage in München
1845

Acht Tage in München.
Eine
kurzgefaßte Beschreibung
der
in dieser Hauptstadt befindlichen
Sehenswürdigkeiten,
als
unentbehrliches Handbuch
für
jeden Fremden.

Mit vielen xylographischen Vignetten und einem Plane der Stadt.
Vierte, sehr vermehrte Auflage.

München.
Druck und Verlag von Georg Franz.
1845.

*

II.
Anleitung,
in acht Tagen Münchens vorzüglichste Sehenswürdigkeiten
kennen zu lernen.

Erster Tag.
Vormittag.

Um einen Totaleindruck einer fremden Stadt in sich aufzunehmen, auf gewisse Weise ihre pittoreske Physiognomie kennen zu lernen, und vom Allgemeinen zum Specielleren besonnen überzugehen, ist es einem jeden Reisenden zu rathen, vor allem eine Fahrt durch ihre Hauptstraßen und Plätze zu machen. [...]

Durch Säulengänge sind mit der Kirche [= Ludwigskirche] zwei, auch in italienischem Style erbaute Häuser verbunden, von denen das nördliche von dem Geistlichen, das südliche von dem Oberbaurath v. Gärtner bewohnt wird, nach dessen Plane und unter dessen Leitung auch das darauf folgende Hof- und Staatsbibliothek- und Reichsarchiv-Gebäude im byzantinisch-florentinischen Styl aufgeführt wurde. Dieß Gebäude, dessen Grundstein am 8. Juli 1832 gelegt wurde, besteht aus vier zusammenhängenden Flügeln und einem prächtigen Treppenbau, durch welchen zwei innere Höfe gebildet werden. Die in schönen Verhältnissen sich erhebende Façade ist 518 Fuß lang und 85 Fuß hoch, hat 72 Fenster, und ist mit einem Consolengesims gekrönt. Auf den Pfeilern der Freitreppe vor dem Portal sind die sitzenden Kolossalstatuen des Homer, Hippokrates, Thucydides und Aristoteles, von Sanguinetti und Mayer in Kalkstein ausgeführt, angebracht. (Das Innere s. 4ter Tag.) [...]

Vierter Tag.
Vormittag.

[...] Von hier aus besuchen wir die kgl. Hof- und Staatsbibliothek, deren Aeußeres wir S. 30 beschrieben. Es bildet hinten ein großes länglichtes Viereck, dessen lange Seiten durch einen Mittelbau verbunden sind, so daß der innere Raum in zwei Höfe sich theilt. Treten wir bei den drei Thoren ein, so befinden wir uns in der von vier Säulen getragenen Vorhalle, in deren Hintergrunde drei große Thüren in das Stiegenhaus führen, das fast den ganzen Mittelbau einnimmt. Dasselbe gewährt einen überraschenden Anblick. In drei Längentheile zerfallend, steigt im mittlern eine lange, breite, marmorne, mit Teppich belegte Treppe in zwei Absätzen sanft empor. Die Wände sind mit polirtem Marmor belegt; unten am Anfang zu beiden Seiten auf rothen Säulen Bogen, durch welche man in die Höfe gelangt. In der Höhe des ersten Stocks laufen rechts und links acht Marmorsäulen, hinter denen die breiten Corridors sind, die den Vorder- mit dem Hinterbau verbinden. In dem Sprengwerk des Mittelschiffs dieser tempelähnlichen Stiegenhalle sind viele Figuren gemalt, unter denen ganz oben links der jetzige Direktor Herr Hofrath v. Lichtenthaler, rechts der Baumeister Herr v. Gärtner. In dem an die Treppe anstoßenden Raum befinden sich die für die Verwaltung und den Dienst des Publikums bestimmten, durch erwärmte Luft heitzbaren Lokale, worunter sich der von Säulen getragene, prächtige Lesesaal (Arbeitssaal der die Bibliothek Benützenden) und der Saal mit den Büsten bayrischer Herzoge auszeichnet. Den übrigen Raum der 2 Stockwerke des Gebäudes nehmen die 77 Säle der Bibliothek selbst ein. Die Bücher sind an den Wänden aufgestellt und ringsum laufen zur bequemern Erreichung zwei Gallerien über einander, welche durch Treppen in der Wand mit einander und mit den Sälen des obern Stockes verbunden sind. Von den Ecksälen kann man durch die ganze Linie des Gebäudes durchsehen.

Die Bibliothek ist Montags, Mittwochs und Freitags von 8-1 Uhr geöffnet. Für das Ausleihen und Zurückbringen der Bücher sind die Stunden von 9-1 Uhr bestimmt, und für die Besichtigung 10-1 Uhr, wo man sich dann vor dem Stundenschlag einzufinden hat, um nicht etwa bis zur nächsten warten zu müssen. Ausser dem Direktor sind ein Ober-, ein Unterbibliothekar, 4 Custoden, 2 Sekretäre, und zwei Scriptoren angestellt.

Ueber Eintheilung, Inhalt und Benützung der Bibliothek findet man das Nähere in der von Herrn Custos Schmeller verfaßten allgemeinen Auskunft (München 1843), noch Ausführlicheres, besonders über ihre Entstehung, in »Steigenbergers historisch-literarischem Versuch von Entstehung und Aufnahme der kurfürstlichen Bibliothek in München«.

Den ersten Grund zu der jetzt so reichen Sammlung legte schon Herzog Albrecht V. 1550-79. Seit dem Anfang dieses Jahrhunderts erhielt sie bedeutenden Zuwachs.

Die in zwölf Classen abgetheilte Masse gedruckter Bücher zählt 400,000 Werke, also noch mehr Bände, (darunter Incunabeln, vor 1501 gedruckt, Werke auf Pergament, chinesische Bücher). Durch mehrere Bezeichnungen der Bände, so wie durch Specialcataloge und einen Generalcatalog von 57 Folianten ist das Aufsuchen und der Nachweis über das in diesem oder jenem Fach und Artikel Erschienene sehr erleichtert. Die Sammlung der Handschriften beläuft sich ungefähr auf 22,000 (580 griechische, 268 orientalische, 313 hebräische, 14,000 lateinische, 4000 deutsche, 242 Bilderhandschriften). Ein Theil derselben ist im Saal der Cimelien oder Kostbarkeiten. Man sieht da Werke von sehr hohem Alter, mit kunstreichen Gemälden, in Einbänden mit Gold, Silber und Edelsteinen. Unter andern:

einen Koran von Pergament mit goldenen Buchstaben; mehrere persische Gedichte in Handschriften, mit Miniaturen; eine braminische Handschrift; malabarische Handschriften auf Palmblättern; die Divans von Hafis und Sadi u.s.w.

Von griechischen Handschriften erwähnen wir: die Perikopen der Evangelien in Uncialschrift aus dem 9ten Jahrhundert; ein Psalterium; die Reden des Demosthenes auf Baumwollenpapier aus Chios.

Von lateinischen nennen wir: eine Uebersetzung der vier Evangelien, den Codex Alaricianus aus dem Anfang des 6ten Jahrhunderts. Ferner aus späterer Zeit: die Uebersetzung des Dioskorides in lombardischer Schriftform; die Evangelien mit Gold und Silber auf Purpurpergament geschrieben (9tes Jahrhundert); die Wachstafeln, nach Art der altrömischen, aus dem 15ten Jahrhundert u.s.w.

Von ältern deutschen Handschriften führen wir an: Otfrids evangelische Geschichte in Reimen, zu Freising 883 – 906 geschrieben; das Lied der Nibelungen von etwa 1235. Aelter noch sind die, durch eigenthümliche Züge merkwürdigen Handschriften des Parcival, von Wolfram von Eschenbach, und des Tristan. Noch sind zu nennen: die einzige noch vorhandene Handschrift von Ulrich von Lichtensteins Frauendienst und zwei Abschriften des Rechtsbuchs K[aiser] Ludwigs des Bayern, von etwa 1350 – 65. Von neuern Handschriften heben wir aus: Autographien von Aventin, Luther und Melanchton; zwei Theaterstücke Calderons mit seiner eigenhändigen Unterschrift u.s.w.

Von Handschriften, die sich durch besondern Kunstwerth auszeichnen, führen wir an: Drei Evangeliarien und ein Missale von Kaiser Heinrich dem Heiligen, die er dem Bamberger Dom geschenkt, und die mit Elfenbein, Perlen, Edelsteinen und Malereien geziert sind; ferner die Evangelien mit Goldbuchstaben, geschrieben in Auftrag Kaiser Karls des Kahlen; das Turnierbuch Herzog Wilhelms IV., Orlando di Lasso's 7 Bußpsalmen mit Randgemälden von Johann Mülich aus München, 1565 – 70; ein im Jahre 1515 gedrucktes Andachtsbuch mit Randzeichnungen von Dürer und Cranach u.s.w.

Unter den gedruckten Werken nennen wir zuerst 50 Numern xylographischer Denkmale, 148 Numern auf Pergament gedruckter Bücher, darunter das Faust-Schöfferische »Duranti Rationale divinorum officiorum 1459«; Luthers Bibel mit seinem und Melanchtons Bildniß von Cranach.

Von den Incunabeln findet man ohne Jahrzahl 4000 Werke, dann aber, bis zum Jahre 1500, 7000 Numern, chronologisch geordnet. Das älteste typographische Denkmal darunter ist zu Ende 1454 gedruckt und enthält eine Aufforderung, sich gegen die Türken zu waffnen.

Im Uebrigen enthält die Bibliothek eine große Anzahl wahrer Prachtwerke und Seltenheiten aller Art.

[Textzitat S. 8, 30, 100 – 103]

◊

Dem Verfasser haben (wie er im Vorwort ausführt) »Die bekannten Fremdenführer: cinq jours à Venise, huit jours à Paris, und ähnliche ... zum Muster gedient.« Da er die Ludwigstraße für »die schönste Straße Münchens« ansieht, ist es kein Wunder, daß er schon bei der Vorbeifahrt am Vormittag des ersten Tages das Gebäude der Hof- und Staatsbibliothek mit dem

Abbildung 12
Hof- und Staatsbibliothek in der Ludwigstraße. Lithographie von G.W. Kraus, 1843

»prächtigen Treppenbau« erwähnt und diesen beim Besuch des Innern am Vormittag des dritten Tages als »tempelähnliche Stiegenhalle« beschreibt. – Der Stadtführer »Acht Tage in München« ist im Jahre 1834 zum erstenmale erschienen und offensichtlich sehr beliebt gewesen, da er 1863 in zehnter Auflage herauskam. Ein Faksimile-Nachdruck dieser Ausgabe von 1863 erschien im Jahre 1983. – Ab der im Jahre 1862 erschienenen 9. Auflage ist der bekannte Münchner Kunsthistoriker Georg Kaspar Nagler (1801 – 1871) als Bearbeiter genannt; ob er auch schon die früheren Auflagen betreut hat, ist nicht sicher. Ab der 13. Auflage tritt Carl Wetzstein als Bearbeiter von »Nagler's München« auf.

Im Vorwort des von Johann Andreas Schmeller verfaßten, aber stets ohne Nennung seines Namens veröffentlichten **Bibliotheksführers** heißt es: »Lange schon ist das Bedürfniss fühlbar gewesen, ein paar gedruckte Bogen bereit zu haben, aus welchem sich Jeder, der die K[önigliche] Bibliothek besucht, über ihr Verhältnis zum Publicum überhaupt, über das Wesentlichste in ihrem Bestande und ihre Einrichtung, so wie darüber, was darin etwa ein Gegenstand vorübergehender Besichtigung seyn möchte, selbst belehren könnte. Diesem Bedürfnisse, bis die ausführlichen Nachweisungen erscheinen können, die die Bibliothek namentlich über ihre handschriftlichen Schätze zur Bekanntmachung vorbereitet, einigermassen entgegen zu kommen, ist durch gegenwärtige Blätter ein Versuch gemacht.« – Ab der zweiten Auflage ist das Vorwort zum Bibliotheksführer durch das folgende, berühmt gewordene Gedicht Schmellers ersetzt (Schmeller, 1846 und 1851):

Von Tausenden das geistige Vermächtniss
an Schätzen aller Art,
es liegt da aufbewahrt
zum Frommen uns, den Gebern zum Gedächtniss.

Was je in guter, was in böser Stunde
der Mensch erkannt, erdacht,
geglaubt, gewollt, vollbracht,
dess gibt geschrieben Wort uns reiche Kunde,

dass von Geschlechte zu Geschlecht' es erbe,
dass höher fort und fort
getragen durch das Wort,
ob auch die Menschen, doch der Mensch nicht sterbe.

Mit dem **Generalkatalog** von 57 Folianten ist der Alphabetische Katalog gemeint; er geht auf die Titelaufnahmen (»Titelcopien«) zurück, die von 1814 bis 1832 auf einzelne Quartblätter geschrieben und ab 1833 in 57 Folianten umgeschrieben wurden. Nach § 6 der Bibliotheksgesetze vom 31. Dezember 1828 durften Benützer die »eigentlichen Bibliotheks-Localitäten« nur im Beisein eines Bibliotheksangestellten betreten; somit konnte der »daselbst aufliegende grosse Catalog« nur im Ausnahmefall und im Beisein eines Bibliothekars eingesehen werden. Dieser Katalog – offiziell »Librorum impressorum bibliothecae regiae Monacensis catalogus nominalis«, sonst aber wegen seiner äußeren Form bis heute »Bandkatalog« genannt – wurde ab 1841 nicht mehr weitergeführt, war aber weiterhin der einzige Nachweis der bis 1840 erworbenen Bücher. Seit 1982 wurde dieser Katalog (einschließlich der drei Bände mit Personalrückweisen und den zehn Bänden des bis 1835 entstandenen Spezialkatalogs für Dissertationen) in maschinenlesbare Form gebracht und steht heute sowohl als Buchkatalog wie auch als Online-Datenbank zur Verfügung.

Der **Zimeliensaal** (»Saal der Cimelien oder Kostbarkeiten«) befand sich im nördlichen Eck des Westtraktes. Neben den hölzernen Repositorien an den Wänden waren in der Mitte des Raumes sechs Schaukästen (Pulte) aufgestellt, in denen die »Cimelien« oder »Bibliotheksschätze« ausgestellt waren. Außerdem wurden in diesem Saal auch die »ungewöhnlichen« Handschriften in den Regalen der beiden Galerien und in vergitterten Schränken aufbewahrt. Johann Andreas Schmeller war bereits im Jahre 1837 mit der Planung des Zimeliensaales im Neubau an der Ludwigstraße beauftragt worden. Seine Aufgabe bestand darin »diese Cimelien so unterzubringen, daß der stäts zunehmenden Zahl der Schaulustigen die ansprechendsten in so manchen Beschreibungen und Wegweisern von München bereits namhaft gemachten Gegenstände auf die den Gegenständen selbst unschädlichste so wie auf die für das literate Personal am wenigsten zeitraubende Weise, und dazu in einer gewissen für die Beschauer lehrreichen Ordnung vor Augen lägen ...« (Notiz Schmellers im Zimelien-Repertorium aus dem Jahre 1843; nach: Johann Andreas Schmeller, 1985, S. 175). – Der Münchner Zimeliensaal ist das früheste Beispiel einer Dauerausstellung. Diesem Beispiel folgten bald danach die Bibliotheken in Wien 1846 und London 1851 (nach: Dachs, 1984, S. 84).

25. Rudolph und Hermann Marggraff
1846

München
mit seinen
Kunstschätzen und Merkwürdigkeiten,
nebst
Ausflügen in die Umgegend,
vornehmlich nach
Hohenschwangau und Augsburg.
Neuestes und vollständigstes Handbuch
für
Fremde und Einheimische

von
Rudolph und Hermann Marggraff.

München,
Joseph A. Finsterlin.
1846.

*

Königl. Hof- und Staatsbibliothek.

Die Bibliothek, nach v. Gärtners Plänen und Entwürfen ausgeführt, ist eines der schönsten und vollendetsten Bauwerke des neueren Münchens. Dieß gewaltige, aus vier Flügeln bestehende, drei Stockwerk hohe Gebäude, welches zwei innere Höfe einschließt, ist 518 F[uß] lang, von einer Seite zur andern 261 F. tief und sammt dem Gesims 85 F. hoch. Das Ganze trägt florentinischen Charakter und ruht auf einem mächtigen, griechisch profilirten Sockel von tief fugirten Spiegelquadern mit hydraulischem Cementüberzuge. Die Mauern bestehen bis ans Dach aus unbeworfenen Ziegeln. Unter der mittleren Fensterreihe befindet sich ein horizontal durchlaufendes Schmuckband in Form von Diamantsteinen, unter der obern ein solches, dreikantig gezahnt. Den Bau krönt ein schönes florentinisches Consolengesims mit gekropfter Unterleiste; die Consolen sind mittelst kleiner rothgefärbter Rundbogen verbunden, die Fenster mit quadrirten Rundbögen geschlossen und durch Stab und Bogen getheilt. Durch die sinnreichen und geschmackvollen Verhältnisse erscheint der Eindruck des Ganzen zwar mächtig und kraftvoll, aber keineswegs schwerfällig, sondern anmuthig und harmonisch. Vor dem Eingange befindet sich eine Freitreppe mit doppeltem Aufgang und den 8 F. hohen sitzenden Statuen des Homer und Thukydides von E. Meyer, sowie des Aristoteles und Hippokrates von Sanguinetti. Vorzüglich sehenswerth ist das 70 F. hohe, prachtvolle Treppenhaus. Durch einen breiten Zugang, über welchem eine al fresco gemalte allegorische Darstellung Wissenschaft, Religion und Kunst in ihrer Vereinigung zeigt, gelangt man über eine breite und hohe Marmorstiege zu dem Eingange der Geschäftslokalitäten, neben welchem die Marmorbildsäulen Albrechts V. und Ludwigs I. als der beiden Hauptstifter sich befinden. Die gewölbte Decke über der breiten, marmornen Stiege ist mit Freskomalereien von Nilson geschmückt, die in schönen Allegorien die verschiedenen Wissenschaften darstellen, unter deren Vertretern man zunächst dem Eingange in die Säle einerseits Hrn. von Lichtenthaler, Direktor der Bibliothek, anderseits Hrn. von Gärtner als Baumeister erblickt. Oben an der Wand der Säulenkorridore, welche längs der Treppe hinlaufen, sind Medaillonbildnisse von Gelehrten aller Zeiten und Völker angebracht. Durch diese Seitengänge gelangt man, nach dem vordern Hauptflügel sich wendend, in den Saal der Stifter, dessen gewölbte Decke von vier, mit schönen Kapitälen versehenen Säulen getragen wird. Hier befinden sich die Büsten von Ludwig dem Reichen, Georg dem Reichen, Albrecht IV. und V., Wilhelm IV. u. V., Churf. Maximilian I., Ferdinand Maria, Max III., Karl Theodor, König Max Joseph I. und König Ludwig I. Das untere Stockwerk dient zur Aufbewahrung des Reichsarchivs, die beiden oberen umfassen die sehr geräumigen Geschäftslokalitäten der Bibliothek mit dem Lesezimmer und dem Büchersaale, welche letztere durch beide Stockwerke reichen und durch zwei Galerien in drei über einander liegende Räume getheilt sind. Durch Treppen, welche innerhalb der Mauern liegen, kann man beliebig von einem Zimmer und einer Galerie zur andern gelangen.

Der Gründer so vieler trefflicher Institute, Albrecht V., war auch der Stifter der Münchner Bibliothek, die unter den europäischen Bibliotheken einen vorzüglichen, in vieler Hinsicht den ersten Rang einnimmt. Wilhelm V. vermehrte sie bis auf 11,000 Werke. Eine unter Maximilian I. 1618 vorgenommene Zählung ergab 17,046 gedruckte Bücher, 275 griechische und 723 lateinische Handschriften. Maximilian Joseph III., der den churfürstlichen Bücherschatz aus den Bibliotheken des aufgelösten Jesuitenordens wesentlich bereicherte, legte 1763 den Grundstein zu einem neuen, jedoch nicht zur Ausführung gekommenen Bibliothekgebäude, welches die Hinterseite des damaligen Akademiegebäudes (jetzigen Freiherrlich v. Cotta'schen Hauses) einnehmen sollte. Karl Theodor verlegte sie in das Gebäude des Jesuitencollegiums 1784. König Maximilian vereinigte mit ihr 1803 die Mannheimer Hofbibliothek und die Bibliotheken der aufgehobenen Stifte und Klöster, König Ludwig die große Sammlung chinesischer Werke des Prof. Neumann und andere Erwerbungen. Gegenwärtig zählt sie an gedruckten Büchern etwa 100,000 Werke oder gegen 800,000 Bände, eine große Anzahl von Incunabeln, d.h. vor 1501 gedruckte Bücher, 50 alte Holzschnittwerke, 22000 Handschriften, hierunter 268 orientalische, eine Menge marokanisch geschriebene arabische Handschriften zum Theil von sehr hohem Alter, 313 hebräische und rabbinische, 580 griechische, 14000 lateinische, 4000 deutsche, 500-600 französische, 400-500 italienische, 68 spanische, einige slavische, englische, schwedische, ungarische und 1 esthische.

Die Hauptsehenswürdigkeiten für den Fremden enthält der sogenannte Saal der Cimelien oder Kostbarkeiten im ersten Stock. Von den hier unter Glas liegenden Schaustücken mögen angeführt sein: Nro. 1. Tabulae ceratae (mit Wachs überzogene Holztafeln), bekanntlich eines der ältesten Mittel, deren man sich zum Schreiben bediente. Mehrere solche mit einander verbundene Tafeln bildeten einen Codex (Klotz), im Gegensatz zu Volumen (Rolle). Nro. 2. Codex purpureus, auf violettes Pergament geschriebene Evangelien aus dem 9. Jahrh. Auf fol. 24 und 196 alterthümliche Malereien. Nro. 5. Codex traditionum ecclesiae Ravennatis aus dem 10. Jahrh., auf Papyrus. Nro. 6 auf chinesisches aus den Fasern des Bambusrohres bereitetes Papier gedruckte »Namen und Sprüche des Fo.« Nro. 10. Malabarisches Manuscript, auf Palmblätter geritzt, die mittelst einer durchgezogenen Schnur zusammengehalten werden. Nro. 11. Werk in Sanskrit auf gewobenem schwarzem Zeug, mit weißen Buchstaben. Nro. 12. Breviarium Alarici, Gesetzbuch Theodosius des Jüngern, ein auf Befehl des Westgothenkönigs Alarich in Spanien daraus gemachter Auszug. Halbuncialschrift aus dem 7., wo nicht 6. Jahrh. Nro. 15. Dioscorides de simplici medicina. Lat. Uebersetzung mit lombardischer Schrift und gemalten Figuren, aus dem 8. Jahrh. Nro. 16. S. Augustini homilia LXVIII., mit angelsächs. Schrift, aus dem 8. Jahrh., der Hand des h[eiligen] Corbinian zugeschrieben. Nro. 17. Manuscript mit einem Runen-Alphabet am Schlusse. Nro. 18. De inventione S[anctae] Crucis, Pergamentschrift mit Malereien. Auf Fol. 65 und 66 das berühmte »Wessobrunner Gebet«, geschrieben vor 814. Nro. 19. S[ancti] Augustini sermo de symbolo, vom Salzburger Bischof Adalram Ludwig dem Deutschen in dessen Jugend zum Geschenk gemacht; auf die leeren Blätter sind, vielleicht von Ludwig selbst, Theile eines deutschen alliterirten Gedichts vom jüngsten Gericht (Muspilli) geschrieben, aus dem 9. Jahrh. Nro. 20. Altniederdeutsche Evangelienharmonie (Hêliand) aus dem 9. Jahrh. Nro. 21. Althochdeutsche Evangelienharmonie von Otfried von Weissenburg, zwischen 883 und 906 zu Freising geschrieben. Nro. 22. Manuscript, worin auf Fol. 26 ff. arabische Ziffern, die ältesten, die vielleicht in Deutschland vorkommen. Nro. 33. Evangelien-Codex aus dem ehemal. Reichsstift St. Emmeran in Regensburg, mit goldenen Uncialbuchstaben, auf Befehl Kaiser Karls des Kahlen 870 geschrieben, Kirchenbuch der Abtei St. Denis in Paris, kam von hier um 888 als Geschenk Kaiser Arnulphs nach St. Emmeran, wo Abt Romuald 975 es mit einem kostbaren Deckel versehen ließ, der aus einer mit Perlen und Edelsteinen eingefaßten und mit 9 getriebenen Bildern geschmückten Goldplatte besteht. Dieß Prachtwerk hat Sanftl in einer eigenen Dissertation von 252 S. (Regensb. 1786 in 4°) beschrieben. Nro. 34. Evangelien mit Gemälden, auf beiden Deckeln Bilder aus Elfenbein, angeblich für den h[eiligen] Ulrich, Bischof von Augsburg (923 – 973) oder von ihm selbst geschrieben (?). Nro. 35. Evangelienbuch des 12. Jahrh. aus dem Kloster Niedermünster zu Regensburg mit Malereien. – Aus dem Domschatze von Bamberg, zum Theil Geschenke Kaiser Heinrichs II., stammen: Nro. 36. (aus dem 9. Jahrh.); Nro. 37. (Evangelienbuch) und Nro. 40. (Meßbuch), beide um 1014 geschrieben und mit Elfenbeinschnitzwerken am Deckel und mit Malereien versehen, die zum Theil dieselben Gegenstände darstellen, z. B. die Krönung Heinrichs II. und Kunigundens, die Huldigung der Völker u. dgl.; ferner 38. und 39. (jenes aus dem Anfang, dieses aus der zweiten Hälfte des 11. Jahrh.). – Nro. 41. Lat. Gebetbuch Ludwigs des Bayern. – Nro. 42. Lat. Gebetbuch, für Herzog Albrecht IV. von Bayern von Antonius Sinibaldi zu Florenz (1485) geschrieben und mit Gemälden und prachtvollem Deckel versehen. – Nro. 43. Lat. Gebetbuch mit 16 Miniaturbildern, aus der Zeit, vielleicht von der Hand H. Memlings. – Nro. 44. Lat. Kalender. – Nro. 45. Lat. Gebetbuch von 1574. – Nro. 47. Herzog Wilhelms IV. Turnierbuch, v. H. Ostendorfer zu Regensburg 1541 bis 1544 gefertigt. (Herausg. 1817 bis 1828 bei Finsterlin.) – Nro. 48. Miniaturbuch Anna's, der Gemahlin Herz. Albrechts V., von H. Mielich, 1552 bis 1555. – Nro. 49. Sibyllen und Propheten aus dem 16. Jahrh. – Nro. 50. Das berühmte Gebetbuch Kaiser Maximilians mit Randzeichnungen von A. Dürer, nebst Handrissen von Luc. Cranach. (Herausg. 1808 und später). – Außerdem befinden sich hier sehr alte Druckproben, hierunter eine Mahnung der Christenheit gegen die Türken vom J. 1455, wahrscheinlich zu Mainz gedruckt; die erste lateinische Bibel von Guttenberg und Fust (zwischen 1450 und 1455); Nro. 55. Durandi rationale divinorum officiorum, vom J. 1459, das einzige bekannte Exemplar, welches auf Papier und nicht wie die übrigen auf Pergament gedruckt ist; Nr. 57 ein italienischer Commentar über Dante's Comedia (Flor.

1481) als ältestes Druckwerk mit Kupferstichen. Bemerkenswerth ist noch der Pergamentdruck Nro. 59: die Lutherische Bibel von Hans Lufft (1561), mit den Bildnissen Luthers, Melanchthons und des Churfürsten von Sachsen von L. Cranach. – Wegen ihres großen Formats liegen einzeln auf: eine lat. Bibel, 1428 geschrieben, mit Miniaturen; ein Prachtband, enthaltend 7 Bußpsalmen mit Musik von Orlando di Lasso und Malereien von H. Mielich (1565); Hektor Maiers von Augsb. lat. Unterricht im Ringen und Kämpfen zu Fuß und zu Pferde mit illuminirten Zeichnungen in 2 Bänden (1576). – An der östlichen Wand ist in einem der untern Schränke eine 1688 im türk. Lager von Ofen erbeutete große metallene Schüssel zu sehen, worauf mit Silber ausgelegte Darstellungen von allerlei Kampf- und Jagdscenen und eine arab. Inschrift. – Unter den ältern deutschen Handschriften befinden sich viele sehr wichtige: Willirams hohes Lied (11. – 12. Jahrh.), Nibelungenlied, W. von Eschenbachs Titurel und Parcival, Gottf. v. Straßburg's Tristan (mit Bildern, aus dem 13. Jahrh.), Ulrich von Lichtenstein's Frauendienst (einzige noch vorhandene Handschrift). Beachtenswerth sind auch die mancherlei Autographa von Aventin, Balde, Calderon, A. Dürer, Friedrich V. von der Pfalz (Briefe an seine Gemahlin Elisabeth von England), Luther, Melanchthon, Raphael Sanzio (Noten zu einem Manuscripte des Vitruv).*

[Textzitat S. 476–482]

◇

Hermann Marggraff (∗ 1809 in Züllichau, † 1864 in Leipzig) war Dichter und Schriftsteller. Er »machte zwar seine Prüfung als Gymnasiallehrer, ging aber gänzlich zur journalistischen Thätigkeit über, redigirte das Berliner ›Conversationsblatt‹ und schriftstellerte dann in Leipzig weiter. Mit seinem älteren Bruder Rudolf kam M[arggraff] nach München, schrieb für die ›Fliegenden Blätter‹, die ›Grenzboten‹ und die ›Allgemeine Zeitung‹ in Augsburg, ging zur Redaction der ›Deutschen Zeitung‹ nach Heidelberg (1847) und Frankfurt, später nach Hamburg (1851), endlich 1853 nach Leipzig ...« – Sein Bruder Rudolf Marggraff (∗ 1805 in Züllichau, † 1840 in Freiburg im Breisgau) war Kunsthistoriker und schöngeistiger Schriftsteller. »Auf einer mit seinem Bruder nach Süddeutschland unternommenen Reise ließ er sich in München nieder, schrieb zahlreiche Artikel über das dortige Kunstleben, gab die sehr gute Abhandlungen enthaltenden ›Münchener Jahrbücher‹ (Leipzig 1838 bis 1842) heraus ... Im Jahre 1841 wurde M[arggraff] als Professor der Kunstgeschichte und Aestethik, zugleich als Secretär an der königl. Akademie der bildenden Künste angestellt und bekleidete sein Amt bis 1855, wo er in den verdienten Ruhestand versetzt wurde« (Allgemeine deutsche Biographie).

Die Brüder Marggraff stützten sich bei der Aufzählung und Beschreibung auf den von Johann Andreas Schmeller verfaßten und 1843 zum erstenmal erschienenen Bibliotheksführer, wie auch die meisten späteren Beschreibungen der Bibliothek.

Die beiden großen **Marmorstandbilder**, Herzog Albrecht V. und König Ludwig I. darstellend, stammen von Ludwig Schwanthaler. Der Marmor kam aus den noch heute bekannten Steinbrüchen von Schlanders in Südtirol. Seit dem Wiederaufbau der Bibliothek nach dem Zweiten Weltkrieg stehen sie auf einem niedrigeren Sockel und nach außen in die Seiten-

---

* S. »Ueber die K. Hof- und Staatsbibliothek für Besucher derselben.« München 1843. 8°

gänge gerückt. Da anstelle des früheren Vorraumes zum Lesesaal die seitlichen Gänge nach dem Zweiten Weltkrieg um zwei Bogenstellungen erweitert wurden, ist der Platz oberhalb der Treppe deutlich vergrößert worden. Das Areal des früheren Lesesaales dient heute als Vorraum des Allgemeinen Lesesaales, weil der Lesesaal in den an der Ostseite errichteten Neubau verlegt wurde.

Die **Medaillonbildnisse** befanden sich in den Lünetten über den Fenstern in den beiden die Treppe flankierenden Korridoren des ersten Stockwerkes. Es sind Reliefporträts von 18 Gelehrten und Schriftstellern, deren Auswahl auf König Ludwig I. selbst zurückgeht, und die (wie die vier Statuen auf der Freitreppe) der Geschichte, der Dichtung, der Philosophie und den Naturwissenschaften zuzuordnen sind:

(im nördlichen Korridor)
Platon (428/7 – 348/9 v. Chr.)
[?] Herodot (nach 490 – nach 430 v. Chr.)
Publius Vergilius Maro (70 – 19 v. Chr.)
Publius Cornelius Tacitus (um 55 – nach 115)
Dante Alighieri (1265 – 1321) [in Frontalansicht]
Nikolaus Kopernikus (1473 – 1543)
Tycho de Brahe (1546 – 1601)
[?] Luis de Camoëns (1524/25 – 1580)
Isaac Newton (1643 – 1727)
(im südlichen Korridor)
William Shakespeare (1564 – 1616)
Galileo Galilei (1564 – 1642)
Johannes Kepler (1571 – 1630)
Pedro Calderón de la Barca (1600 – 1681)
Pierre Corneille (1606 – 1684) [in Frontalansicht]
Carl von Linné (1707 – 1778)
Johannes von Müller (1752 – 1809, der »Thukydides der Deutschen«)
Johann Wolfgang von Goethe (1749 – 1832)
Friedrich von Schiller (1759 – 1805)

Die Medaillons wurden nach dem Zweiten Weltkrieg nicht mehr angebracht und liegen heute leicht beschädigt in einem Kellerraum der Bayerischen Staatsbibliothek. Bei den zwei mit Fragezeichen aufgeführten Medaillons ist der Name nicht mehr lesbar.

Über den **Fürstensaal** (»Saal der Stifter«) in der Mitte des ersten Stocks an der Straßenfront äußert sich Johann Andreas SCHMELLER in seinem Tagebuch am 14. Mai 1843 so:

> Auffallend, daß man noch nicht weiß was mit dem der prächtigen Treppe entsprechenden sogenannten Königssaal anzufangen. Etwas muß denn doch hineinkommen. Die Bildnisse von 12 bayrischen um die Bibliothek verdienten Fürsten, wie der König jetzt will, sind wol etwas Unmögliches, da Albertus Magnanimus [= Albrecht V.] und Ludovicus Magnificus [= Ludwig I.] an der Treppe stehen sollen, und von andern nur Max I und Karl Theodor etwas Namhaftes in dieser Hinsicht gethan haben. Ich schlage vor, die Bildnisse oder doch die Wappen oder Namen aller Personen oder Körperschaften, aus deren

Abbildung 13
Ludwig I., König von Bayern. Marmorstandbild von L. Schwanthaler, 1843

Sammlungen unser Vorrath erwachsen ist, in diesem Saale als dem der Stifter auf geeignete Weise anzubringen, und zugleich Raum zu lassen für Andere, die sich durch großmüthige Schankungen solcher Ehre sollten theilhaftig machen wollen. Es wird dieser, wie jeder andere meiner Vorschläge, übers Dach geblasen. Es sey!
(Schmeller, Band 2, 1956, S. 340)

Die im Fürstensaal aufgestellten zwölf Büsten bayerischer Regenten, die sich um die Bibliothek verdient gemacht haben, stellten dar (nach: Krebber, 1987, S. 36):

Herzog Ludwig den Reichen (1450–1479)
Herzog Albrecht IV. (1467–1508)
Herzog Wilhelm V. (1579–1598)
Kurfürst Ferdinand Maria (1651–1679)
Kurfürst Karl Albrecht (1726–1745)
Kurfürst Karl Theodor (1777–1799)
Herzog Georg den Reichen (1479–1503)
Herzog Wilhelm IV. (1508–1550)
Kurfürst Maximilian I. (1598–1623)
Kurfürst Max Emanuel (1679–1706)
Kurfürst Maximilian III. Joseph (1745–1777)
König Max Joseph I. (1799–1825)

Die Büsten sind um das Jahr 1935 entfernt worden und heute nicht mehr nachweisbar. Der Raum heißt aber auch heute noch Fürstensaal; er dient seit dem Ende des 19. Jahrhunderts zeitweise für Ausstellungen.

Am 17. Mai 1843 notiert Schmeller, wie es dazu kam, daß auch der Direktor der Hof- und Staatsbibliothek Philipp Lichtenthaler auf den **Deckenfresken** des Stiegenhauses festgehalten wurde:

Um 6 Uhr Abends vom Revidiren der Catalogi mit dem Arbeiter Berber herabgehend die Prachttreppe, die noch von allen Seiten mit Gerüsten für Gypser, Pflasterer, Steinhauer und Maler umbaut und voll Bauschutt ist, höre ich mir von oben her zurufen: Festina lente. Es ist Director Lichtenthaler, zu welchem eben der Bauzeichner ... und der Diener Schupp auf einer Leiter vom Malergerüst niedersteigen, letzterer mit den Worten: Es ist so, unverkennbar! Ich mag darüber ein neugieriges Gesicht gemacht haben, kurz Director L. vertraute mir, wie ein selbst und nicht ganz angenehm Überraschter, daß da oben auch seine »eigene Larve« figuriren werde. Man werde denken, daß er selbst darum gewußt und es ihm als Eitelkeit zurechnen. Das sey nicht der Fall. Der König habe nun einmal des Baumeisters und des Bibliothekars Bildnisse anzubringen befohlen. Dagegen würde auch kein Remonstriren geholfen haben. Daraus, daß ihm von Seite des Königs einmal ein schlecht gemaltes Porträt von sich abgefordert worden, habe er nicht entnehmen können, was damit gemeint sey.
(Schmeller, 1956, Band 2, S. 340)

Die Malereien am Gewölbe des Treppenhauses stammten von Friedrich Christoph Nilson (1811–1879); sie stellten die Wissenschaften mit ihren Attributen dar. Die Gestalten waren Porträts von Münchner Zeitgenossen, beispielsweise Friedrich von Gärtner (1792 – 1847, Architekt der Bibliothek), Franz von Pocci (1807 – 1876, Dichter, Zeichner und Musiker), Wilhelm von Kobell (1766 – 1855, Maler) und Karl von Martius (1794 – 1868, Naturforscher und Ethnograph) (nach: Eggert, 1963, S. 72).

Mit dem Ankauf von etwa 3.500 Bänden im Jahre 1833, die der Sinologe Karl Friedrich NEUMANN (1793 – 1870) in China erworben hatte, wurde der Grundstock für die heutige Ostasien-Abteilung gelegt; diese Sammlung konnte 1851 durch 2.700 Bände aus dem Besitze von Onorato Martucci (1774 – 1846) und 1858 durch die umfangreiche Quatremère-Bibliothek erweitert werden. Als Neumann im Jahre 1831 mit rund 6.000 Bänden aus China zurückkehrte, ging fast die Hälfte an die Königliche Bibliothek in Berlin, die ihm 1.500 Reichstaler vorgestreckt hatte. Da München nicht bereit war, ihm den Rest abzukaufen, war er schließlich damit einverstanden, die Bücher gegen eine Professur (er wurde damit im Jahre 1833 der erste Vertreter der Sinologie an der Münchner Universität und in Deutschland) und den Titel eines Konservators der Chinesischen Sammlung an die Bibliothek abzutreten.

26. François-Joseph Fétis
1849

16e Année. No. 46. 18 Novembre 1849.

REVUE
ET
GAZETTE MUSICALE
DE PARIS.

*

CINQUIEME LETTRE
au directeur de la GAZETTE MUSICALE de Paris.

Bruxelles, 12 novembre 1849.

Mon cher Monsieur,

Le vif regret que j'avais éprouvé en quittant Leipsick ne fut adouci que par le vertige d'admiration qui s'empara de moi à la vue des trésors d'art qui s'offrirent à mes yeux dans la vieille ville impériale de Nuremberg. [...]

Me voici à Munich, cette ville double, dont une, c'est-à-dire l'ancienne, contient une population, et dont l'autre, improvisée par le dernier roi (Louis), magnifique, monumentale, peut être à bon droit appelée la ville morte; car ses immenses rues sont désertes, ses palais semblent des tombeaux; et je ne sais quelle mélancolie de sépulcre vous saisit en y entrant. Ce bon roi Louis; qui, par ses complaisances pour une femme indigne de sa royale tendresse, a perdu son trône avec sa popularité, avait imaginé qu'il suffit de tracer des rues et des places dans de vastes champs d'y élever d'admirables monuments, tels que la bibliothèque, la pinacothèque, la glyptothèque et la basilique (je vous demande pardon pour tout ce grec qui n'est pas de ma façon), de remplir les intervalles par de somptueux palais et de peupler tout cela de personnages en bronze, pour que cela devînt une ville! Son erreur est aujourd'hui manifeste, car il ne s'est trouvé que peu d'habitants pour ces magnificences, et le silence y règne presque toujours, lorsque la cour ne vient y jeter un peu d'animation. Pour vous donner une idée de ces solitudes, je vous dirai que je marchais à l'aventure dans l'immense Ludwigs strasse, dans l'espoir que je pourrais découvrir quelqu'un qui m'enseignât où je trouverais la bibliothèque. Enfin j'aperçus une dame et m'en approchai pour avoir le renseignement que je désirais. – »Continuez de marcher dans cette rue«, me dit-elle, »jusqu'à ce que vous voyiez deux personnes assises à la porte: ce sera là.« Deux personnes assises à la porte, dans ce vaste désert, me paraissaient quelque chose de fabuleux; néanmoins je m'acheminai pour chercher courageusement ce phénomène; mais ce fut en vain. Enfin, j'avisai les images colossales de Cicéron et de Sénèque, placées sur des chaises curules à l'entrée d'un édifice immense: il se trouva que c'étaient là les personnes que je cherchais, et bientôt je me vis dans le palais le plus vaste, le plus beau, le plus somptueux qui ait jamais été élevé pour y placer des livres.

Mais mon admiration pour les choses extérieures ne tarda pas à être surpassée par l'étonnement et le plaisir que j'éprouvai en voyant une immense collection de huit cent mille volumes et de beaucoup de précieuses curiosités bibliologiques, rangées avec un ordre parfait dans soixante-douze salles qui ont une double galerie supérieure auxquelles on arrive par des escaliers de service bien distribués. Vous comprendrez, mon cher Monsieur, l'intérêt que m'inspirait cette bibliothèque; car vous savez ou vous ne savez pas qu'elle renferme une des plus belles collections de musique ancienne qui existent dans le monde. Le catalogue thématique, exécuté avec un soin extrême, est composé de vingt-cinq volumes gros in-folio. Parmi les raretés d'un prix inestimable qu'on y remarque, se trouve le fameux manuscrit des Psaumes de la pénitence composé par célèbre Orlando Lasso (autrement Roland de Lattre), et exécuté avec une magnificence inouïe aux frais du duc de Bavière, Albert V. Son existence avait été complètement ignorée depuis le seizième siècle; le hasard le fit découvrir, vers 1810, dans un coffre de fer où il paraît avoir été placé à l'époque de la guerre de trente ans. Ce superbe manuscrit est composé de quatre volumes in-folio reliés en maroquin, avec des garnitures, des fermoirs et des serrures en vermeil ciselé et émaillé, dont le poids total est de vingt-quatre livres. Des armoiries, des portraits en pied et en buste du duc Albert, de Lassus, du peintre qui a exécuté les miniatures, du poëte qui les a décrites, du calligraphe dont la main a exécuté le manuscrit, du relieur, de l'orfèvre et ciseleur qui a orné les volumes; enfin une immense quantité de tableaux en miniatures représentant des sujets relatifs à l'objet des psaumes et qui décorent toutes les pages avec une exquise délicatesse de pinceau, font de ce manuscrit un monument d'art incomparable.

Je ne finirais pas si je voulais parler de tout ce qu'il y a de précieux et de remarquable dans cette bibliothèque, que, malheureusement, je n'ai eu que le temps d'entrevoir, une lettre qui me donnait de vives inquiétudes pour quelqu'un qui m'est cher, m'ayant obligé d'abréger mon séjour à Munich et de partir précipitamment. Je saisis cette occasion pour exprimer ma reconnaissance aux conservateurs de ce riche dépôt littéraire, MM. de Lichtenthal et Schmiedhammer, pour l'accueil plein de bienveillance et d'empressement qu'ils m'ont fait, ainsi qu'aux employés intelligents et instruits qui m'ont entouré de soins obligeants, et j'oserais presque dire de respect, en me secondant dans mes recherches. Je reverrai la bibliothèque de Munich ainsi que celle de Berlin, et j'y resterai longtemps, car il y a là des trésors d'instruction à recueillir. [...] FÉTIS père.

[Textzitat S. 359 – 360]

◇

Übersetzung:

Mein sehr geehrter Herr,

das lebhafte Bedauern, das ich bei meiner Abreise aus Leipzig empfand, wurde nur durch die schwindelerregende Bewunderung gelindert, die sich meiner angesichts der Kunstschätze ermächtigte, die sich in der alten Kaiserstadt Nürnberg meinen Augen darboten. [...]

Jetzt bin ich in München, dieser zweigeteilten Stadt: die eine, das heißt die alte Stadt, ist bevölkert, die andere, die der letzte König (Ludwig) nach seiner Laune schuf, darf wohl mit Fug und Recht eine Totenstadt genannt werden, denn ihre riesigen Straßen sind öde und verlassen, ihre Paläste wirken wie Gräber; wenn man dort hingeht, wird man von einer unausdrückbaren Grabesmelancholie überfallen. Dieser gute König Ludwig, der wegen seines Wohlgefallens an einer seiner königlichen Zärtlichkeit unwürdigen Frau seinen Thron zur gleichen Zeit wie seine Popularität verlor, hatte wohl gedacht, daß es ausreicht, Straßen und Plätze in riesigen Feldern anzulegen und dort bewundernswerte Bauwerke, wie die Bibliothek, Pinakothek, Glyptothek und Basilika (bitte entschuldigen Sie all dieses Griechisch, das meinem Stil nicht entspricht) zu errichten, die Zwischenräume mit aufwendigen Palästen zu füllen und das Ganze mit Gestalten aus Bronze zu bevölkern, damit es eine Stadt wird! Jetzt ist deutlich geworden, daß das ein Irrtum war, denn für all diese Großartigkeiten finden sich nur wenige Bewohner, und es herrscht fast immer Stille, wenn der Hof nicht von Zeit zu Zeit dort ein bißchen Trubel hinein brächte. Um Ihnen einen Eindruck von dieser Einöde zu geben, will ich Ihnen erzählen, wie ich aufs Geratewohl die riesige Ludwigstraße entlang spazierte in der Hoffnung jemanden zu entdecken, der mir zeigen würde, wo ich die Bibliothek finden könnte. Endlich bemerkte ich eine Dame, ging näher, um bei ihr die gewünschte Auskunft zu erhalten. – »Folgen Sie dieser Straße weiter«, sagte sie, »bis Sie zwei Personen sehen, die vor der Türe sitzen; da ist es.« Zwei Personen, die vor der Türe sitzen sollten – in dieser weitläufigen Wüste – das erschien mir eher märchenhaft; trotzdem setzte ich meinen Weg fort, mutig auf der Suche nach diesem Phänomen; aber es war umsonst. Endlich erspähte ich die Kolossalstatuen von Cicero und Seneca, die auf kurulischen Sesseln am Eingang eines riesigen Gebäudes saßen. Es stellte sich heraus, daß das die Personen waren, die ich suchte, und bald fand ich mich in dem weitläufigsten, schönsten und aufwendigsten Gebäude wieder, das je zur Unterbringung von Büchern gebaut wurde.

Meine Bewunderung für die äußeren Aspekte wurde jedoch schon bald von dem Staunen und dem Vergnügen übertroffen, das ich empfand, als ich der riesigen Sammlung von achthunderttausend Bänden und vieler wertvoller bibliophiler Stücke ansichtig wurde, die in perfekter Ordnung auf 72 Säle verteilt waren, die je zwei obere Galerien haben, zu denen man durch gut verteilte Treppen für das Personal Zugang erhält. Sie werden, mein verehrter, lieber Herr, das Interesse begreifen, das diese Bibliothek in mir erweckte, denn Sie wissen – oder Sie wissen es auch nicht –, daß sie eine der schönsten Sammlungen alter Musik auf der ganzen Welt birgt. Der mit höchster Sorgfalt ausgeführte thematische Katalog umfaßt 25 dicke Bände in Folio. Unter den Rara unschätzbaren Wertes, die einem hier auffallen, befindet sich die großartige Handschrift der Bußpsalmen, die von dem berühmten Orlando Lasso (alias Roland de Lattre) komponiert wurden, die mit unerhörtem Prunk auf Kosten des Bayernherzogs Albrecht V. ausgestattet wurde. Seit dem 16. Jahrhundert wußte man überhaupt nichts mehr von ihrer Existenz; durch Zufall fand man sie um 1810 in einem Eisenkoffer, in den sie vermutlich zur Zeit des Dreißigjährigen Krieges gelegt wurden. Diese Prachthandschrift besteht aus vier Bänden im Groß-Folio-Format, die in Maroquin gebunden sind, mit Beschlägen, Schnallen und Schließen aus ziseliertem und emaillierten Vermeil; ihr Gesamtgewicht beträgt 24 Pfund. Wappen, vollständige Porträts und Büstenporträts, die Herzog Albrecht, Lassus, den Miniaturmaler, den Dichter, der die Miniaturen beschrieben hat, den Kalligraphen, der die Handschrift geschrieben hat, den Buchbinder, den Goldschmied und den Ziselierer, der die Bände verziert hat, darstellen, ferner eine unzählbare Fülle von Miniaturbildern mit Szenen, welche die Psalmentexte illustrieren und alle Seiten mit einem raffiniert feinen Pinselstrich zieren, machen diese Handschrift zu einem unvergleichlichen Kunstwerk.

Ich fände kein Ende, wollte ich über alles Wertvolle und Bemerkenswerte in dieser Bibliothek sprechen, die ich leider nur flüchtig besichtigen konnte, da mich ein Brief in tiefe Besorgnis um jemanden, der mir lieb ist, versetzte und ich mich gezwungen sah, meinen Aufenthalt in München zu verkürzen und Hals über Kopf abzureisen. Ich nutze diese Gelegenheit, um den Bibliothekaren dieses reichen literarischen Schatzes, den Herren Lichtenthal[er] und Schmiedhammer meinen Dank auszudrücken für ihre von Wohlwollen und eifrigem Bemühen geprägte freundliche Aufnahme, genauso wie den intelligenten und gebildeten Angestellten, die mich voll Diensteifer und – ich möchte fast sagen – Ehrerbieten umsorgten und mir bei meinen Forschungen beistanden. Die Bibliothek in München werde ich wiedersehen ebenso wie die in Berlin und ich werde dort lange Zeit verweilen, denn dort kann man in den Genuß von wahren Schätzen an Bildungsgut gelangen. [...]

◊

François-Joseph Fétis (* 1784 in Mons bei Liège, † 1871 in Brüssel) studierte Musik in Mons und Paris. Ab 1818 lebte er in Paris, schrieb einige Bühnenwerke und wurde 1821 Kompositionslehrer am Pariser Konservatorium. Das Musikleben beeinflußte er zunehmend als Musikkritiker und -schriftsteller. Seit 1827 gab er die »Revue musicale« heraus, deren Beiträge er überwiegend selbst verfaßte. Seit 1826 war er auch Bibliothekar des Konservatoriums in Paris. Im Jahre 1833 verließ er Paris, um in Brüssel die Stelle des Direktors des Konservatoriums (im 1831 gegründeten Königreich Belgien) zu übernehmen. Ab 1835 vereinigte er seine »Revue musicale« mit der »Gazette musicale de Paris« zur »Revue et gazette musicale de Paris«, an der er bis zu seinem Tode mitarbeitete. – Fétis hat München spätestens Anfang 1847 besucht, da der von ihm erwähnte Bibliothekar Joseph Schmidhammer im Mai 1847 starb. Sein Bericht ist also frühestens zweieinhalb Jahre danach in der »Revue et gazette musicale de Paris« erschienen.

Es entbehrt nicht einer gewissen Komik, wie Fétis seine Suche nach dem Gebäude der Hof- und Staatsbibliothek beschreibt und dabei zwei Kolossalstatuen erwähnt, die angeblich am Eingang des Gebäudes sitzend Cicero und Seneca darstellen sollen. Seine Verwechslung ist einigermaßen verwirrend, denn auf der Freitreppe vor dem Gebäude sitzen in Wirklichkeit die vier Statuen von Thukydides, Homer, Aristoteles und Hippokrates, und am Eingang zur Bibliothek im Innern stehen die zwei Kolossalstatuen von Herzog Albrecht V. und König Ludwig I. Lediglich die »kurulischen Stühle«, auf denen die vier antiken Gelehrten sitzen, hat Fétis richtig in Erinnerung. – Die Geschichte von den Lasso-Codices scheint er nicht genau verstanden zu haben, da diese Codices – wie der Bericht Bianconis aus dem Jahr 1763 zeigt – keineswegs erst um 1810 durch einen Zufall gefunden wurden.

Welchen **Katalog** Fétis mit den 25 dicken Bänden in Folio meint, ist unklar. Für die Musikdrucke und -handschriften hatte der Münchner Hofprediger Johann Michael Hauber (1778 – 1843) in den Jahren 1828 und 1829 einen zehnbändigen Alphabetischen Katalog (»Catalogus musicae practicae universalis bibliothecae regiae Monacensis«) sowie einen sechsbändigen Standortkatalog (»Catalogus impressorum musicae practicae tam sacrae quam profanae« und »Catalogus codicum manuscriptorum musicae practicae tam sacrae quam profanae«) angelegt. Da dieser Alphabetische Katalog Notenincipits enthält, könnte es durchaus der von Fétis erwähnte »Catalogue thématique« sein. – Der bis zum Jahr 1982 geführte Blattkatalog für Musikdrucke auf Quartblättern wurde erst 1857 begonnen. Heute sind die Musikdrucke in einem 17bändigen Buchkatalog und in einer Online-Datenbank nachgewiesen.

Joseph SCHMIDHAMMER (* 1779 in München, † 1847 in München) studierte Theologie und wurde Weltpriester. An der Hofbibliothek war er seit 1814 als Gehilfe und seit 1844 als zweiter Kustos angestellt. Seit 1820 war er auch Benefiziat bei Unser Lieben Frau und seit 1824 bei Sankt Peter.

Erst mit der Anstellung eines »Konservators der musikalischen Werke der Kgl. Hof- und Staatsbibliothek« im Februar 1857 wurde organisatorisch die **Musik-Abteilung** (früher Musik-Sammlung genannt) als erste Sonderabteilung gegründet. Als erster Konservator trat der Privatgelehrte und frühere Lehrer und Bibliothekar am Königlichen Konservatorium für Musik in München Julius Joseph MAIER (* 1821 in Freiburg/Breisgau, † 1889 in München) seinen Dienst an. – Die Bayerische Staatsbibliothek ist heute organisatorisch in vier Hauptabteilungen (Erwerbung, Katalogisierung, Benützung, Handschriften und Seltene Drucke), fünf Sonderabteilungen (Musik, Osteuropa, Orient, Ostasien, Karten) sowie die Allgemeine Verwaltung gegliedert.

27. Johann Michael Söltl
1854

München
mit
seinen Umgebungen
vorzüglich in geschichtlicher Beziehung

von
Dr. Söltl,
k. Professor an der Ludwig-Maximilians-Universität zu München,
Ritter des k. b. Verdienstordens vom heil. Michael.

Mit vierzehn Bildern.

München.
Druck und Verlag von Georg Franz.
1854.

*

Die königlichen wissenschaftlichen Sammlungen

unveräußerliches Staats- und Nationaleigenthum, früher Attribute der Akademie, sind nun auch größtentheils zum Unterrichte und Mitgebrauch der Universität überlassen. Diese sind:

Die königliche Hof- und Staatsbibliothek,

eine der bedeutendsten, wenn nicht die vollständigste und größte in ganz Europa. Albrecht V. ist der eigentliche Stifter, welcher den von seinen Vorfahren erhaltenen Bücherschatz sehr vergrößerte, besonders durch die Büchersammlung des Nürnberger Arztes und Geschichtschreibers Hartmann Schedel, der am 28. November 1514 starb; des Orientalisten, bayerischen Gesandten und nachmaligen Kanzlers Johann Albrecht Widmannstadt, der um das Jahr 1558 starb; dann des kaiserlichen Rathes und nachherigen bayerischen Hofraths-Präsidenten Joh. Jak. Fugger. Dieser Herzog erwarb auch ein von Hektor Mair in Augsburg gemaltes Fecht- und Turnierbuch um 800 fl. im Jahre 1567; zwei Folio-Bände der von Orlando di Lasso in Musik gesetzten, von dem kunstreichen Maler Johann Mielich mit trefflichen Miniaturen geschmückten Bußpsalmen Davids um 3800 fl. – Zur Aufbewahrung des Bücherschatzes ließ er an der neuen Burg ein festes Gebäude aufführen, dessen Erdgeschoß den Alterthümern, der obere Stock aber für die Büchersammlung bestimmt wurde, über welche er einen Aufseher setzte.

Wilhelm V. vermehrte die Bibliothek durch den Ankauf der Büchersammlungen des Augsburgischen Senators J. H. Hörwart und des Domherrn von Werdenstein, welcher schon früher (1587) dem Herzoge den Evangeliencodex auf purpurfarbigem Pergament, mit goldenen und silbernen Buchstaben geschrieben, zum Geschenke gemacht hatte; dann des literarischen Nachlasses des Wiguläus Hund.

Im Jahre 1595 belief sich die Zahl sämmtlicher in dieser Bibliothek vorhandener Werke auf ungefähr eilftausend.

Maximilian I. ließ in den ersten Jahren seiner Regierung durch Markus Welser das Verzeichniß der in der fürstlichen Bibliothek vorhandenen griechischen Handschriften bekannt machen, gab genaue Vorschriften über Vermehrung und Erhaltung der Bibliothek, die damals in dem sogenannten alten Hofe untergebracht war. Schon finden sich jährliche regelmäßige Ausgaben an Buchhändler und Buchbinder. Die im Jahre 1618 vorgenommene Zählung gab eine Summe von 17,046 gedruckten Büchern, 275 griechischen und 723 lateinischen Handschriften.

Als die Schweden sich München näherten, ließ Maximilian einen großen Theil der Bücher in Fäßer packen und nach Burghausen bringen; von den in München zurückgelassenen wurden von den Soldaten viele geraubt und zerrissen, wofür sich Maximilian durch Hinwegnahme der Tübinger Bibliothek nach der Schlacht von Nördlingen entschädigte. Im Jahre 1644 kaufte er die Büchersammlung des Augsburgischen Suffraganbischofes Sebastian Müller.

Ferdinand Maria befahl zuerst, daß die Buchhändler und Buchdrucker in Bayern von allen neu erschienenen Werken ein Exemplar unentgeltlich an die Bibliothek einsenden sollten; er verfügte, daß kein Buch mehr sollte ausgeliehen werden; dagegen wurde neben der Bibliothek ein Zimmer eingerichtet, in welches die Bücher zum Lesen und Nachschlagen gegeben wurden.

Maximilian Joseph III. vermehrte die churfürstliche Büchersammlung mit jener des aufgelösten Ordens der Jesuiten. Felix von Oefele war damals ihr Vorstand. Maximilian legte auch am 19. Juni 1762 den Grundstein zu einem neuen Bibliothekgebäude, welches an der Hinterseite des damaligen Akademiegebäudes (jetzt des Baron v. Cottahauses) aufgeführt, aber nicht vollendet wurde.

Karl Theodor erwarb durch Kauf den Bücherschatz des berühmten Petrus Viktorius, und verlegte die Sammlung in das ehemalige Jesuitengebäude 1784.

König Max I. ließ im Jahre 1803 die Mannheimer Hof-Bibliothek nach München bringen und die schönsten Werke der aufgehobenen Stifts- und Klosterbibliotheken aus Altbayern, nebst einigen ausgezeichneten Literaturschätzen aus neu erworbenen Ländern mit der Münchener Bibliothek vereinigen. Er kaufte im Jahre 1813 für die Sammlungen des Staates die naturhistorische Bibliothek des Präsidenten von Schreber in Erlangen. Auch war schon früher erworben die reiche, aus Manuscripten und Büchern bestehende Sammung des Hofgerichtskanzlers Vacchiery für bayerische Geschichte und bayerisches Staatsrecht um 2200 fl.

Unter dem König Ludwig I., der schon als Kronprinz die Biliothek mit mehreren kostbaren Geschenken bereicherte, wurde mit der Hof- und Staats-Bibliothek vereinigt die große Sammlung chinesischer Werke des Professors Neumann.

Eine weitere höchst bedeutsame Bereicherung bildet jene zahlreiche Bändereihe, welche die englische Record-Commission der Hof- und Staatsbibliothek zum Geschenke machte, wodurch vorzüglich die Fächer der Geographie und Statistik, der asiatischen und amerikanischen Geschichte, der Sprachenkunde und Archäologie bereichert, insbesondere aber die Literatur der englischen, schottischen und irischen Geschichte fast bis zur wissenschaftlichen Vollständigkeit gebracht wird.

Um den gesammelten herrlichen Bücherschatz zweckmäßig aufzustellen, wurde auf Befehl des Königs Ludwig das großartige Gebäude durch Gärtner aufgeführt, dessen untere Räume für das k. Reichsarchiv bestimmt sind. Der Grundstein wurde 1832 gelegt.

[Textzitat S. 214 – 216]

◊

Johann Michael Söltl (* 1797 in Neunburg vorm Wald, † 1888 in München) war Historiker und Schriftsteller. Nach dem Studium in Landshut und Göttingen war er seit 1825 Gymnasialprofessor in München, von 1826 bis 1836 zugleich Dozent an der Münchner Universität. 1848 wurde er Honorarprofessor, 1849 Ordinarius für Geschichte, 1855 Vorstand des Königlichen Hausarchivs, 1868 auch des Geheimen Staatsarchivs.

Die Bibliothek wird unter den »königlichen wissenschaftlichen Sammlungen« an erster Stelle beschrieben. An weiteren Sammlungen zählt Söltl nach der Bibliothek die mineralogische Sammlung, die zoologisch-zootomische Sammlung, die Sammlung physikalischer Apparate, das Münzkabinett, die Sammlung der Altertümer, die Sternwarte, das chemische Laboratorium, die anatomische Anstalt und den botanischen Garten auf. Das entspricht den früheren Attributen der Akademie der Wissenschaften, an deren Spitze stets die Bibliothek stand.

Söltl hatte »München mit seinen Umgebungen« schon im Jahre 1837 beschrieben und dabei die Hof- und Staatsbibliothek mit einem längeren Beitrag bedacht (Söltl, 1837). Er stützte sich auf die Arbeit des Reichsarchivkanzellisten Karl August Muffat, der im Jahre 1832 eine ausführliche Geschichte der Bibliothek verfaßt hatte (vgl. Muffat, 1832). In der vorliegenden Beschreibung beschränkt er sich (anders als im Jahre 1837) darauf, die Bestandsgeschichte darzustellen, ohne auf einzelne Titel einzugehen. Auffallend ist der Abschnitt über das **Büchergeschenk** der Record Commission (des späteren Public Record Office) in London, den er wörtlich aus der Ausgabe von 1837 übernommen hat. Diese »höchst bedeutsame Bereicherung« der Bibliothek, die Söltl als Historiker offensichtlich sehr interessierte, wird sonst nirgends erwähnt. Ebenso weist er als erster auf die bereits im Jahre 1807 erworbene Privatbibliothek des Historikers Karl Albrecht von Vacchiery (1746–1807) hin. – Über weitere Büchergeschenke und Schenker aus aller Welt berichtet die »Allgemeine Zeitung« im Jahre 1845 sehr ausführlich:

> Der Direction selbst kann das Zeugniß nicht versagt werden, daß sie jede Gelegenheit wahrnimmt, die ihr anvertrauten Sammlungen theils durch Tausch theils durch Geschenke zu bereichern. Die meisten Staaten Europa's und eine große Anzahl wissenschaftlicher Institute und gelehrter Männer wurden durch sie veranlaßt, ihren Namen dem langen Verzeichniß der Wohlthäter der blühenden Anstalt anzureihen. So spendete, um nur Einiges aus den letzten Zeiten anzuführen, Rußland durch die gnädige Verwendung Sr. kais. Hoh. des Hrn. Herzogs Max von Leuchtenberg, alle von der kaiserl. Akademie, von der archäologischen Commission zu St. Petersburg und von andern wissenschaftlichen Anstalten des großen Reiches herausgegebenen Werke, namentlich auch die große in hundert und fünf Bänden bestehende Gesetzsammlung.
> Frankreich sendete die ganze *Collection de documents inédits de France*; die neue Ausgabe der Werke von La Place, die *Statistique de la France etc.*; England die *Select Papyri in the hieratic character in the british Museum*, und eine große Anzahl orientalischer Werke, durch die gütige Vermittelung des Directors der k. asiatischen Gesellschaft zu London H. H. Wilson. Se. Maj. der König von Sardinien schenkte die *Monumenta patriae historica* und die *Traités de la royale maison de Savoie*. S. k. Hoh. der Großherzog von Toscana die *Memorie sul bonificamento delle Maremme Toscane*; die Prachtausgabe

der *Opere di Lorenzo de'Medici*, die große *Carta geometrica* von Inghirami etc. so auch die Vereinigten Staaten von Nordamerika eine bedeutende Anzahl schätzbarer Werke durch Vermittelung des königl. bayerischen Consuls zu Philadelphia. [...]
(Die königl. Hof- und Staatsbibliothek zu München, 1846, S. 2563)

28. Friedrich Morin
1862

Neuester Wegweiser
durch
München und seine Umgebungen
für
Fremde und Einheimische.

Mit
einem alphabetisch geordneten Verzeichniss
der Königlichen Institute und Gebäude, aller stabilen Sehenswürdigkeiten, so wie der bemerkenswerthesten Privatanstalten zum Nutzen und Vergnügen des Publikums, nebst den nöthigsten statistischen und historischen Notizen.

Nach den besten Quellen und nach eigener Erfahrung
bearbeitet
von
Friedrich Morin.

Sechste verbesserte und vermehrte Auflage.

[...]

MÜNCHEN.
Christian Kaiser.
1862.

*

Bibliothek, die kgl. Hof- und Staats-, Ludwigsstrasse 23, im byzantinisch-florentinischen Styl in den J. 1832–43 erbaut. Dieses grossartige, in schönen, kolossalen Dimensionen aufgeführte, mit einem gelblichen wetterfesten Mergelschiefer bekleidete Gebäude, hat eine Breite von 520 Fuss, gegen 200 Fuss Tiefe, und erhebt sich über dem Erdgeschoss in 2 Stockwerken 85 Fuss hoch mit 72 Fenstern in der Fronte. Auf der Treppe vor dem dreifachen Portal die sitzenden über lebensgrossen Statuen des Aristoteles, Homer, Hippokrates und Thucydides in Kalkstein ausgeführt von Sanguinetti und Mayer. Das grossartige Treppenhaus, zu welchem eine von vier Säulen getragene Vorhalle führt, nimmt fast den ganzen Mittelbau ein, den, in 3 Längentheile zerfallend, im mittleren eine breite prachtvolle Marmortreppe, oben mit den Marmorstandbildern Albrecht V., des Gründers, und Ludwig I., des Erbauers der Bibliothek, beide von L. v. Schwanthaler, ziert. An der Wand der längs der Treppe zu beiden Seiten sich hinziehenden Säulencorridore sind die Relief-Bildnisse von Dichtern und Gelehrten aller Zeiten angebracht.

Im Vorsaal sind die Büsten der bayerischen Regenten aufgestellt, welche zur Stiftung und Vermehrung der Bibliothek beitrugen.

In den festen Gewölben des Erdgeschosses befindet sich das Haus- und Reichs-Archiv, die seltensten Documente aus den aufgehobenen Klöstern und geistlichen Stiften enthaltend.

Ausser dem, von Säulen getragenen prächtigen grossen Lesesaal und dem, mit den Büsten bayerischer Herzoge geschmückten Saal sind in den beiden oberen Stockwerken 77 Säle, worin die über 800,000 Bände zählende Bibliothek aufgestellt ist.

Die innere Einrichtung der Säle ist vortrefflich, die Bücherschränke sind nur von der Höhe, dass sie ohne Leitern erreicht werden können, vor den obern Reihen derselben laufen Gallerien rings herum, zu denen in den Scheidemauern der Zimmer angebrachte feste Stiegen führen. Diese Treppen gehen durch die Decke hindurch, so dass man aus jedem Zimmer des Hauptstockwerks in das darüberliegende und zu allen der Bücheraufstellung gewidmeten Räumen gelangen kann, ohne eine andere Thür, als die erste und die letzte auf- oder zuzumachen. Die Heizanstalten befinden sich in den Kellern.

Die Bibliothek wurde in der zweiten Hälfte des 16. Jahrhunderts von Herzog Albrecht V. gegründet, vermehrt durch alle späteren Regenten, besonders durch den Kurfürsten Karl Theodor. Unter der Regierung König Maximilian I., bei Aufhebung der Klöster wurden ihr reiche Schätze zu Theil, vorzüglich an Handschriften.

Sie zählt an 22,000 Handschriften (unter welchen 580 griechische, 268 orientalische, 313 hebräische, 14,000 lateinische, 4000 deutsche, 242 Bilderhandschriften). Im Jahre 1858 erhielt sie eine schätzenswerthe Vermehrung durch Ankauf der 1200, grösstentheils orientalischen, Handschriften und 40,000 Werke starken Bibliothek des französischen Gelehrten Etienne de Quatremère.

In der sogenannten Schatzkammer oder im Saale der »Cimelien« oder Kleinodien werden erstlich *Handschriften, welche sich durch Alterthum oder Kunstwerth auszeichnen*, gezeigt und sind unter diesen folgende Nummern besonders bemerkenswerth:

1. Wachstafeln, worunter ökonomische Notizen aus dem Kloster Polling in Oberbayern am leserlichsten. – 2. Codex purpureus. Lateinische Evangelien aus dem 9. Jahrhundert auf Purpur-Pergament mit goldenen und silbernen Buchstaben. – 5. Codex traditionum ecclesiae Ravennatis. – Aus dem 10. Jahrhundert, auf ägyptischem Papyrus. – 6. Sprüche des Fo (Buddha), auf Papier aus den Fasern des Bambusrohrs bereitet. – 8. Bücher des alten Testaments, in latein. Sprache, auf Leinenpapier, vom Jahre 1338. – 10. Malabarisches Manuscript auf Palmblätter geritzt. – 11. Braminische Handschrift in Sanskrit auf schwarzem Zeuge mit weissen Buchstaben. – 12. Codex Alaricianus. Auszug aus dem Gebetbuch Theodosius des Jüngern auf Befehl des westgothischen Königs Alarich gemacht. Halb-Uncialschrift ohne Trennung der Wörter aus dem 6. Jahrhundert. – 15. Dioscorides de simplici medicina. Mit lombardischer Schrift und Figuren aus dem 8. Jahrhundert. – 16. S[anc]t[i] Augustini Homiliae, eine Handschrift des heil. Corbinian aus dem 8. Jahrhundert.

Ferner *älteste deutsche Handschriften:*

20. Liber de inventione S[anc]t[ae] Crucis, auf Pergament mit Federzeichnungen. Folio 65 und 66 »das Wessesbrunner Gebet« vor dem Jahr 814 geschrieben. (Aus dem ehemaligen Kloster Wessesbrunn in Oberbayern.) – 21. S[anc]t[i] Augustini Sermo de Symbolo. Ludwig dem Deutschen in seiner Jugend vom Erzbischof Adelram in Salzburg geschenkt. Aus dem 9. Jahrhundert. – 24. Ottfried's von Weissenburg Evangelien in deutsche Reime zu Freising geschrieben 883-906. – 26. Die Handschrift der »Nibelungen«

aus dem 13. Jahrhundert vom Kloster Hohenems bei Chur. – 27. Tristan und Isolde, von Gottfried von Strassburg, H[and]S[chrift] vom Jahr 1240, mit Gemälden. – 28. Parcival und Titurel von Wolfram von Eschenbach. Aus dem 13. Jahrhundert mit Gemälden. – 34. Ein Koran auf Pergament mit goldenen Buchstaben, einst dem Père la Chaise gehörig. – 35. Ganz kleiner Koran (das kleinste Manuscript der Bibliothek). – 36. Schach-Nameh, persisches Heldengedicht von Firdusi, mit Miniaturen.

Durch Kunstwerth zeichnen sich aus:

Das Turnierbuch Herzog Wilhelm IV. von Bayern, dic von ihm 1510-1528 veranstalteten Kampfspiele enthaltend; 1541-1544 gemalt. 38. Jehan Bocace des cas des nobles hommes et femmes, 1409 übersetzt, mit schönen Gemälden von J. van Eyck. – 40. Lateinisches Gebetbuch Kaiser Ludwig des Bayern (früher in dem von ihm gestifteten Kloster Etal bewahrt). – 41. Lateinisches Gebetbuch aus dem 15. Jahrhundert, mit Miniaturbildern, angeblich von Hans Memling. – 42. Lateinisches Gebetbuch, für Herzog Albrecht IV. von Bayern geschrieben 1485 zu Florenz, mit Gemälden. Alle drei Gebetbücher haben kostbare Einbände. – 46. Die Kleinodien Anna's von Oesterreich, Gemahlin Herzog Albrechts V., von Hans Müelich 1552 – 1555 in Miniatur gemalt. (Auf dem ersten Blatte ist Herzog Albrecht V., der Begründer dieser Bibliothek, mit seiner Gemahlin Schach spielend, dargestellt.) – 50. Lateinische Gebete vom Jahr 1515, auf Pergament mit Randzeichnungen von Albr. Dürer und Lucas Cranach. – 51. Orlando di Lasso: Davids Busspsalmen, für die Capelle Albrechts V. componirt. Mit Aquarellgemälden von Hans Müelich, 1565 – 1570. – 54. Die Pericopen der 4 Evangelien, lateinisches Kirchenbuch aus dem 11. Jahrhundert (früher dem gefürsteten Frauenstift Niedermünster zu Regensburg gehörig). – 55. Codex aureus, die 4 Evangelien enthaltend, im Auftrage Kaiser Karl des Kahlen im J. 870 mit goldenen Uncialbuchstaben geschrieben (im Jahr 888 als Geschenk des Kaisers Arnulf aus der Abtei St. Denis bei Paris in das Stift St. Emeram nach Regensburg gekommen). Der obere Deckel besteht aus einer Goldplatte mit getriebenen Bildern und ist mit Edelsteinen reich verziert. – 56. bis 60. Vier Evangelien und ein Missale, mit Gemälden, um das Jahr 1014 geschrieben. (Vom Kaiser Heinrich II. einstens der von ihm gestifteten Domkirche zu Bamberg geschenkt.) Die Deckel der Evangelienbücher sind mit Gold und Edelsteinen, das Missale mit Elfenbein-Relief geschmückt.

Incunabeln sind an 4000 ohne Jahreszahl, sodann bis zum Jahr 1500 hin an 7000 chronologisch geordnet.

Proben aus den ersten Anfängen der Buchdruckerkunst:

62. Practica und Neujahrwunsch, eine Art Kalender vom Jahr 1455 mit der »Mahnung der Christenheit widder die Durken«, (welche damals Constantinopel eingenommen hatten) in niederrheinisch-deutschen Reimen. – Ferner Duranti rationale divinorum officiorum, 1454 von Fust und Schoeffer gedruckt. – Der erste Psalter vom Jahr 1459. – Die ersten latein. Bibeln von Gutenberg und Fust von den Jahren 1450 – 1455. – Luther's Bibel mit seinem und Melanchthons Bildniss. – Ein Commentar zum Dante vom Jahr 1481.

Autographen von Luther, Melanchthon, Calderon, Notizen von Raphael über ein Manuscript des Vitruv.

Director der Bibliothek ist Professor Dr. Halm.

Täglich, mit Ausnahme der Sonntage, von 8 bis 1 Uhr für den freien Eintritt geöffnet. Zum Herumführen sind die Stunden von 10 – 1 Uhr bestimmt. Trinkgeld 24 kr.

[Textzitat S. 27 – 31]

Friedrich MORIN sah sich durch die »reichen, in der neuesten Zeit sehr vermehrten Sammlungen von Kunstschätzen, so wie die vielen neuen Prachtbauten Münchens« (S. V) zu seinem »Wegweiser« veranlaßt, der in erster Auflage 1854 erschien. Für Hamburg (»Ganz Hamburg für 20 Schilling«) sowie Berlin und Potsdam (»Ganz Berlin für 15 Silbergroschen«) hatte er bereits Wegweiser in mehreren Auflagen verfaßt. In München hielt er sich einige Jahre auf. Bei der Beschreibung der Zimelien hält er sich eng an Schmellers »Allgemeine Auskunft« aus dem Jahre 1851. – Der Text Morins über die Hof- und Staatsbibliothek blieb bis zur 11., von Theodor Trautwein besorgten Auflage (1879) unverändert. Theodor TRAUTWEIN (1833–1894) war ein aus Stuttgart stammender Buchhändler, der sich seit 1859 in München aufhielt, 1881 Assistent und 1883 Sekretär in der Hof- und Staatsbibliothek wurde.

Für den Zimeliensaal der Bibliothek ist offensichtlich der Name **Schatzkammer** in Gebrauch gekommen. Dies deutet auf eine besondere Wert- und Selbsteinschätzung der Bibliothek hin. – Die Bezeichnung Schatzkammer ist seit dem 17. Jahrhundert an Fürstenhöfen und geistlichen Stiften für Sammlungen besonders wertvoller Gegenstände üblich. Am Münchner Hof ist die Schatzkammer aus der ursprünglichen »Kunstkammer« hervorgegangen. Herzog Albrecht V. hatte bereits im Jahre 1565 durch eine Urkunde sichergestellt, daß die Erb- und Hauskleinodien unveräußerlicher Besitz des Wittelsbachischen Herrscherhauses bleiben sollten; er gilt damit als Gründer der Münchner Schatzkammer. Die Gegenstände aus der früheren Schatzkammer verteilen sich heute im wesentlichen auf das Residenzmuseum (gegründet 1920), die Schatzkammer der Residenz (öffentlich zugänglich seit 1897, wiedereröffnet 1958), das Bayerische Nationalmuseum (gegründet 1855), die Staatliche Münzsammlung (gegründet 1807) und die Bayerische Staatsbibliothek. In einem gedruckten Verzeichnis der Kurfürstlichen Schatzkammer aus dem Jahre 1778, das sich auf eine Bestandsbeschreibung aus dem Jahre 1752 stützt, werden insgesamt elf Gebetbücher und »ein Namenbuch« mit sehr kostbaren Einbänden aufgezählt, beispielsweise im vierten Kasten unter den Nummern 53 und 54: »Ein in Gold gefaßtes Gebethbuch, woran auf einer Seite das Vesperbild, auf der andern aber Christus in der Ruhe zu sehen« und »Ein dergleichen in Gold gefaßtes Gebethbuch, worauf geschmelzt, und in Figuren die Geburt Christi« (Zapf, 1778). Die meisten Bücher aus der Schatzkammer wurden der Bibliothek im Jahre 1785 übergeben. Das Kleinodienbuch der Herzogin Anna von Bayern (Signatur Cod.icon. 429) überließ König Ludwig I. erst 1843 der Bibliothek. In der Schatzkammer der Residenz ist bis heute das Gebetbuch Kaiser Karls des Kahlen verblieben. – Dem im Jahre 1971 eingerichteten Ausstellungsraum der Bayerischen Staatsbibliothek wurde wieder der Name »Schatzkammer« gegeben.

Karl Felix HALM (∗ 1809 in München, † 1882) studierte klassische Philologie in München. Seit 1830 war er Professor am Ludwigsgymnasium in München, seit 1844 Mitglied der Bayerischen Akademie der Wissenschaften, seit 1846 Professor am Gymnasium in Hadamar, von 1849 bis 1856 Rektor des Maxgymnasiums in München, ab 1. September 1856 Ordentlicher Professor für Klassische Philologie an der Universität München und zugleich bis zu seinem Tod Direktor der Hof- und Staatsbibliothek. – Halm ließ im Jahre 1858 leider zahlreiche seltene Drucke versteigern, die bis dahin als erhaltungswürdige Dubletten in den Bestand eingereiht worden waren, darunter ein Exemplar der 42zeiligen

Abbildung 14
Karl Halm. Foto, um 1860

Gutenberg-Bibel (sein Vorgänger Lichtenthaler hatte im Jahre 1832 bereits das zweite der drei vorhandenen Exemplare verkauft). Mit dem Erlös konnten zwar neue Bücher angeschafft werden, der Verkauf der wertvollen Dubletten rief aber heftige Proteste in der Öffentlichkeit hervor, so daß diese Praxis eingestellte wurde.

Im Jahre 1858 konnte in einer aufsehenerregenden Aktion die Privatbibliothek des Pariser Orientalisten Etienne-Marc QUATREMÈRE (1782 – 1857) erworben werden. Diese Sammlung umfaßte etwa 1.200 arabische, persische und türkische Handschriften sowie 45.000 Drucke des 16. bis 19. Jahrhunderts. Für die Finanzierung wurden auch Einnahmen aus den Dublettenverkäufen Halms verwendet.

29. Ludwig Hauff
1863

Neuester Wegweiser
durch die
königl. bayer. Haupt- und Residenzstadt
München.
Beschreibung
der Merkwürdigkeiten, Kunstschätze,
Anstalten und Umgebungen
für
Fremde und Einheimische.

Vierte Auflage.
Neu bearbeitet von Ludwig Hauff.

Mit Stahlstich und einem Plane der Stadt.

München.
M. Rieger'sche Buch- & Kunsthandlung.
1863.

*

II. Wissenschaftliche Anstalten.

1) Die Akademie der Wissenschaften, Neuhausergasse Nro. 51, wurde unter der Regierung des Kurfürsten Maximilian III. 1759 gestiftet, erhielt unter König Maximilian Joseph neuen Aufschwung, und wurde durch König Ludwig in nähere Verbindung mit der Universität gesetzt. [...]

6) Die Bibliothek befindet sich in der Ludwigsstrasse in einem, im Style mittelalterlich italienischer Paläste aufgeführten Gebäude von Friedrich von Gärtner. Die Fronte beträgt 520', erhebt sich 85' hoch in zwei Stockwerken über dem gewölbten Erdgeschosse, welches das Reichs- und Hausarchiv enthält. Der Fenster sind 72, der im Halbkreise geschlossenen Portale 3; eine breite freie Doppeltreppe mit kolossalen Statuen des Aristoteles, Hypokrates, Homer und Thucidides von Sanguinetti und Mayr, und als Dachgesims eine dichromatische Mauerkrone schmücken die Fronte. Zwei Seitenflügel sind durch ein Hintergebäude verbunden, welches das prachtvolle Stiegenhaus mit den Statuen des Stifters der Bibliothek Albrechts V. und des Erbauers des gegenwärtigen Gebäudes Ludwig I. von L. Schwanthaler enthält. Das Stiegenhaus ist ferner mit allegorischen Fresken von Nilson, verschiedene Wissenschaften darstellend, mit Reliefbildnissen vieler Dichter und Gelehrten aller Zeiten in Medaillons über den Fenstern geschmückt. Das Gebäude ist mit einer wetterfesten Auflösung von Wasserglas überzogen; im Erdgeschosse befindet sich, wie gesagt, das kgl. Haus- und Reichsarchiv. Die Bibliothek ist täglich von 8 – 1 Uhr geöffnet, zum Herumführen sind

die Stunden von 10 – 1 Uhr bestimmt, zu welchem Behufe ein eigenes Anmeldezimmer besteht.

Von der grossen Treppe gelangt man in ein Vorzimmer, in welchem sich das Sekretariat befindet, an dieses reiht sich der grosse Lesesaal an, welcher Gelegenheit zum Arbeiten in der Bibliothek bietet. Unter Caution von Staatsdienern, auswärtiger Gesandten und anderer angesehener Einwohner werden Bücher ausgeliehen. Wer sich über die Gesetze wegen Benützung der Bibliothek näher informiren will, den verweise ich auf ein Schriftchen des Professors Schmeller über diesen Gegenstand.

Im Hinterflügel, wohin eine Thüre aus dem eben erwähnten Lesesaal führt, befindet sich ausser dem Zimmer für den Direktor und die Verwalter das Journalzimmer u.s.w. Die innere Einrichtung der Büchersäle, namentlich die der Galerien vor den Schränken, welche den Gebrauch der Leitern beseitigen, dann die Verbindung mit dem obern Stockwerke durch die in den Wänden aufsteigenden Treppen ist besonders beachtenswerth.

Den Grund zu dem hier aufgehäuften Bücherschatze, welcher über 800,000 Bände zählt, hat Herzog Albrecht V. in der zweiten Hälfte des 16. Jahrhunderts gelegt. Er wurde von allen nachfolgenden Regenten vermehrt, und gewann bei der Aufhebung der Klöster unter der Regierung des Königs Maximilian I. einen reichen Zuwachs kostbarer Handschriften. Sehr bedeutend ist die Sammlung chinesischer Drucke, welche durch Professor Neumann an die Bibliothek gekommen ist, dann die Sammlung der Xylographien, worunter sich das Siegel des Pfarrers Johannes zu St. Moriz in Augsburg mit der Jahreszahl 1407 befindet. Die Bibliothek enthält ausser dem erwähnten noch ungefähr 1500 [wohl verdruckt für »15.000«] Inkunabeln, 50 alte Holzschnittwerke, an 22,000 Handschriften – der Masse von Dissertationen, Flugschriften u.s.w. nicht zu gedenken. Unter den Handschriften sind von besonders historischem Kunst- und Geldwerth die unter dem Namen Cimelien in einem gesonderten Saale vereinigten und in 6 Pulten aufbewahrten Schätze, der mit Edelsteinen reich besetzte Codex aureus Karls des Kahlen aus dem Kloster Emeran zu Regensburg von 870, die verschiedenen mit Gold und Edelsteinen, Elfenbeinschnitzwerk und Miniaturen geschmückten Evangelien Kaiser Heinrichs II., die Gebetbücher Ludwig des Bayers, Herzog Albrechts IV. mit Miniaturen aus der Florentiner- und aus der niederländischen Schule; Handschriften in Wachs auf violettem und anderem Pergament, Papyrus, chinesischen Rohrpapier, auf Baumwoll- und Lumpenpapier von 1347, auf Birkenrinde, auf Palmblättern, auf schwarzem gewobenen Zeug u. dgl. mehr.

Die Bibliothek hat 313 hebräische und 368 orientalische Handschriften, darunter einen Koran auf Pergament mit Goldbuchstaben, welcher einst Eigenthum des bekannten Pere de la Chaise war, Nisami Erzählungen, eine braminische Handschrift weiss auf schwarz, malabarische Handschriften auf Palmblättern; die Divans von Hafiz und Saadi; ein Hatti-scherif von Kaiser Suleimann an den Pascha von Cypern u.s.w. Unter den griechischen Handschriften sind die Evangelien aus dem 8. Jahrhundert, ein sehr schön geschriebenes Psalterium, ein Thucydides aus dem 11. Jahrhundert, ein Demosthenes u.s.w. besonders bemerkenswerth. Die ältesten lateinischen Handschriften, deren Gesammtzahl auf 14,000 angegeben wird, sind die vier Evangelien von Valerianus und der Codex Alaricianus aus dem 5. Jahrhundert, die Uebersetzung des Dioscorides in lombardischer Schriftform, die Evangelien auf Purpurpergament mit Gold- und Silberbuchstaben aus dem 9. Jahrhundert; die Werke des heiligen Augustin und Gregorius, über 100 Bände; der Codex traditionum ecclesiae Ravennatis auf ägyptischen Papyrus aus dem 9. Jahrhundert. Die Zahl der altdeutschen Handschriften beträgt über 4000, darunter Ottfrieds evangelische Geschichte in Reimen 883 – 906, und dieselbe in der altsächsischen Alliterationspoesie, Willerams hohes Lied, 2 Handschriften der Nibelungen, Wolfram von Eschenbachs Parcival, Tristan, der Frauendienst von Ulrich von Lichtenstein u.s.w. Der französischen Handschriften sind bei 600, der italienischen bei 500; hiezu kommen 66 spanische, mehrere slavische, englische, schwedische, eine ungarische und eine esthische.* Nebstdem sind noch bei 600 musikalische, darunter die 7 Busspsalmen von Orlando di Lasso auf Pergament mit Miniaturen von Mielich mit Orlando's Bildniss, Motetten von Cypriano da Rore auf Pergament mit Miniaturen von Mielich.

Autographen sind vorhanden von Luther, Melanchton, Calderon, das Gebetbuch mit Albrecht Dürer's berühmten Randzeichnungen u.s.w. In einem Manuskripte des Vitruvius sind Noten und eine Abhandlung von der Hand Raphaels. Handschriften sind vorhanden von Jean Paul, Göthe, Schiller, Herder u.s.w. Unter den älteren Drucken zeichnen sich aus Practica und Neujahrswunsch auf 1455 in 5 Oktavblättern, die Biblia pauperum, eine lateinische Bibel von 1462, das grosse Psalterium von 1459, und das Faust Schöfferische Duranti rationale divinorum officiorum von 1459.

[Textzitat S. 119, 126 – 130]

◊

Der Schriftsteller Ludwig Hauff (1794 – 1866) veröffentlichte ein Jahr nach seinem »Wegweiser« ein von Anerkennung und Verehrung geprägtes Buch über König Maximilian II. (1811 – 1864). Bei der Würdigung des Wirkens dieses beliebten bayerischen Königs für Wissenschaft und Kunst erwähnt er auch ausdrücklich die Publikation der Handschriftenkataloge: »Für die Anlegung neuer Kataloge der Staatsbibliothek wurde eine hohe Summe verwendet, und der in Folge hievon u. A. entstandene Katalog der romanischen Handschriften von Dr. Thomas erfreute sich der besonderen Anerkennung des Königs« (Hauff, 1864, S. 326).

Im Jahre 1858 erschien unter dem Titel »Catalogus codicum manu scriptorum Bibliothecae Regiae Monacensis« der erste Band mit den Beschreibungen der französischen, spanischen, portugiesischen, italienischen, englischen, schwedischen, dänischen, estnischen und ungarischen Handschriften; er eröffnete eine Tradition, die bis heute wirksam ist. Das Erscheinen des Bandes verzögerte sich damals um etwa vier Monate, weil noch 228 Handschriften der 1858 erworbenen Bibliothek von Etienne-Marc Quatrèmere eingearbeitet wurden. Unter der energischen Leitung Karl Halms erschienen insgesamt fünfzehn Bände. Nach seinem Plan für den **Handschriftenkatalog** sind bis heute 31 Teilbände herausgekommen und – teilweise als Nachdruck – im Buchhandel erhältlich: Band 1 Orientalische Handschriften (7 Teilbände 1866 – 1915), Band 3/4 Lateinische Handschriften (12 Teilbände 1868 – 1992), Band 5/6 Deutsche Handschriften (7 Teilbände 1866 – 1984), Band 7 Sonstige abendländische Sprachen (1858), Band 8 Musikalische Handschriften (1 Teilband 1879), Band 9/10 Nachlässe (3 Teilbände 1970 und 1991). Die Bearbeitung von Band 2, Griechische Handschriften, ist lange ein Desiderat geblieben, da der Katalog von Ignaz Hardt (erschienen 1806 – 1812)

* Von dem Handschriften-Cataloge, der 7 Bände umfassen sollte, ist nun 1 Band, der 7. vollendet, die romanischen Handschriften enthaltend, man verdankt diesen der uneigennützigen Anstrengung des Prof. Dr. Thomas .

Abbildung 15
Johann Andreas Schmeller. Ölgemälde von J. Bernhardt, 1849

längst überholt war. Seit dem Jahre 1992 werden die griechischen Handschriften neu katalogisiert. – Außerhalb des Katalogplans von Halm sind in jüngerer Zeit Bände der illuminierten Handschriften (3 Teilbände 1980–1990), der Musikhandschriften (3 Teilbände 1979–1989) und der Papyri (3 Teilbände 1986) erschienen.

Auf dem Gebiet der Handschriftenkatalogisierung ist die Arbeit des Bibliothekars Johann Andreas Schmeller bis heute vorbildlich und wirksam geblieben. Zwischen 1829 und 1852 hat er über 22.000 Handschriften geordnet, aufgestellt und in Kurzverzeichnissen beschrieben. Das rasche Erscheinen der ersten Teilbände des Handschriftenkatalogs war nur durch die Vorarbeiten Schmellers möglich gewesen. – Der Hinweis auf das »Schriftchen des Professors Schmeller« zeigt, daß der Bibliotheksführer aus dem Jahre 1851 noch immer aktuell und unentbehrlich war. Die Leistungen Schmellers als Bibliotheksorganisator und Bearbeiter der Handschriften beruhten letztlich auf seinem ungeteilten Engagement für die Bibliothek, denn er widmete sich ab 1829 ebenso intensiv der bibliothekarischen Arbeit wie er es vor seiner Zeit an der Bibliothek für sein berühmtes »Bayerisches Wörterbuch« (Stuttgart, 1827–1837) getan hatte. – Bevor er im Alter von 43 Jahren an der Hofbibliothek tätig wurde, verlief sein Leben sehr abwechslungsreich. Von 1799 bis 1804 besuchte er das Gymnasium in Ingolstadt und in München, von 1806 bis 1808 unterrichtete er am Königlichen Institut Militar Pestalozziano in Madrid, von 1809 bis 1812 war er Lehrer in Basel. Seit 1814 diente er im bayerischen Heer und kam 1824 wegen seiner Sprachenkenntnisse an die Akademie der Wissenschaften. 1827 wurde er Professor am Kadettenkorps, 1828 außerordentlicher Professor an der Universität und 1846 ordentlicher Professor der altdeutschen Sprache und Literatur. Im Jahre 1985 wurde anläßlich seines 200. Geburtstages am Gebäude in der Theresienstraße 19 (etwa drei Minuten von der Bayerischen Staatsbibliothek entfernt) eine Gedenktafel mit folgendem Text angebracht: »In diesem Haus wohnte der Sprachforscher Johann Andreas Schmeller, 1785–1852, von 1832 bis zu seinem Tod.«

Martin Schrettinger und Johann Andreas Schmeller »begründeten letztlich das internationale Ansehen der Hof- und Staatsbibliothek. Hatte Schrettinger einen Weg gewiesen, aus den ungeordneten Büchermassen eine funktionsfähige Bibliothek zu schaffen, erschloß Schmeller den kostbaren Fonds der Handschriften und schuf dadurch die Voraussetzungen für die durch die Umwälzungen zu Beginn des [neunzehnten] Jahrhunderts zunächst unterbrochene literarhistorische Quellenforschung« (Hauke, 1991, S. 95).

Georg Martin Thomas (* 1817 in Ansbach, † 1887 in München) studierte in München und Leipzig Philologie und Geschichte. 1841 habilitierte er sich an der Münchner Universität. Wegen seiner »ausgesprochen protestantischen Gesinnung« erhielt er aber nur eine Stelle am königlichen Kadettenkorps. 1848 wurde er als außerordentliches Mitglied in die Philosophisch-philologische Klasse der Bayerischen Akademie der Wissenschaften aufgenommen. Seit 1856 war er ohne feste Anstellung an der Hof- und Staatsbibliothek tätig, wo er die Katalogisierung der Handschriften übernahm. Erst 1863 wurde er fest angestellt und 1877 auf eigenen Wunsch pensioniert. Viel Zeit hat Thomas auch der Politik gewidmet: »Immer ist er dabei unentwegt der nationalen und liberalen Partei treu geblieben. Er bekannte stets freimüthig und offen seine Ueberzeugung und zeigte sich in Wort und Schrift immerdar als begeisterter Anhänger für die Einigung Deutschlands. Es war eine stolze Genugthuung für ihn, daß nach der Wiedergeburt des Deutschen Reichs ihn seine Vaterstadt Ansbach in den ersten deutschen Reichstag als ihren Vertreter entsandte, in welchem er dauernde persönliche Beziehungen zu Bismarck anknüpfte« (Allgemeine deutsche Biographie).

30. Edward Wilberforce
1863

SOCIAL LIFE IN MUNICH.

BY
EDWARD WILBERFORCE.

LONDON:
WM. H. ALLEN & CO., 13, WATERLOO PLACE, S.W.
1863.

*

CAPTER XIII.

THE ROYAL LIBRARY.

Why is it called Royal? The Royal Court and State Library. Is it so exclusively used, first by Royalty, then by the Court, and lastly by the State? Far from it; it is more public in its nature than the British Museum which pretends to no such exalted titles. And yet the British Museum has more right to such names than the library in Munich, for George the Fourth's private collection was to some extent the nucleus of, at all events a great addition to, the present library, and without some introduction no reader is admitted. In Munich any one may read in the library without being introduced. I believe the books have been collected chiefly from old monasteries; the sums required by the library are voted by the Chamber, and the costs of building do not appear in the list of King Ludwig's disbursements. By what right, therefore, is the library royal? But call it public, and see how Bavarian loyalty will be offended; and yet, to my mind, public is a more honourable title than royal. A library freely open to all, as the Munich library is, seems to me public in the largest sense. And I readily admit the merits of the Munich library; it is generous and hospitable to strangers as to natives; it grudges nothing that is in its power, nor could it well be expected to give more than it gives. One is apt to forget that Munich is only the capital of Bavaria, and seeing it do so much, one thinks that it might easily do more; and one's English notions of the practical are too susceptible. Let me not be deemed ungrateful to a library whence I have received so much assistance, and where I have been treated with so much consideration, if I seem to dwell more on its defects than on its merits, more on what it wants than on what it possesses.

As I have mentioned the British Museum in connection with the Munich Library, and as many readers are probably familiar with the former, I can best make the Munich system clear by contrasting the two. There can be no greater contrast. The English and the German are as fully shown in their libraries as in any other subject of comparison. The ideas of the two nations, their manner of life, appear in every detail. In the British Museum everything is done that can promote the comfort of the readers. There is a large class of attendants constantly running backwards and forwards with piles of books and MSS.; original documents to aid the researches of a historian, heraldic tomes for some gentleman deep in families, a three volume novel for a young student who prefers the lighter side of national life; there is an elaborate catalogue ready to hand, and sufficient to suggest subjects of study to those in want of literary employment; not to mention the minor comforts of a pleasant room, lofty and well ventilated, those comfortable chairs, the desk for each reader with his book supporter and blotting pad, the countless books of reference within every one's reach, the map of the room, that guides you to every subject represented on its walls. There is nothing of this in the Munich library. The reading-room is low and dark, vaulted like a crypt, with heavy pillars; the fittings consist in two long bare tables, at which every one reads, without a desk to support books, or any convenience for transcribing. Neither catalogue nor books of reference are in the room, nor are they to be had without special permission. But the chief inconvenience is that you may have only one book at a time, and you must bespeak that the day before. The result is that the reading-room is very scantily tenanted, and the power of taking books away leads all who can to read at home. There is no lack of civilty or willingness on the part of the *employés*, but they are very few, are probably overworked, and underpaid.

The chief difference between the Munich system and the London system lies in the permission granted to all properly authenticated readers to take books home. This is of itself sufficient to alter the whole manner of study. But there are some minor differences which I will treat first in order. The number of feast-days and their rigid observance is very obnoxious to regular students. One never knows exactly when the library is going to be open. One day it is shut because it is the King's nameday, another because it is the Queen's; one day because there is a procession down the Ludwig's Strasse, another because there is a procession down the Maximilian's Strasse. Then there are three days during the October feast, and odd days about Christmas tide. I do not complain of the holidays granted to the attendants, but of their uncertainty and their irregularity. Again, in London, while great efforts were made to adorn the inside of the reading-room with fitting splendour, the outside and the approach are by no means magnificent. In Munich the outside is gorgeous, and the inside is mean. The building, designed by Gärtner, is a noble work in the Byzantine style, by far the finest in the Ludwig's Strasse. On entering you ascend a superb staircase, the wonder of all visitors, and the subject of praise to all *valet-de-place*. The steps are of marble, broad and easy, the walls adorned with medallions, and the head flanked by two statues of princes of the Bavarian house. There can be but one opinion of the splendour of this staircase, and but one opinion of its unfitness. In a palace built entirely for show and for luxury, it would be graceful and becoming. But when it leads you to the dingy reading-room without one fitting either for comfort or for show, when you notice the poverty of the internal arrangements and the want of attendants, and are told that the library is too poor to afford anything better, you ask why was not the staircase turned into something useful. But this is the plan King Ludwig has followed in every one of his buildings. In every one purpose is sacrificed to outward show, and comfort is bought off by splendour. It is indeed reported – I know not with what truth – that the grand staircase was originally intended for the King alone, and that the readers were to find their way through winding passages, across an open court and up a narrow flight of steps. Of course none but ultra-loyals would put up with such treatment, and scarcely even ultra-loyals after 1848. Still it is merely the logical consequence of the rest of the system.

I believe that a register is kept of all books applied for in the British Museum in order that those which are most in demand may be placed in the reading-room. In Munich a register is also kept, but in a different way. The books that each person has had from the Library are entered under his name. I do not know with what object this register is kept, unless it is that a *surveillance* may be exercised over each one's studies. [...] I do not know if this register is kept of all books read in the Library, or only of those taken away from it.

I need not say that the permission granted to take books home from the Library is a great convenience, but it has some ills attending it. In London, of course, such a system would be impossible, for London is the literary capital of England, besides being the largest city in the world; and though regular readers are few in comparison to the population, the occasional readers would exhaust the Library. But in Munich it can hardly be avoided, and it must be owned that the permission is granted on a most liberal scale. The few people who go to Oxford with a view to opening books are aware that the Bodleian is rendered almost useless by adhering to the system of the British Museum, and Munich bears a very close resemblance to Oxford. Even if a luxurious reading-room existed in Munich, it could hardly be used. Professors who have occupations beyond reading, lectures to deliver, disputations and official meetings to attend, could hardly spend their days in the Library as is done by so many readers in the British Museum. I can hardly form an idea of the result of confining all students in Munich to one reading-room. It would become the dwelling of all the learned population of the town, it would have to accommodate a quarter of the inhabitants, and would soon become a bookish version of the Baths of Caracalla. As all Paris is concentrated in the Bourse, so all Munich would dwell in the reading-room, and it would be necessary to provide a kitchen below, turn on beer, and allow smoking.

Still, when books are allowed to be taken from the Library, certain regulations ought to be made and observed strictly. Otherwise it becomes a race for precedence, and the few are apt to be served at the expense of the many. It is plain what these regulations should be. There ought to be a certain time fixed, at the expiration of which books must be returned. No one should be permitted to keep books beyond this time, be he Professor, be he even King. Books of reference ought never to be taken away from the Library. An extension of the time might readily be allowed if no one else had applied for the book, but no high person should be favoured by getting a book called in before the time for which it was granted to another had expired. Even if these rules were strictly kept, there might be some inconvenience, for it frequently happens that two men are reading books on the same subject, and it may not suit one to wait till the other has had them the full time. A month is allowed – nominally – in Munich as the time that books may be kept, and a month is not too much for most books, hardly enough for some. With the British Museum system you have only those books in use that you are actually using, and if a book that is kept for you is wanted by another, he can have it for a time, till you want it again. But in Munich, if a man is reading a dozen different subjects he may have all the books on them at home, and till he returns them finally they are out of your reach. It is of course convenient to him to write with his books around him, but it may be questioned how far it is fair to others. As it is, each Professor has a small private library of reference at the expense of the National Library. And what makes it worse is, that the rules which I have mentioned, and which I venture to believe indispensable for the general utility are never observed. The time allowed is only nominal, books of reference are lent out, and great favour is shown to privileged people.

At the top of the receipt you sign for a book; it is stated that it must be returned at the end of four weeks, and at the end of four weeks if you do not bring the book back, and if any one else has applied for it, the Librarian is supposed to send for it. But in fact, if you are a Professor you may keep a book almost any time, and any number of persons may ask for it without your being troubled by an application. I have heard men say that they have kept books a year, and I once heard the Librarian observe, on returning a receipt to a man, that it had been there three years. Month after month I have written down the name of a book without ever being able to get it, and as it was a book on special subject in a foreign language it was evidently kept by the same person. But if you are not privileged, and a privileged being wants the book you have got, it will instantly be called in. An Englishman was reading one of Prescott's works on Spain, and had only kept it a fortnight when it was sent for. The King was meditating a journey to Spain, and wanted to get up the history beforehand. Perhaps it is in this sense the Library is called Royal; that the King is favoured at the expense of humble readers. But on this principle everything, not in Bavaria alone, but even in other lands, would bear the same title. And so far from grudging the King an early perusal of Prescott, an Englishman ought to be gratified by the reception English literature has met with in high places. For the same reason, when the Edinburgh Review does not appear in the periodical-room till a month after its arrival in Munich, every one knows that the King is keeping it, and no one envies him the careful study he bestows on it. Dr. Johnson's explanation of the superior attractions of a Countess may well be applied to the case of Royal study, for with any other mortal one is apt to complain bitterly. But the imagination is excited at the thought of a King reading the Edinburgh Review!

And really the King is not so much given to keeping books as some of his subjects. One is always tempted to visit the slightest neglect on the part of royalty with much greater severity than grave offences on the part of the Commons, because it is far pleasanter to shy one's stone at a prominent object, and the chance of hitting is far greater. When Theodore Hook uttered the pious wish, »To-day is George the Fourth's birthday; God save my detaining creditor!« he did not reflect how many debtors were locked up by their tailors or butchers, who did not vent their feelings with the like acrimony on their creditors' birthdays. The books in the Munich Library certainly find many worse detaining creditors than the King. There are professors who have their supply not by volumes, but by shelves; who, instead of taking out books, take out libraries. One of my friends has a room full of books, I should judge about five hundred volumes. Some one remarked that a furniture waggon would be needed to take them all back to the library, as it probably would if they ever went back there. [...]

The books which are kept so long are just the books that ought to stay at the library, for the only books you would keep so long would be books of reference. You do not take out five hundred volumes to read; that would overtax the powers of Francis Horner, who was remarkable for devising extensive plans of study, and then doing nothing towards realising them. If there was a convenient room, fitted with all the usual books of reference, there would be little excuse for taking them away, but there is no such room. Books of reference generally are kept in the catalogue room, where there are no conveniences for consulting them, and where you are constantly in the way. There is no security for finding the book you want. Thus, the man who wants to verify a fact or a date, takes the book home with him, and finds that keeping it on his shelves, with a mark in the place, is less trouble than copying out the passage. While in the catalogue room, it may be expedient to mention the catalogue, that cause of such universal annoyance to those who prepare it, and those who use it. In Munich, as in many other continental libraries, the catalogue is not at every one's disposal. In Paris, when I asked for it, I was told, »on ne la communique pas,« and being fresh from the luxury of the British Museum, I could not remember the name of a book without its assistance. Here you need a special permission from the chief librarian; but as a compensation you are saved the necessity of observing press-marks with that nicety that is so often fatal to inconsiderate readers in London. The catalogue is written on loose sheets, which are kept in pasteboard cases.

The labour of the attendants is greatly increased by the reservation of the catalogue. In London, when you have written down your book on the ticket, the attendant has only to follow the directions of the press-mark. But in Munich you can, of course, give no more than the name of the author, and the name of the book; the attendant has to find out its situation from the catalogue. And even those persons who are allowed to use the catalogue themselves, are in the habit of leaving the attendants to find out the press-marks; partly because there are no slips of paper or pens in the catalogue room. This tax on the attendants to some extent justifies the inconvenient regulations about bespeaking books, and the inconvenient hours of closing. The library is only open from eight till one, but the attendants are engaged the whole afternoon in looking out the books for the next day. There are frequently two hundred books to be searched out in the catalogue, and got down from their places. And, in spite of the boasted convenience of the arrangements of the library, this cannot but take a long time with the small existing staff of attendants. The morning is pretty well occupied with getting an occasional volume for a privileged person, and in showing the curiosities to strangers. The readers at the British Museum made complaints enough when any of their hours of study were taken for showing the reading room, and students generally gnash their teeth at curiosities. However, they are the only parts of the Munich Library deemed worthy of mention in Murray, so they ought to be treated with respect. I have seen them once without very distinct recollection. But the other day one of the librarians of St. Petersburgh gave his opinion on the curiosities of the Munich Library, and the officials in Munich were not very well pleased, to judge from their ferocious underscoring of the review of his book in the *Athenaeum*.

Eight to one, it will be remarked, are thoroughly German hours; but even if you rise as early as the Germans do, you can hardly find the hours convenient. The morning is so naturally adapted to working at home, that one grudges any trespass on it, and a visit to the library is sure to trespass heavily. Moreover, the necessity of bespeaking a book the day before you can get it breaks into two mornings for each book, and if on coming the second day you find, as is too often the case, that the book is lent out, you have given up two mornings for nothing. I suppose, however, unless considerably more was spent on the library, these defects could not be remedied. And it is a question if the Chambers would grant more than the 39,000 florins (£ 3,300), they grant a present. Great were the disputes about the money spent on Quatremère's books, almost £ 10,000, which was merely an extraordinary expense to buy a renowned library. All Paris cried out against the emigration of Quatremère's books to Germany; yet Germany did not seem to welcome them with corresponding enthusiasm. I am not aware how much is spent on the British Museum; but I saw in a report that one hundred and two officials were employed in the department of printed books, and in the reading room, and I doubt if more than twenty are employed in Munich. Of the 39,000 florins granted to the library, I believe 16,000 are spent on buying books. But these details are not always easily ascertained. All that statistical books tell you of the Munich Library is, that it is the second in Europe, exceeding the British Museum in the number of its volumes, and only yielding to the library in Paris.

To literary men in Munich it is, of course, more important that the money should be spent in buying books than that it should be spent on the arrangements. A student prefers to get a useful book after two days than to have speedy attendance and a scarcity of books. And I cannot but think that Quatremère's library was a great addition, so far as my own experience serves. The weak point of the Munich library lay in the English poets. Those of the present day were probably ignored; till Tennyson's works came out in the Tauchnitz edition, his name was not in the catalogue, and Browning is not there yet. But there was also a want of the classical English poets in good editions. Neither Scott's »Dryden« nor Scott's »Swift« are in the library, and till Quatremère brought the Tonson of 1760, the only edition of Dryden was the version of his works contained in the Edinburgh collection of British Poets. I presume this *hiatus* occurred from the way in which the library was formed. At present a very fair assortment of recent English works is added to the library; a natural preference is shown to standard books, and a little too much prominence given to theology. The new books lie for some time on the Librarian's table, but they often take an inordinate time in finding their way into the catalogue. It is an obvious abuse to allow professors to take these new books home, and keep them by the week or the month. I have known books to take three months to appear in the catalogue, owing to their detention by some interested reader.

A special room is devoted to periodicals, and to this room an introduction is needed. The piles of German magazines lying on the table are enough to impress one with a vivid sense of the literary activity of the nation, especially if you open one of them by chance and find the length to which historical or philosophical disquisitions reach, and the solid manner in which they are written. We frivolous English think our Quarterlies models of gravity and weight; but the Germans send out monthly, or even fortnightly, piles of laborious matter which would hardly find acceptance even in our most ponderous pages. Most of the English Quarterlies are taken in, though, strangely enough, the National Review is not among the number. The Saturday Review and Athenaeum represent weekly literature, and keep the Librarian *au courant* with new publications; the Cornhill, and some scientific works, the monthly. The weekly papers are the only ones that come regularly, the rest generally take two months to arrive. The Times appears on the table exactly a month after date, being provided by one of the town reading-rooms when its own demand is appeased.

[Textzitat S. 214 – 228]

◇

Edward Wilberforce (1834 – 1914) entstammte einer berühmten Familie aus der Grafschaft Yorkshire. Die Schule besuchte er in Eton. Das Studium am Trinity College in Oxford gab er bereits 1854 auf und ging für vier Jahre als Kadett zur Marine. Im Jahre 1856 kam Wilberforce zum erstenmal nach München. Später hielt er sich nochmals von 1860 bis 1864 in München auf. Er heiratete eine Amerikanerin, die ihm 1861 sein erstes Kind in München gebar. Warum er sich so lange in München aufhielt, ist nicht bekannt. Trotz aller Kritik schreibt er in seinem Buch, daß München billig sei, und daß die gesellschaftlichen Zwänge viel leichter als in England zu ertragen seien. Sehr positiv äußert er sich über das Künstlerleben in München. Im Jahr 1864 kehrte er nach London zurück, wo er sich als Jurist ausbilden ließ. 1866 wurde er Barrister am Inner Temple, 1885 Revising Barrister und später Master of the Supreme Court of Judicature. Von seinem Buch über München erschienen 1864 und 1870 weitere Auflagen. Eine kommentierte deutsche Übersetzung gab Gerhart Wiesend 1990 heraus (vgl. Wiesend, 1990).

Die **Edinburgh review, or critical journal** (erschienen von 1802 bis 1929) war eine berühmte britische Zeitschrift. Da sie eine liberale Stimme in einem konservativen Umfeld war, freute sich Wilberforce besonders, daß sie vom bayerischen König gelesen wurde. König Maximilian II. galt als anglophil und konnte gut Englisch.

Der von Wilberforce erwähnte russische Bibliothekar aus Sankt Petersburg, der 1859 mehrere europäische Bibliotheken besuchte, ist Vasilij Ivanovič Sobol'ščikov (1813 – 1872). Er kannte Schrettingers Veröffentlichungen und hatte seine Ideen für die Aufstellung der Bücher in der Sankt Petersburger Bibliothek übernommen. Um so enttäuschter war er darüber, wie das System Schrettingers inzwischen nachteilig verändert worden war. Seine Reiseeindrücke aus Wien, Prag, Dresden, München, Frankfurt, Paris, London, Oxford, Brüssel und Berlin schilderte er in einem Aufsatz, der eine heftige Kritik in der englischen Zeitschrift »Athenaeum« auslöste (vgl. Sobol'ščikov, 1859). – Die Entwicklung der Münchner Bibliothek beurteilte Sobol'ščikov positiv, denn sie gehörte zu den Bibliotheken, die auf ihn einen großen Eindruck machten. Die Architektur des Gebäudes schätzte er dagegen als sehr dürftig ein:

> In München fand ich eine gut funktionierende Bibliothek vor. Bevor ich mich aber mit der Bibliothek befasse, möchte ich einige Worte über das Bibliotheksgebäude sagen. Als ein Werk der neueren Kunst verdient dieses Gebäude eine detaillierte Schilderung. Zwar ist dieses Gebäude für die Bibliothek errichtet, aber seinem Charakter nach entspricht es nicht seiner Bestimmung. Wenn man seine recht eintönige Fassade und die schlichten, kleinen Fenster der drei Stockwerke betrachtet, scheint es auf den ersten Blick, daß wir es mit einer Lehranstalt, und nicht mit einer Bibliothek zu tun haben, für die große und hohe Säle mit großen Fenstern typisch sind, die der Fassade großzügige und strenge Formen verleihen. Die äußere Ausstattung des Gebäudes ist ausgezeichnet. Die Gesimse, die Fensterverkleidungen und überhaupt alle anderen Details sind ausgezeichnet ausgeführt. Dies ist den örtlichen Baumaterialien zuzuschreiben. [...]
> Die Haupttreppe brachte mir unser Kaiserliches Museum in Erinnerung und ich hatte mir eingebildet, daß der Prunk der Königlichen Bibliothek in München mich in Erstaunen setzen würde. Aber der Prunk fand hier auf der Haupttreppe sein Ende. Das Empfangszimmer war ein einfacher Saal, der Lesesaal war noch einfacher und die Innenräume der Bibliothek so einfach, daß von keinem Hauch einer künstlerischen Gestaltung etwas zu spüren war. Vielmehr waren es große und bequeme Magazine. Die Schränke sind überall in zwei Etagen aufgestellt mit einer Galerie. Beide Etagen sind so niedrig, daß man die Bücher aus den oberen Regalen, ohne eine Leiter zu benutzen, holen kann. [...]
> Im Gebäude selbst fand ich eine bemerkenswerte Besonderheit. Das Gebäude ist dreistöckig. Im Erdgeschoß ist das Staatsarchiv, welches nichts mit der Bibliothek gemeinsam hat, untergebracht. Die Bibliothek befindet sich über dem Archiv in den zwei obe-

Abbildung 16
Büchersaal in der Hof- und Staatsbibliothek. Foto, um 1870

ren Stockwerken. Die Haupttreppe führt nur bis zur mittleren Etage und außer dieser Treppe hat die untere Etage keine andere Verbindung zu den oberen Stockwerken. Diese oberen Stockwerke sind miteinander nur durch enge Holztreppen verbunden, die hinter den Schränken eingebaut sind. Diese Treppen eignen sich nur für den internen Dienstbetrieb der Bibliothek. Wenn es aber notwendig wäre, in das obere Stockwerk etwas Großes zu bringen, so würde man gezwungen sein, es durch ein Fenster hereinzubringen. Die Besucher, auch gekrönte Häupter nicht ausgenommen, die die Bibliothek besichtigten, kann man in das obere Stockwerk nur hinter den Schränken, fast im Dunkeln, geleiten. Der Gedanke an eine Feuersbrunst ist greulich – das Dach ist mit Ziegeln bedeckt und ruht auf einem Holzgerüst, überall sind Decken aus Holz und dazu kommen noch die engen Holztreppen zwischen den oberen Stockwerken, von der steinernen Haupttreppe weit entfernt und hinter den Schränken versteckt [...]

In der Nähe des Lesesaals befindet sich die Katalogabteilung. Hier arbeiten Bibliothekare und hier werden alle Kataloge der Bibliothek aufbewahrt. Alle Schränke dieses recht großen Raumes sind mit allerlei Nachschlagewerken gefüllt, die von den Bibliothekaren und Benutzern sehr oft benutzt werden. In der Mitte des Raumes stehen einige hohe Tische, auf denen die 57 Bände des recht sauber auf Papier großen Formats geschriebenen Alphabetischen Katalogs der ganzen Bibliothek ausgelegt sind. Seit 1840 werden in diesem Katalog keine Bücher mehr registriert. Ab 1840 werden die Neuerwerbungen in dem »beweglichen« Katalog erschlossen, der unserem Petersburger Katalog ähnlich ist. Es ist also die dritte große Bibliothek, die ich auf meiner Reise besucht habe und die ihre gebundenen Kataloge durch Zettelkataloge ersetzte. (Wien, Prag und München) [...]

Das Beste und Nachahmungswürdigste in der Königlichen Bibliothek zu München ist der Akzessionskatalog, der von dem Bibliothekar Widmann geleitet wird. Über dem Tisch, an dem er arbeitet, sind einige Regalböden angebracht, in denen eine Anzahl kleiner Kästen aus Karton in alphabetischer Reihenfolge aufgestellt sind. In diesen Kästen stehen im Alphabet Zettel mit den Titeln aller gekauften Bücher. Auf jedem Zettel ist verzeichnet, bei welchem Buchhändler und wann das Buch bestellt wurde, wann es die Bibliothek erhalten hat, wieviel für dieses Buch bezahlt wurde und zum Schluß, wo das Buch in der Bibliothek aufgestellt ist. Im unteren Regal stehen drei mit anderem Papier beklebte Kartons. In diesen Kartons sind die Zettel mit den Titeln der bestellten, aber noch nicht angekommenen Bücher aufgestellt. Auf den Zetteln sind der Name des Buchhändlers, an den die Bestellung abgegangen ist, das Datum der Bestellung und der angegebene Preis verzeichnet. Wenn jemand von den Bibliothekaren oder den Lesesaalbesuchern ein Buch für den Kauf vorschlägt, so wird dieses Buch von Widmann nur nach einer Recherche in dieser Zettelkartei bestellt. Sehr oft stellt er fest, daß dieses Buch schon gekauft oder bestellt wurde. [...]

(Nach: Rudomino, 1977, S. 224–226)

Sobol'ščikov erschien es als eine »bemerkenswerte Besonderheit« des Bibliotheksgebäudes an der Ludwigstraße, daß das ganze Erdgeschoß dem **Staatsarchiv** vorbehalten war. Wegen der seit Anfang des 20. Jahrhunderts zunehmenden Raumnot in der Bibliothek wurde bereits im Jahre 1907 gefordert, ein eigenes Archivgebäude zu errichten. In den folgenden Jahren wurde immer wieder beantragt, der Bibliothek Räume im Erdgeschoß zur Verfügung zu stellen. Als im Jahre 1919 das Bayerische Kriegsministerium im benachbarten Gebäude an der Ludwigstraße aufgelöst wurde, erhoffte sich die Staatsbibliothek dort Räume zu erhalten. Schließlich zog das Bayerische Staatsarchiv aber erst nach dem Zweiten Weltkrieg in das benachbarte Gebäude des ehemaligen Kriegsministeriums um, das von 1824 bis 1830 von Leo von Klenze erbaut und nach dem Krieg wieder hergestellt worden ist. Heute befinden sich in einem Teil des Erdgeschosses des Bibliotheksgebäudes die Räume der »Monumenta Germaniae Historica«.

Der seit 1841 als Fortsetzung des Bandkatalogs geführte »Zettelkatalog« ist eigentlich ein Blattkatalog (im Format 18 x 22 cm), dessen Blätter in Kapseln aufbewahrt werden. Der Katalog wird für den Bestand mit Erscheinungsjahren von 1841 bis 1952 noch heute weitergeführt und heißt wegen seines Formates **Quartkatalog**. Dieser Katalog befindet sich heute in dem das ganze Erdgeschoß einnehmenden Raum des 1966 fertiggestellten Anbaus im Osten; in diesem Raum, der von den Bibliothekaren traditionell noch immer »Katalogsaal« genannt wird, befinden sich nach wie vor ein Großteil der aktuellen Nachschlagewerke, die Erwerbungsabteilung und Teile der Katalogabteilung.

Karl WIEDMANN war an der Münchner Hof- und Staatsbibliothek seit 1825 als Praktikant, seit 1833 als Sekretär, seit 1844 als Kustos, seit 1857 als Unterbibliothekar und von 1863 bis zu seinem Tod 1870 als Bibliothekar tätig.

31. Hermann Alexander Berlepsch
1870

MÜNCHEN.
Seine
Kunstschätze und Sehenswürdigkeiten.
Supplement zu jedem Reisehandbuch.

Herausgegeben
von
H. A. BERLEPSCH,
Redakteur der Meyer'schen Reisehandbücher.

Mit einem Plane der Stadt und Kärtchen der Umgebung.

MÜNCHEN & BERLIN
Friedrich Bruckmann's Verlag
1870.

*

Sammlungen und Sehenswürdigkeiten.

[...]
* Bibliothek, königliche, in der Ludwigs-Strasse (Plan E. 2) Besichtigung des Cimelien-Saales, an jedem Wochentage von 10 bis 1 Uhr (zur Treppe hinauf). 24 kr. für die einzelne Person, mehrere nach Verhältniss. [...]

*

Zeit-Eintheilung.
Drei-Tage in München.

Erster Tag: Vormittag: Kaffee im Hofgarten bei Tambosi einzunehmen. – Besichtigung der Fresken in den Arkaden. – Gegenüber in die Theatiner Kirche (S. 33) und Feldherrn-Halle. – Zu Fuss durch die Ludwigs-Strasse hinaus bis zum Siegesthor. – Dann zurück in die *Ludwigs-Kirche (Plan E.2, S. 25). Nach 9 Uhr in die Bibliothek (Plan E.2); Führung in den *Cimelien-Saal. – Mit Droschke oder zu Fuss durch die Theresien-Strasse zur *Alten Pinakothek, [...]

Sammlungen. Museen.

Münchens grossartige Sammlungen sind ein wesentlicher Theil von Münchens Ruhm und geben der reisenden Welt Veranlassung länger in Bayerns Hauptstadt sich aufzuhalten [...]

Rechts die königliche Hof- und Staats-Bibliothek, ein kolossales dreistöckiges, 520 Fuss langes Gebäude, mit welchem die Suite der Architekt von Gärtner'schen Werke beginnt.

Lübke charakterisirt dieselben folgendermassen: »In Gärtner's Werken verbinden sich künstlerische Konsequenz und Ernst des Strebens mit einem entschiedenen Sinne für massenhafte Wirkungen, dem aber das Talent für durchgreifende Gesammtgliederung und Gruppirung der Theile abgeht. Dazu gesellt sich in den meisten Fällen eine befremdliche Rohheit des ornamentalen Details, das wunderlich mit der stumpfen Schwächlichkeit der Ausladung in Gesimsen und anderen Profilen kontrastirt«.

Im unteren Geschosse befindet sich das königl. Reichsarchiv, in den beiden oberen Etagen die Bibliothek. Prächtig und sehenswerth in baulicher Beziehung ist das Treppenhaus (jeden Vormittag von 9 bis 1 Uhr zugängig. Ausführlicheres über das Gebäude und seine Sammlungen siehe S. 119). – [...]

*

Die kgl. Hof- und Staats-Bibliothek (Plan E.2) befindet sich im Bibliothek-Gebäude in der Ludwigs-Strasse.

Geöffnet täglich, mit Ausnahme der Sonn- und Festtage, von Morgens 8 bis Mittag 1 Uhr. (Sonnabends nur bis 12 Uhr.) Gänzlich geschlossen vom 16. August bis 30. September.

Zu besichtigen unter Führung des Hausmeisters Schenk von Früh 9 bis 12 Uhr; gegen freiwillige Entschädigung (mindestens 24 kr.).

Direktor: Herr Prof. Dr. Karl Felix Halm.
Oberbibliothekar: Herr Heinrich Foeringer.
Bibliothekare: Herren K. Wiedmann und Dr. Thomas.
Expedirender Sekretär: Herr Laubmann (sehr gefällig).

Die Bibliothek wurde von Herzog Albrecht V. von Bayern (1550 bis 1579) gegründet, der den von seinen Vorfahren ererbten Bücherschatz theils durch reiche Ankäufe in Italien, theils und vorzüglich durch Acquisition von drei werthvollen Privat-Bibliotheken ansehnlich vermehrte.

Diese 3 Bibliotheken waren die aus 645 Büchern und Handschriften bestehende Sammlung des Nürnberger Arztes und Geschichtsschreibers Hartmann Schedel († 1514), – ferner die vom österr. Kanzler J. A. Widmannstadt († 1558) hinterlassene Sammlung von circa 500 Druckschriften und 330 (besonders orientalischen) Manuscripten, – und endlich die namentlich an Handschriften reiche Bibliothek des kaiserl. Rathes und bayr. Hofrathspräsidenten J. J. Fugger (1575).

Albrechts Nachfolger sorgten nach besten Kräften für Vergrösserung und eine anno 1618 vorgenommene Zählung ergab bereits die Summe von 17,046 gedruckten Büchern, 275 griech. und 723 latein. Handschriften. Während des 18. Jahrhunderts vermehrte Kurfürst Maximilian Joseph die Bibliothek mit den Schätzen des aufgelösten Jesuiten-Ordens, während unter Karl Theodor die von dem berühmten Juristen A. W. Kreitmayr (S. 60) hinterlassene Sammlung hinzukam und durch denselben Kurfürsten die an trefflichen Drucken und vorzüglichen Handschriften reiche Bibliothek des berühmten Philologen Petrus Victorius erworben wurde. Damals befand sich diese Anstalt im ehemaligen Jesuiten- (dem jetzigen Akademie-)

Gebäude (S. 57). Den gedeihlichsten Aufschwung nahm sie jedoch unter Maximilian Joseph's Regierung, besonders 1803 durch Einverleibung eines Theils der Mannheimer Hofbibliothek und durch die Aufhebung der Stifte und Klöster, von denen besonders Augsburg, Bamberg, Benediktbeuern, Ebersberg, St. Emeran zu Regensburg, Freising, Tegernsee u. A. die kostbarsten und werthvollsten Handschriften geliefert haben. In neuerer Zeit erwarb sich Ludwig I. die grössten Verdienste um dieses ausgezeichnete Institut, einerseits durch wesentliche Bereicherungen der Büchersammlung selbst, dann aber ganz besonders durch Aufführung des im altflorentinischen Style von Oberbaurath Fr. v. Gärtner (S. 50) 1832 bis 1834 [richtig: 1843] errichteten Kolossal-Baues, der im hochgelegenen Erdgeschoss das allgemeine Reichs-Archiv, in den oberen Stockwerken aber die kgl. Bibliothek birgt und durch sein positives Aussehen einen der Hauptschwerpunkte der Ludwigs-Strasse bildet.

Es ist ein Viereck von 520 Fuss Länge und 265 Fuss Tiefe, bei 85 Fuss Höhe, das durch einen Mittelbau (Treppenhaus, Expeditions- und Lese-Säle) getrennt, zwei Höfe umschliesst.

Zum Eingang führt eine stattliche Freitreppe, deren Brüstung von den vier (je 8 Fuss hohen) sitzend dargestellten Statuen des Aristoteles, Thucidides, Hippocrates und Homer (skulpt. v. Mayer u. Sanguinetti) geschmückt wird. Aus dem Vestibulum steigt eine stolze Marmor-Treppe zum 1. Stockwerk empor, das im Stiegenhause eine von 16 Marmor-Säulen getragene Halle bildet, deren Wölbungen mit emblematischen Malereien von Nilson geziert wurden. Oben, zu beiden Seiten der Eingangsthür des Expeditions-Saales, prangen die Statuen des Gründers Albrecht V. und des königlichen Haus Erbauers Ludwig I., beide von Schwanthaler. Das Gebäude wurde 1843 von den Sammlungen bezogen. Die Summe der hier in 12 Hauptklassen (180 Unterfächern) und in 77 Sälen aufgestellten Werke kennt man, wie bei allen grossen Bibliotheken nicht genau; man schätzt sie auf 800,000 Bände und wiess ihr in dieser Beziehung lange Zeit die zweitoberste Stelle unter allen existirenden Büchersammlungen an. Einen der kostbarsten Bestandtheile der ganzen respektabeln Büchermasse bilden die Handschriften (Codices manuscripti) deren Summe sich etwas über 25,000 erheben mag, eine Zahl, welche in Deutschland keine andere Bibliothek erreicht.

Die kaiserliche Hofbibliothek in Wien zählt 16,000, – die königl. Bibliothek in Berlin 15,000, die berühmte Wolfenbütteler 10,000, die Göttinger Universitäts- und Gothaische Bibliothek, jede 5000, Dresden 3000, Hannover nur 2000 Nummern Manuscripte. Uebertroffen wird sie nur im Auslande von der Vaticanischen in Rom mit 26,000, von der des britischen Museums in London mit 30,000 und von der kaiserlichen Bibliothek in Paris, die 80,000 Handschriften besitzt.

Eine Auswahl des für den flüchtigen Besucher Interessantesten wurde im s[o] g[enannten] Saal der Cimelien in zehn Schaukästen unter Glas ausgestellt; hier mögen als besonders beachtenswerth hervorgehoben werden:

I. Kasten, welcher einen Ueberblick von den verschiedenen Materialien gibt, die je nach Zeiten und Ländern für die Kunst zu schreiben benutzt wurden. Nro. 1. Tabulae ceratae, Holztäfelchen mit Wachs überzogen, in welche man mit einem scharfen, spitzigen Griffel hinein gravirte, eines der ältesten Schreibmittel, dessen Gebrauch bis ins 15. Jahrhundert fortdauerte. Die hier vorliegenden stammen aus dem Kloster Polling in Oberbayern und das noch am deutlichsten lesbare enthält ökonomische Aufzeichnungen. – Nr. 2. Codex purpureus aus dem 9. Jahrhundert, ein Evangeliarium auf gefärbtes Pergament mit goldenen und silbernen Buchstaben geschrieben. – Nro. 3. Ein Palimpsest oder Codex rescriptus aus dem 9. oder

10. Jahrhundert, d.h. ein Pergament, das bereits beschrieben war, dessen Schrift aber, um das Pergament aufs Neue benutzen zu können, ausgewischt und nun aufs Neue beschrieben wurde. Die von späteren Forschern durch chemische Reagentien wieder hervorgerufene ältere Schrift hat oft zu den interessantesten Entdeckungen bisher unbekannter Aufzeichnungen geführt. – Nr. 5. Ein Papyrus-Codex aus dem 10. Jahrhundert, aus 36 sehr zerbrechlichen Blättern bestehend, die aus dem Splint der Papyrusstaude bereitet wurden, das älteste bekannte Papier; das vorliegende ist ein Salbuch über die Grundbesitzungen der Hauptkirche zu Ravenna. – Nun folgen Nro. 6. chines. Papier, das schon seit Jahrhunderten in China aus Bambusrohrfasern bereitet wird (gedrucktes Buch). – Nr. 7. Cotonpapier aus dem 13. Jahrhundert, also lange vorher (besonders im Orient) aus den Fasern der Baumwolle gefertigt, bevor solche bei uns bekannt war. – Nro. 9. Ein Blättchen Birkenrinde, im 15. Jahrhundert beschrieben. – Nro. 10. Ein malabarischer Codex auf Palmblätter mit einem Griffel eingeritzt und Nro. 11. ein Sanskrit-Manuscript, mit weisser Farbe auf schwarzes, gewobenes Zeug geschrieben.

II. Kasten (lateinische und griechische Codices): Nro. 12. Breviarium Alarici oder Gesetzbuch Theodosius des Jüngern. Halb-Uncialschrift aus dem 6. oder 7. Jahrhundert. – Nro. 13. Quatuor Evangelia in mehrfarbiger Halb-Uncialschrift aus dem 6. oder 7. Jahrhundert mit späteren Cursiv-Randbemerkungen. – Nro. 14. Lectiones Evangeliorum in griechischer Uncialschrift (mit vielen slavischen Buchstaben) ohne Trennung der Wörter (wahrscheinlich erst in späterer Zeit nach einem Muster des 8. Jahrhunderts geschrieben. – Nro. 15. Dioscorides medicina, latein. Uebersetzung mit lombardischer Schrift aus dem 8. Jahrhundert. – Nr. 16. Homilien des heil. Augustin in irischer Schrift (der Hand des heil. Corbinianus zugeschrieben) aus dem 8. Jahrhundert. – Nro. 17. Excerpta ex Patribus, mit einem Runen-Alphabet am Ende. – Nro. 18. Seduli, Walafridi etc. carmina varia, zum Theil in tironischen Noten, d.h. einer Art stenographischer Schriftzeichen, wie solche im Alterthum üblich waren; aus dem 9. Jahrhundert. – Nro. 19. Chronica varia, zu Regensburg 1167 geschrieben, vielleicht das einzige Buch in Deutschland, in welchem um diese Zeit schon arabische Ziffern vorkommen.

III. Kasten (älteste deutsche Handschriften): Nr. 20. *Liber de inventione S[anc]t[ae] Crucis, in welchem das s[o] g[enannte] Wessobrunner Gebet (ein für die althochdeutsche Literatur äusserst wichtiges Sprachdenkmal des 8. Jahrhunderts) enthalten ist, geschrieben 814 im ehem. Kloster Wessobrunn in Oberbayern (vgl. S. 111). – Nro. 21. S[anc]t[i] Augustini, sermo de Symbolo, 61 Blätter, vom Erzbischof Adalram von Salzburg (reg. von 821 bis 836) Ludwig dem Deutschen in dessen Jugendjahren zum Geschenk gemacht, auf deren leere Räume Theile eines altdeutschen Gedichtes vom jüngsten Tage (unter dem Titel »Muspilli« herausgegeben) geschrieben stehen. – Nro. 22. Doctrinae S.S. [= Sanctorum] Patrum, aus dem 8. oder 9. Jahrhundert, in welchem eine deutsche Auslegung des »Unser Vater« enthalten ist. – Nro. 23. Der Heliand, ein altsächsisches Gedicht des 9. Jahrhunderts, das in alliterirenden Versen die Geschichte Christi nach den Evangelien erzählt und desshalb auch die altsächsische Evangelien-Harmonie genannt wird (fast das einzige erhaltene Denkmal dieser Mundart); im britischen Museum ist eine gleiche Handschrift. – Nr. 24. Die althochdeutsche *Evangelien-Harmonie des Otfried v. Weissenburg, ebenfalls eine poetische Bearbeitung der Geschichte Christi und zugleich das älteste deutsche Gedicht, in welchem der Endreim vorkommt. Zu Freising zwischen 883 und 906 geschrieben. – Nro. 25. Willerammi expositio super Cantica canticorum, eine zum Theil in deutscher Sprache gegebene Auslegung des hohen Liedes Salomonis aus dem 11. Jahrh. – Nro. 26. Die älteste bekannte Handschrift des Nibelungen Liedes (s[o] g[enannter] Hohenemser Codex) aus dem 13. Jahrhundert. – Nro. 27. Tristan und Isolde, von Gottfr. v. Strassburg (m. Miniaturen) aus dem 13. Jahrhundert. – Nro. 28. Parcifal und Titurel, Dichtungen Wolframs v. Eschenbach (m. Gemälden) aus dem 13. Jahrhundert.

IV. Kasten (Merkwürdige Handschriften in anderen Sprachen): Nro. 30. Die Evangelien in ungarischer Sprache, von 1466 (eins der ältesten in magyarischer Sprache). – Nro. 33. Altslavisches Psalterium in cyrillischer Schrift mit Malereien, aus dem 15. Jahrhundert. – Nro. 34. Ein Koran arabisch mit Gold geschrieben, einst Eigenthum des Père la Chaise, Beichtvaters Louis XIV. von Frankreich. – Nro. 35. Ein Koran im miniatursten Format, das kleinste Buch der Bibliothek in sehr deutlicher Schrift. – Nro. 36. Firdusi, Schach-Nameh, pers. Heldengedicht, reich ausgestattet. – Nro. 37. Nizami, pers. Gedichte mit vielen Malereien. – Nro. 37a. Aethiopisches Gebetbuch in Miniatur-Format.

In Schubkasten darunter: Fechtbuch des Hector Mair, Rathsdieners von Augsburg mit vielen gemalten Bildern, 2 Bde aus dem 16. Jahrhundert. – Herz. Wilhelm IV. von Bayern Tournierbuch, d.h. die von ihm in seiner Jugend mitgemachten oder veranstalteten Kampfspiele darstellend, gemalt von Ostendorfer von Regensburg 1541.

V. Kasten: Nro. 38. *Le livre de Jehan Bocace des cas des nobles hommes et femmes, mit prächtigen Miniaturen von dem Pariser Maler Fouquè, ein wahres non plus ultra; aus dem 15. Jahrhundert. – Nro. 39. Regnault de Montauban (die Haimonskinder), 5. Band, mit vortrefflichen Miniaturen; aus dem 15. Jahrhundert. (Die 4 ersten Bände befinden sich in der Bibliothek des Musée d'Artillerie in Paris.)

VI. Kasten (vortreffliche Miniaturen): Nr. 40. Lateinisches Gebetbuch Ludwigs des Bayern aus d. 14. Jahrhundert. – Nr. 41. *Lateinisches Gebetbuch mit 16 vortrefflichen Miniaturen von Hans Memling, in künstlerischer Beziehung das ausgezeichnetste Werk der Bibliothek (zwischen 1450 und 1490 gemalt.) – Nro. 43. Chronique des Princes de Clèves, mit prächtigen Gold-Arabesken um die schönen Miniaturen, deren eine die Sage vom Schwanenritter (Lohengrin) darstellt, aus dem 15. Jahrhundert. – Nro. 44. Die zehn Sibyllen und die Propheten des alten Testaments mit guten Miniaturen. – Nro. 45. Musterbuch eines Kunstschreibers und Buchmalers; 16. Jahrh. – Nro. 46 *Die Kleinodien oder Schmuckstücke Anna's von Oesterreich mit Miniaturen von Hans Muelich 1552 gemalt. – Nro. 47. *Lateinischer Kalender zu einem Gebetbuche, mit (angeblich) vom Sammet-Breughel gemalten feinen Miniaturen. – Nro. 48. Latein. Gebetbuch mit Miniaturen von Giulio Clovio und silbernen, emaillirten Deckeln von Hans Lenker, Goldschm. zu Nürnberg (von 1574). – Nro. 49. *Elogium metricum Margaritae Maximil. Caesaris filiae etc.

Geziert mit den Porträts Karls V., Karls II. von Spanien, Johanna's von Aragonien, Margaritas, Maria's von Burgund, Kaiser Maximilian I. und Philipp I. des Schönen von Spanien, – wie man glaubt, von Adrian van der Werff gemalt; die zopfige Einfassung ist aus späterer Zeit.

Nro. 50. Ein auf Pergament gedrucktes Gebetbuch Maximilian I. mit Original-Randzeichnungen von Albrecht Dürer.

Im Autographen-Kasten am Fenster ist namentlich ein Brief Andreas Hofer's vom 12. August 1809 interessant, beginnend »Herzliebste Prieder!« (Brüder.)

VIa. Kasten im anderen Fenster mit Nro. 51 *Pracht-Abschrift der von Orlando di Lasso (vgl. S. 60) für die Kapelle Albrecht V. in Musik gesetzten 7 Busspsalmen, überreich mit Aquarellen ausgeschmückt von Hans Muelich 1565 bis 1570.

Zwei grosse Pergament-Foliobände Text und 2 kleinere mit latein. Erklärungen der Gemälde; letztere haben 25,000 Gulden gekostet und für die 4 Einbände wurden gegen 15 Pfd. Silber verwendet. Es gehört zu den kostbarsten Werken der Sammlung. – Im gleichen Kasten befinden sich Autographa der ganzen Schiller'schen Familie.

VII. Kasten (*Berühmte alte Kirchenbücher): Nro. 53. Evangelienbuch aus dem 10. oder 11. Jahrhundert mit kostbaren Elfenbein-Dyptichen am Einbande, einst Eigenthum des heil. Ulrich, Bischof von Augsburg. – Nro. 54. **Evangelien-Pericopen, einst dem gefürsteten Frauenstift Niedermünster zu Regensburg gehörig, Prachthandschrift aus dem 11. Jahrhundert; besonders beachtenswerth wegen des mit Goldblech überzogenen Buchdeckel-ähnlichen Kastens (fast wie ein Reliquienbehälter der alten Iren) der seiner getriebenen Arbeit nach einer früheren Zeit als das Buch anzugehören scheint. – Nro. 55. **Codex aureus (11. Jahrh.) aus dem ehem. Reichsstift St. Emmeran zu Regensburg, die Evangelien enthaltend, im Jahr 870 auf Befehl Karls des Kahlen mit goldenen Uncialbuchstaben geschrieben.

Ursprünglich gehörte dasselbe der Abtei St. Denis bei Paris, wurde dann aber 888 als Geschenk Kaiser Arnulfs mit Gebeinen des hl. Dionysius areopagita nach Regensburg gesandt, wo es unter dem Abte Ramwolt um 980 renovirt und wahrscheinlich auch erst mit seinem gegenwärtigen kostbaren Deckel geschmückt wurde. Dieser besteht aus einer mit 240 Edelsteinen und 112 Perlen eingefassten Goldplatte, die 9 getriebene Bilder zeigt: in der Mitte der segnende Christus, um ihn die 4 Evangelisten und Darstellung der Verkäufer im Tempel, der Ehebrecherin, der geheilten Aussätzigen und Blinden. Für die Kunstgeschichte ist es eins der bedeutendsten überhaupt existirenden Werke.

VIII. Kasten enthält die glanzvoll ausgestatteten Kirchenbücher mit denen Kaiser Heinrich II. seine Lieblings-Schöpfung, den Dom zu Bamberg zierte. Es sind 4 Evangelienbücher und ein Missale, die sämmtlich in luxuriösen, mit Gold, Edelsteinen und Perlen reich geschmückten Einbänden prangen; für die Kunstgeschichte höchst werthvolle Elfenbein-Reliefs (Christus am Kreuz, Taufe Christi und Tod Mariä) wurden in Mitte der Pretiosen eingelassen. Die beiden anderen

IX. und X. Kasten enthalten Incunabeln d.h. Wiegendrucke aus der ersten Zeit der Erfindung der Buchdruckerkunst (1440 bis 1500) und solche, die von Holzplatten (Xylographien) noch vor der Erfindung gedruckt wurden, wie z. B. Nro. 61a Chiromantia von Dr. Johann Hartlieb von München (1448), Nro. 61e Legende vom hl. Meinrat, Nro. 62a Speculum humanae salvationis, Nro. 63a die 42zeilige Guttenberg'sche Bibel (die erste, welche gedruckt wurde); die ältesten datirten, Augsburger (v. 1468), Nürnberger (v. 1470) und Münchener (v. 1482) Drucke u. A. m.

Durch die übrigen Säle wird nur derjenige Besucher auf ausdrücklichen Wunsch geführt, der speciell für Bibliotheken sich interessirt. Sehenswerth ist in einem derselben ein *Papyrus mit hieratischem Text, nahezu 36 Fuss lang, ein fast vollständig erhaltenes Exemplar des alt-ägyptischen Todtenbuches, welches König Ludwig I. der Bibliothek schenkte.

[Textzitat S. 15, 19, 50, 119–125]

◊

Hermann Alexander Berlepsch (1814–1883) war ein Schweizer Reiseschriftsteller und Verfasser von Reiseführern. Im Winter 1869/70 hielt er sich in München auf, um sein »Reisehandbuch für Süddeutschland« umzuarbeiten. Durch seine Kontakte mit den Vorständen der Sammlungen und Museen sowie einzelner Spezialisten und Kenner erhielt er mehr Material, als er für sein Reisehandbuch benötigte. Ermuntert durch den Verleger Friedrich Bruckmann entstand dann dieser »Spezial-Cicerone für München« (S. III). Für eine vollständigere Beschreibung Münchens verweist er auf die Werke von Nagler und Morin/Trautwein. – Eine zweite verbesserte Auflage des »Reisehandbuchs« von Berlepsch erschien 1873, eine englische Übersetzung bereits 1871 mit dem Titel »Munich, its art-treasures and curiosities«. – Auf besonders attraktive Ausstellungsstücke im Zimeliensaal weist Berlepsch jeweils durch ein vorgesetztes Sternchen hin. Die zwei Spitzenstücke, die er mit zwei Sternchen auszeichnet, sind das Uta-Evangelistar (Nr. 54) und der Codex Aureus (Nr. 55). – Die Zählung der Zimelien stimmt (mit Ausnahme der Inkunabeln) mit der von Friedrich Morin (1862) überlieferten überein.

Berlepsch gibt die **Bestandsgröße** mit 800.000 Bänden für die Druckwerke an. Diese Schätzung ist knapp 20 Jahre überholt. Denn bereits in einem Bericht der Bibliothek vom 16. September 1853 an das zuständige Staatsministerium des Innern wird die Bändezahl der Druckwerke mit etwa 800.000 und die der Handschriften mit etwa 20.000 angegeben (Bayerische Staatsbibliothek, Alte Registratur B 2).

Zu den im Vorwort namentlich Bedankten gehört auch »Bibliothek-Sekretär Laubmann« (S. IV). Georg Laubmann (* 1843 in Hof, † 1909 in München) war nach seinem Studium der Philologie in München und Bonn ab 1866 Assistent des Direktors der Hof- und Staatsbibliothek, ab 1875 Oberbibliothekar an der Universitätsbibliothek in Würzburg und seit Ende 1882 bis zu seinem Todestag am 5. Juni 1909 Direktor der Hof- und Staatsbibliothek. Innerhalb des Textes über die Bibliothek wird Laubmann als Expedierender Sekretär erwähnt und durch den Zusatz »sehr gefällig« besonders hervorgehoben.

Heinrich Konrad Föringer (* 1802 in München, † 1880 in München) begann nach dem Jurastudium seine bibliothekarische Laufbahn an der Hof- und Staatsbibliothek im Jahre 1832 als Skriptor. 1835 wurde er Erster Sekretär, 1839 Vierter Kustos und 1868 Oberbibliothekar (Stellvertreter des Direktors); 1878 wurde er auf seinen eigenen Wunsch hin pensioniert und zwar mit dem Titel »Königlicher Hofrat«. Seit 1838 arbeitete er sehr engagiert beim Historischen Verein von und für Oberbayern mit, wo er sich um die bayerische Geschichte und Altertumskunde sehr verdient machte. Im Jahre 1846 wurde er auch Mitglied der Akademie der Wissenschaften und Privatbibliothekar König Ludwigs I. Er war »der geeignete Führer hochgestellter Persönlichkeiten durch die Bibliothek« und »die Seele des Umzugs 1843« (Bader, 1925, S. 62).

32. Friedrich Rosenthal
1888

Grüß Gott
in München!
Ein humoristischer Wegweiser
für
Fremde und Einheimische

von
Fritz Carmen.

Verlag der k. b. Hofbuchhandlung von
Max Eichinger.

*

Einleitung.

Wo zwischen Ufern, steil und grün
In raschem Laufe frisch und kühn
Ein echtes freies Alpenkind
Die Isar stürmisch niederrinnt
Und fernher das Gebirge blaut
Steht stolz die *Münchner Stadt* gebaut.
Wo du auch fragst an jedem Ort,
In Ost und West, in Süd und Nord,
In jedem Welttheil, jedem Land
Wird Münchens Name gern genannt,
Und nicht von wegen Bier allein!
Sein Ruf erklinget laut und rein
Und ist des höchsten Ruhmes werth.
Dort sitzt die Kunst am heim'schen Herd,
Frohsinn und echte Biederkeit
Uebt Münchens Volk zu jeder Zeit.
Es schafft und müht sich unverdrossen.
Doch ist die Arbeitszeit verflossen,
So läßt es in den Feierstunden
Gemüthlich sich den Maßkrug munden,
Freut sich an mäßigem Genuß
Und murrt nicht wider Gottes Schluß,
Läßt sich mit seinem Loos genügen
Und sucht bescheidenes Vergnügen.
Drum wer je in der Münchner Stadt
Geweilt, sie liebgewonnen hat;

Und froh ist jeder Gast willkommen
Und gern in München aufgenommen,
Der offnen Sinns und offnen Augs
Sich freut manch' altgewohnten Brauchs,
Nicht seinen Hohn an allem wetzt,
Nein fröhlich sich mit uns ergetzt,
Manch' kleine Schwäche uns verzeiht
Und hoch hält die Gemütlichkeit!
Strömt denn herbei in vollen Schaaren
Ihr Engelländer und Magyaren,
Franzosen, Russen, Brasilianer,
Australier und Amerikaner,
Ihr Italiener und Tunesen,
Ihr Suda-, Chi- und Japanesen,
Herbei, verehrte Nationen
Aus den verschied'nen Weltenzonen,
Vor allem aber strömt herbei
Ihr Stammgenossen allerlei
Aus Oesterreich, Holland und der Schweiz,
Aus Preußen und aus Reuß-Greiz-Schleiz,
Aus Braunschweig, Sachsen, Schwabenland
Und wie sonst immer sie benannt,
Die Vaterländer groß und klein,
Ihr alle sollt willkommen sein!
Und ohne Falsch und sonder Spott
Ruf' ich Euch herzlich zu: Grüß Gott!

*

Staatsbibliothek.

An neunmalhunderttausend Bände -
Wer läse jemals die zu Ende!
Da wird man ja des Teufels gleich.
Doch wär' sie noch einmal so reich -
Schlecht ist die Bibliothek bestellt,
Solang' ihr dieses Büchlein fehlt.

[Textzitat S. 3-5, 24]

◇

Friedrich ROSENTHAL (1845 – 1909) war Rechtsanwalt und Justizrat in München. Sein amüsanter »humoristischer Wegweiser« erschien im Jahre 1888 in der königlich bayerischen Hofbuchhandlung in Ansbach unter dem Pseudonym Fritz Carmen. Der »Wegweiser« blieb das einzige Buch, das Rosenthal veröffentlichte. Der Schriftsteller Max Halbe (1865 – 1944), der ab 1895 in München lebte, gab im Jahre 1910 für die Freunde des verstorbenen Rosenthal weitere Gedichte unter dem Titel »Carmina von Friedrich Rosenthal« heraus. Das Vorwort Halbes scheint die einzige gedruckte biographische Notiz über Rosenthal zu sein.

Weil das Gedicht über die Staatsbibliothek so kurz ausgefallen ist, wurde auch das einleitende Gedicht als Einstimmung für **München** beigegeben. Es trifft – obwohl inzwischen über hundert Jahre alt – noch immer den richtigen Ton: München ist eine weltoffene und gastliche Stadt, die »heimliche Hauptstadt Deutschlands«.

Auch die **Bayerische Staatsbibliothek** ist weltoffen und gastlich. Sie wird von Forschern und Wissenschaftlern aus aller Welt besucht; ihre Bücher gehen für Wissenschaftler und als Leihgaben für Ausstellungen in die ganze Welt; ihr Erwerbungsprofil umfaßt die Buchproduktion aller Länder:

> Gesammelt wurde immer weltweit. Man beschränkte sich nie auf die landeseigenen Werke, so berühmt sie auch sein mochten, sondern bemühte sich stets auch Handschriften und Drucke aus nahen und fernen Ländern zu sammeln. [...] Bereits im 17. und 18. Jahrhundert öffnete sich die bayerische Hofbibliothek, wenn auch damals nur auf Empfehlung, der Wissenschaft. [...] Im 19. Jahrhundert wurde die Bibliothek breiter zugänglich. Ab dem Beginn des 20. Jahrhunderts steht sie jedem, der wisssenschaftlich arbeiten oder sich beruflich fortbilden will, offen. Zu ihrer Benützung bedarf es heute im allgemeinen keiner Empfehlungsschreiben, ja mehr noch, die Bayerische Staatsbibliothek leiht im Gegensatz zu vergleichbaren Nationalbibliotheken in liberaler Weise auch Bücher außer Haus aus. Oft allerdings geschah dies zum Schaden der Bücher, so daß man heute im Interesse nachfolgender Generationen das Element der »Bewahrung« stärker in die Waagschale legen muß.
> (Kaltwasser, 1983, S. 7 – 8)

Die **Bestandsgröße** gibt Rosenthal mit »an neunmalhunderttausend Bände« an. Angaben zur Anzahl der Bücher gehören seit Anfang des 19. Jahrhunderts zum festen Bestandteil der Beschreibung beziehungsweise Charakterisierung einer Bibliothek; sie beruhen in der Regel jedoch nicht auf genauer Zählung, sondern auf mehr oder weniger guter Schätzung. Die Bestandszahlen für die Münchner Hof- und Staatsbibliothek schwanken in den Stadtführern nicht unerheblich, zudem verschleiert die üblicherweise verwendete Zähleinheit »Bände« meist die Tatsachen:

H. Lindemann (1866): über 800.000 Bände
an 24.000 Handschriften

T. Trautwein (1879): über 800.000 Bände
gegen 25.000 Handschriften

C. A. Regnet (1885): über eine Million Bände
mehr als 25.000 Handschriftenbände

K. Wetzstein (1888): über 1.300.000 Bände
über 30.000 Handschriftenbände

M. Schuegraf (1888): etwa 1 1/2 Million Bände

K. Scheiber (1900): 1.300.000 Bände

Die offiziellen Angaben im »Jahrbuch der deutschen Bibliotheken« bieten seit Beginn des 20. Jahrhunderts folgende Zahlen:

1. Jahrgang (1902): ca. [illegible] Bände
über 40.000 Handschriften

3. Jahrgang (1904): ca. 1.000.000 Bände
über 40.000 Handschriften

5. Jahrgang (1907): rund 1.100.000 Bände
gegen 50.000 Handschriften

10. Jahrgang (1912): August 1911: 1.116.190 Bände,
worunter 49.189 Handschriften

54. Jahrgang (1991): (Ende 1990) 6 Millionen Bände
36.860 laufende Zeitschriften
Besondere Sammlungen:
68.261 Handschriften
848 Nachlässe
34.955 Einzelautographen
766 Papyri
18.563 Wiegendrucke
50 Blockbücher
3.477 Bände Einbandsammlung
4.952 Einblattdrucke
172 Pergamentdrucke
242 Chalcographa
328 Lithographa
598 Malerbücher
8.194 bibliophile Drucke des 20. Jahrhunderts
55.278 Porträts
ca. 38.500 Exlibris
283.242 Musikdrucke
44.431 Tonträger
295.584 Kartenblätter
490.884 Mikromaterialien

33. Joseph Weiß
1896

MÜNCHEN.
Seine geschichtliche, örtliche und monumentale
Entwicklung unter den Wittelsbachern
nebst einem
Führer durch die Stadt.

Von
Dr. Joseph Weiss
k. Sekretär im k. bayer. Geh. Staatsarchiv.

Mit 66 Illustrationen und einem Doppel-Stadtplan.
Festgabe des Ortsausschusses zur XIII. Hauptversammlung des
Bayerischen Volksschullehrervereins, 4. – 6. August 1896.

MÜNCHEN 1896.
A. BRUCKMANN'S VERLAG

*

Die Jahre 1832 – 44 sind der monumentalen Ausgestaltung der Ludwigstrasse gewidmet. Zunächst begann Gärtner zwischen Stadt und Ludwigskirche ein Werk voll schlichter Majestät in romantischem Stile nach Vorbildern der mittelalterlichen Feudalbauten Italiens, die Hof- und Staatsbibliothek; es wurde fertig in den Jahren 1832-41 und kostete mit innerer Einrichtung 1 283 245 fl. Auf der Brüstung der Freitreppe vor dem dreifachen Portal sitzen die vier überlebensgrossen Steinbilder in Kelheimer Kalkstein (von Sanguinetti und Meyer): Thukydides, Homer, Aristoteles und Hippokrates; im Innern nimmt ein grossartiges Treppenhaus mit 16 Marmorsäulen und reicher Dekoration, zu dem eine von vier Säulen getragene Vorhalle führt, den ganzen Mittelbau ein und führt zu den Bibliotheksräumen empor, oben stehen vor der Eingangsthür die Marmorstandbilder des Gründers der Bibliothek, Albrechts V., und des Erbauers, Ludwig I., von Schwanthaler, in den Korridoren zu beiden Seiten der Stiege sind die Reliefbildnisse der berühmtesten Dichter und Gelehrten. Die über 1 1/2 Millionen Bände zählende Bibliothek ist in 77 Sälen aufgestellt, ausser dem säulengetragenen Lesesaal, dem mit den Büsten bayerischer Herzoge geschmückten Fürstensaal und den Geschäftszimmern. Sie wurde gegründet von Albrecht V. (es ward die berühmte Bibliothek des Nürnberger Humanisten Schedel erworben), besonders vermehrt durch Karl Theodor von der Pfalz (Handschriftensammlung Vettori und Camerarii) und unter Max I. durch die Schätze der aufgehobenen Klöster, sie umfasst über 30.000 Bände Handschriften (abgesehen von 3.600 musikgeschichtlichen) und zwar 600 griechische, 2.550 orientalische, mehr als 25.000 lateinische, 6.000 deutsche und allein 400 illustrierte; als ihre »Cimelien« (= Kleinodien) betrachtet sie den Codex Alaricianus, Auszug aus dem westgotischen Gesetzbuch (6. Jahrh.); die griechischen Evangelien (7. – 8. Jahrh.) und mehrere Bibel- und Klassikerhandschriften;

S[ancti] Augustini homiliae, Freisinger Handschrift mit angelsächsischen Schriftzeichen (8. Jahrh.); den Codex purpureus mit lateinischen Evangelien auf Purpurpergament mit goldenen und silbernen Buchstaben (9. Jahrh.); den Codex traditionum eccles. Ravennatis auf Papyrus (10. Jahrh.); eine von Laurent de Premierfait gefertigte französische Uebersetzung von Boccaccios De casibus illustrium virorum mit den köstlichen figurenreichen Miniaturen von Fouquet (15. Jahrh.); die Wachstafeln aus dem Kloster Polling; von den ältesten deutschen Handschriften: Liber de inventione sanctae Crucis mit dem berühmten Wessobrunner Gebet (9. Jahrh.), S[ancti] Augustini sermo de symbolo mit dem Gedicht Muspilli (9. Jahrh.), Heliand (9. Jahrh.), Ottfried v. Weissenburgs Evangelienharmonie (868 dem König Ludwig dem Deutschen gewidmet), zwei Handschriften des Nibelungenliedes (13. – 14. Jahrh.), Tristan und Isolde von Gottfried v. Strassburg (13. Jahrh.), Parcival und Titurel von Wolfram v. Eschenbach (13. Jahrh.), die babylonische Talmud-Handschrift; ferner Prachthandschriften des Koran, Schah-Nameh und Mahabharata und den kunstvollen Codex aureus mit den vier Evangelien, im Auftrag Kaiser Karls des Kahlen 870 geschrieben und in Gold und Edelstein gebunden, ebenso wie das Missale und die vier Evangelien von Kaiser Heinrich II. an Bamberg geschenkt (11. Jahrh.), dann die diversen Gebetbücher bayrischer Fürsten vom 14. – 16. Jahrh. und vor allem das S. 48 erwähnte lateinische Gebetbuch Kaiser Maximilians I. (1515) auf Pergament mit Randzeichnung Dürers und Cranachs und die von Muelich illustrirten und kostbar gebundenen Busspsalmen Orlando di Lassos (s. S. 40); an Inkunabeln ohne Jahreszahl besitzt die Bibliothek 4.000, mit Jahreszahl 7.000, von Proben aus den ersten Anfängen der Buchdruckerkunst von Fust und Gutenberg die erste lateinische Bibel, von Fust und Schöffer das Psalterium und Durandi rationale divin[orum] offic[iorum], Luthers Bibel mit seinem und Melanchthons Bildnis von Luc. Cranach und die berühmte, von dem deutschen (schlesischen) Drucker Nikolaus Lorenz in Florenz veranstaltete Danteausgabe mit Kommentar des Landino und 20 Kupferstichen nach Sandro Botticelli (1481), das kostbare Exemplar gehörte früher dem Kloster Tegernsee; nicht minder reich ist auch die Autographensammlung.

*

Rundgang.

[...]

Südwärts folgt an der Ludwigstrasse rechts

Die Universität (S. 92). [...]

Die Ludwigskirche (S. 85) und

die kgl. Hof- und Staatsbibliothek (S. 89. Besuchszeit s. »Allgemeine Notizen.«) Die ständige Ausstellung der Kostbarkeiten ist täglich geöffnet von 9 – 12 Uhr, Eintritt frei. Im Parterre befindet sich das kgl. b. Allg. Reichsarchiv und das k. b. Kriegsarchiv.

Neben der Bibliothek liegt rechts (Nr. 24)

das Kriegsministerium [...]

[Textzitat S. 89 – 91, 140]

◊

Joseph Weiss (* 1864 in Oggersheim, † 1935) studierte ab 1883 an der Münchner Universität Geschichte. Nach der Praktikantenzeit am Geheimen Staatsarchiv und am Allgemeinen

Reichsarchiv in München war er von 1892 bis 1895 Archivar des Fürsten zu Oettingen-Wallerstein; 1895 wurde er Sekretär am Staatsarchiv und ein Jahr später am Reichsarchiv, ab 1906 war er Archivrat im Geheimen Hausarchiv. Von 1909 bis 1917 übernahm er die Schriftleitung der Zeitschrift »Das Bayerland« (erschienen von 1890 bis 1990). – Der Stadtführer von Joseph Weiß ist einer der letzten, der noch auf die ständige Zimelienausstellung in der sogenannten Schatzkammer hinweisen kann, da sie bald danach in den Fürstensaal verlegt wurde.

Die Bibliothek besaß im ersten Obergeschoß drei gleichgroße quadratische Räume mit jeweils vier Säulen: in der Mitte des Osttraktes den Lesesaal, in der Mitte des Westtraktes den Fürstensaal und an der Südwestecke den Handschriftensaal. Das Motiv des quadratischen Raumes mit den vier Säulen liegt auch der Eingangshalle im Erdgeschoß unterhalb des Fürstensaales zugrunde. Warum nicht auch der Raum an der Nordwestecke (analog zum Handschriftensaal) diese Gestaltung erhielt, ist nicht bekannt. Der verhältnismäßig abseits gelegene und kleinere Raum an der Nordwestecke war seit dem Bezug des Gebäudes als **Ausstellungsraum** (Zimeliensaal oder Schatzkammer genannt) vorgesehen. Um in diesen Raum zu gelangen, mußten mindestens zwei Büchersäle durchschritten werden, was zunehmend als umständlich empfunden wurde. Als im letzten Jahrzehnt des 19. Jahrhunderts die ersten zeitlich befristeten Sonderausstellungen veranstaltet wurden, entschied man sich für den Fürstensaal als Ausstellungsraum, beispielsweise 1894 (Ausstellung zum 300. Todestag von Orlando di Lasso) und 1899 (Ausstellung medizinischer Handschriften anläßlich der 71. Versammlung deutscher Naturforscher und Ärzte). Der Fürstensaal galt zwar von der natürlichen Beleuchtung her als weniger geeignet, war aber für das Publikum gut zu erreichen. Spätestens seit dem Jahre 1898 wurde die ständige Ausstellung in der Schatzkammer aufgegeben und die Zimelien »in Glasschränken im Fürstensaal aufgestellt« (Baedecker, 1898, S. 146). So heißt es in der Vorbemerkung des Ausstellungskataloges aus dem Jahre 1899: »Neben der Ausstellung von medicinischen Handschriften und Autographen ist im Fürstensaal der Bibliothek auch der grössere Theil der ständigen allgemeinen Ausstellung von Handschriften, Bucheinbänden, Miniaturen, Autographen, Karten und Exlibris belassen« (Ausstellung, 1899). Bedingt durch Umbauten und andere Nutzung des Westtraktes wurde die ständige Ausstellung im Jahre 1914 vorläufig aufgegeben. Spätere Versuche, geeignete Ausstellungsräume in der Bibliothek einzurichten, scheiterten. Ersatzweise wurde (wohl Mitte der 1920er Jahre) der an den Fürstensaal angrenzende Korridor im Nordteil des Westtraktes als Ausstellungsraum verwendet. Erst nach dem Wiederaufbau des im Zweiten Weltkrieg stark beschädigten Bibliotheksgebäudes konnte im Jahre 1971 im Westtrakt ein eigener Ausstellungsraum fertiggestellt werden, der wieder die traditionsreiche Bezeichnung »Schatzkammer« erhielt. Für größere Sonderausstellungen dienen heute neben dem Fürstensaal auch die beiden Korridore im Treppenhaus und der Vorraum zum Allgemeinen Lesesaal. – An die frühere Tradition der ständigen Zimelien-Ausstellung erinnernd trug eine Ausstellung anläßlich der Olympischen Spiele 1971 in München den Titel »Cimelia Monacensia«; sie präsentierte 65 Handschriften, 13 Inkunabeln und 14 Blockdrucke (Cimelia Monacensia, 1971).

Der **Fürstensaal** hatte bis Ende des 19. Jahrhunderts keine bibliothekarische Funktion. Die Bezeichnung als »Festsaal« im Jahre 1876 deutet darauf hin, daß er eine gewisse repräsentative Funktion besaß (Reber, 1878, S. 139). Nachdem im ersten Jahrzehnt des 20. Jahrhunderts im Südteil des Westtraktes Räume für die Handschriften- und die Musikabteilung eingerichtet werden mußten, fungierte der Fürstensaal als Zugang zu diesen Räumen. Als ständiger Ausstellungsraum konnte er deshalb nicht mehr genutzt werden. Der schon im Jahre 1911 geäußerte Wunsch, den Fürstensaal durch eine Mauer abzutrennen, um ein Drittel als Zugang und zwei Drittel als Ausstellungsfläche zu gewinnen, wurde aus denkmalschützerischen Gründen abgelehnt. Im Jahre 1916 wird erstmals vorgeschlagen, den Fürstensaal als Erfrischungsraum den Benützern anzubieten, da seine »jetzige Leere unschön« sei. In einer Denkschrift der Bibliothek aus dem Jahre 1934 wird der Fürstensaal für das »Archiv für die Deutsche Sprache« und als Erfrischungsraum »vorbehalten«. Im Laufe der 1930er Jahre müssen auch die Büsten entfernt worden sein, über deren Verbleib heute nichts mehr bekannt ist.

34. Artur Weese
1906

München
Eine Anregung zum Sehen

Von
Dr. phil. Artur Weese
o. ö. Professor der Kunstgeschichte
an der Universität Bern

Mit 160 Abbildungen

Leipzig
E. A. Seemann
1906

*

Friedrich Gärtner begann seine Tätigkeit in München mit der Ludwigskirche. Aber schon 1832 übertrug ihm der König auch den Bibliotheksbau.

Es war eine glückliche Stunde, als der Plan zur Staats- und Hofbibliothek (Abb. 134) gefaßt wurde. Wie sehr die Großartigkeit der Ludwigsbauten auf den König selbst zurückzuführen ist, wird auch an diesem Bau klar. Die gewaltigen Dimensionen schienen anfangs viel zu groß genommen. Wenn auch ungeheure Bücherschätze in kurzer Zeit in München vereinigt wurden, so wäre es trotzdem leicht gewesen, einen Magazinbau von einfacheren Verhältnissen und doch genügendem Fassungsvermögen darzustellen. Aber Ludwig baute immer für die Zukunft, von der er für München und seine Schöpfungen das Größte erwartete. Die Entwicklung hat ihm recht gegeben. Selbst der riesige Zuwachs der Büchersammlungen in den Zeiten unermüdlicher Vielschreiberei kann leicht untergebracht werden. Auch für die kommenden Jahrzehnte ist keine Sorge nötig. Der Raum genügt sicher, wenn nur die Mauern das Gewicht der Gelehrsamkeit zu tragen vermögen. (Von Friedrich Gärtner 1832 – 1842 gebaut.)

Der Bau beherrscht mit seiner imposanten Fassade das ganze Straßenbild. Er verkörpert die monumentale Steigerung der architektonischen Wirkung, die an den Schul- und Zinsbauten gegenüber allerdings bewußt niedrig gehalten wird. Das System ist das denkbar einfachste. An vorspringenden und belebenden Motiven hat die lange Front nur die Treppe mit deren doppeltem Anlauf. Das Kranzgesims ist breit und wuchtig. Die eigentliche Behandlung der Fassade beschränkt sich auf ganz wenige Motive. Ihre Grandiosität beruht allein auf den Verhältnissen und dem mächtigen Eindruck der ruhigen Fläche. Dem Backstein ist eine Monumentalität abgewonnen, die wohl nur bei Steinfassaden auszudrücken gelungen ist. Kein Schmuck, keine Gliederung. Der Großsinn der Ludwigschen Epoche hat in der Bibliothek sein imposantestes Denkmal.

Ist die Front karg behandelt, so eröffnet sich im Stiegenhause eine prächtige Wirkung.

Die hohe stolze Treppe zwischen den glatten Marmorwänden und der bunten Säulenstellung darüber kann mit dem Reichtum italienischer Renaissancebauten konkurrieren. Wenn nur der feierliche Anstieg der schönen Treppe nicht hinter der Glaswand versteckt wäre. Welch kleinliche Zickzackführung von der Straße an, ehe man in die großartige Halle eintritt. Die Fluchtlinie der steilen Treppe ist allerdings starr und findet in der Loggia darüber keine rechte Gegenwirkung, ganz abgesehen davon, daß nach der großzügigen Ouverture kein Abschluß vorhanden ist, der die prächtigen Vorbereitungen rechtfertigte. Wohin führt die schwindelnde Jakobsleiter?

Nur eins hat der König und sein Baumeister nicht richtig eingeschätzt. Das ist der Lesefleiß der Bibliotheksbenutzer. Zu der Millionenzahl der Bücher steht der Lesesaal in keinem Verhältnis. Aber um so größer ist die Achtung vor der geistigen Arbeit von Jahrhunderten, für deren Schätze ein Königsbau von ehrwürdiger Größe und überwältigender Bedeutung entstanden ist, eins der bewunderungswürdigsten Kulturwerke des 19. Jahrhunderts.

[Textzitat S. 211 – 213]

◇

Artur Weese (1868 – 1934) war Kunsthistoriker in München und Bern. Thomas Mann erinnert sich in einem Brief an den Schweizer Schriftsteller Gottlieb Heinrich Heer vom 31. März 1935 an Weese: »Sie haben mir eine außerordentliche Freude gemacht mit Ihrem freundlichen Brief und dem schönen Buchgeschenk. Ich danke Ihnen herzlich. Es waren gute Abendstunden, die ich mit Weeses Briefen verbracht habe. Ich kannte ihn, war als junger Mensch in München öfter mit ihm zusammen [...] Seit seinem Weggang von München habe ich ihn nur einmal, gelegentlich einer Vorlesung in Bern, flüchtig wiedergesehen. Er besuchte mich zu meiner Freude im Künstlerzimmer. Er war sehr rund geworden, sein Kopf sowohl humoristischer als bedeutender. Ich lese sehr gern Briefe, wechsle gerade jetzt zwischen Goethe und Nietzsche, und es will etwas heißen, daß die frischen und dabei schön gebundenen Äußerungen Weeses dazwischen nicht nur bestanden, sondern mich mit Freude, Sympathie und – Wehmut erfüllten« (Mann, 1961, S. 385). – Auch Karl Alexander von Müller (1882 – 1964; von 1936 bis 1944 Präsident der Bayerischen Akademie der Wissenschaften) erinnert sich gern an die Münchner Vorlesungen und Exkursionen des jungen Weese (Müller, 1951, S. 271 f. und 285).

Weese gliedert sein Buch in zehn Kapitel, die sich jeweils mit einer bestimmten Zeitepoche beschäftigen. Das letzte Kapitel, in welchem der Bibliotheksbau beschrieben wird, ist mit »Ludwig I.« überschrieben. Der »Königsbau« erscheint ihm als ein angemessener Bau für die Bücherschätze der Jahrhunderte. Er zählt ihn zu den »bewunderungswürdigsten Kulturwerken des 19. Jahrhunderts«. – Sein Buch über München erschien 1911 in zweiter und 1925 in dritter Auflage; den Abschnitt über die Staatsbibliothek übernahm er jeweils unverändert.

In eher amüsantem Ton macht Weese auf den im Verhältnis zum Bücherbestand viel zu kleinen Lesesaal aufmerksam. Der **Lesesaal** war ursprünglich genauso groß wie der im Westflügel gegenüberliegende Fürstensaal. Im Jahre 1903 war er durch Verlängerung nach Süden etwa um ein Drittel vergrößert worden. Obwohl die Raum- und Betriebsnot immer verheerender für die Bibliothek wurde, war die Zeit von 1910 bis 1934 eine Zeit der vergeblichen Bauanträge. Bereits im Jahre 1917 legte das Landbauamt einen Plan vor, der einen Anbau an der Südostseite mit vier Innenhöfen bis an die Kaulbachstraße vorsah. Die Grundstücke dafür waren bereits erworben worden. Im Jahre 1932 wurden mit dem Plan des in München lebenden Professors und Architekten Peter BIRKENHOLZ (* 1876) in Form einer Broschüre in Nordamerika unter dem Motto »A great library in danger« Sponsoren gesucht (vgl. Bavarian State Library, 1932). Die wesentlichen Punkte dieses Plans waren: Überbauung der beiden Innenhöfe (für einen großen Lesesaal und Büchermagazine), Einrichtung des Fürstensaals als Erfrischungsraum, Verwendung des alten Lesesaals als Ausstellungsraum, Anbau nach Osten (in Verlängerung des alten Lesesaals) als Wandelhalle.

Nach dem Zweiten Weltkrieg, in dem wesentliche Teile des Gärtnerschen Gebäudes zerstört wurden, konnte der Bau zwar wieder hergestellt werden, nicht jedoch die Ausstattung des Treppenhauses. Bis 1966 wurde ein Anbau im Osten errichtet, in dessen erstem Obergeschoß sich heute der Allgemeine Lesesaal mit etwa 500 Arbeitsplätzen befindet; der Bereich des früheren Lesesaales wurde zum Vorraum. Weitere 180 Arbeitsplätze werden in den Sonderlesesälen angeboten. Dieser Anbau griff zwar auf die Idee des Projekts aus dem Jahre 1917 zurück, umfaßte aber vom Raumangebot kaum die Hälfte des Projektes. Die Probleme der Unterbringung der Bücher konnten nach dem Zweiten Weltkrieg nur durch mehrere Ausweichmagazine in und außerhalb Münchens entschärft werden. Im Jahre 1989 wurde in Garching (im Norden Münchens) die erste Ausbaustufe einer **Speicherbibliothek** fertiggestellt und bezogen; die zweite Ausbaustufe ist bereits in der Planung.

Die Bayerische Staatsbibliothek ist im übertragenen Sinne ein »Königsbau von ehrwürdiger Größe und überwältigender Bedeutung« bis heute geblieben. Um die Verpflichtungen, die der Bibliothek aus ihrer Geschichte und ihren aktuellen Aufgaben zukommen, erfüllen zu können, steht der Bayerischen Staatsbibliothek seit Ende des Zweiten Weltkrieges der höchste **Erwerbungsetat** unter allen Bibliotheken im deutschsprachigen Raum zur Verfügung.

Literaturverzeichnis

In das Literaturverzeichnis sind nur die Buchtitel aufgenommen, auf die in den Kommentaren in Kurzform hingewiesen wird.

◇

Allgemeine deutsche Biographie / Auf Veranlassung und mit Unterstützung Seiner Majestaet des Königs von Bayern Maximilian II. herausgegeben durch die Historische Commission bei der Königl. Akademie der Wissenschaften. – Berlin
Band 1 (1875) – 55 (1910)

Ausstellung medicinischer Handschriften und Autographen im Fürstensaale der k. Hof- und Staatsbibliothek : Zur 71. Versammlung deutscher Naturforscher und Aerzte in München. – München, 1899

Bachmann, Wolf
Die Attribute der Bayerischen Akademie der Wissenschaften 1807 – 1827 / von Wolf Bachmann. – Kallmünz Opf., 1966. – (Münchener historische Studien : Abteilung Bayerische Geschichte ; Band 8)
Diese Veröffentlichung gibt einen guten Überblick über die personellen, sachlichen und finanziellen Probleme der Hofbibliothek bis 1827.

Bader, Karl
Lexikon deutscher Bibliothekare im Haupt- und Nebenamt bei Fürsten, Staaten und Städten / von Karl Bader. – Leipzig, 1925
(55. Beiheft zum Zentralblatt für Bibliothekswesen)

Baedeker, Karl
Süddeutschland : Oberrhein, Baden, Württemberg, Bayern und die angrenzenden Teile von Österreich ; Handbuch für Reisende / von K. Baedeker. – 26. Auflage. – Leipzig, 1898
Der Beitrag über die Bibliothek befindet sich auf den Seiten 146 und 147.

Bavarian State Library, Bayerische Staatsbibliothek, Munich. – [München], 1932
In der 15seitigen Broschüre und Werbeschrift beschreibt der damalige Generaldirektor der Bayerischen Staatsbibliothek Georg Reismüller die Raum- und Betriebsnot der Bayerischen Staatsbibliothek. Der Architekt Peter Birkenholz stellt seinen Plan der baulichen Umgestaltung vor, der – einen schon im Jahre 1912 gemachten Vorschlag aufgreifend – von der Überbauung der beiden Innenhöfe ausgeht. Mit der Broschüre sollten Sponsoren in Nordamerika gefunden werden. Der geplante Lesesaal mit seinen 300 Plätzen sollte den Namen des Hauptsponsors tragen.

Bernhart, Johann Baptist
Codex traditionum ecclesiae Ravennatis in papyro scriptus et in Regia Bibliotheca Bavarica

asservatus / quem ex autographo descripsit et cum praefatione ac indicibus edidit Io. Bapt. Bernhart, eiusdem Regiae Bibliothecae Custos. – Monachii, 1810

In der Vorrede dieser Ausgabe werden Gian Lodovico Bianconi und Andreas Felix von Oefele gebührend erwähnt.

Bianconi, Gian Lodovico
Herrn Johann Ludwigs Bianconi, Churfl. Sächß. residirenden Ministers zu Rom, Zehn Sendschreiben an Herrn Marchese Philippo Hercolani, Rom. Kayserl. Königl. Cammerherrn, die Merkwürdigkeiten des Churbayerischen Hofes und der Residenz-Stadt München betreffend / Aus dem Italienischen übersetzt. – Leipzig, 1764

Ein textlich unveränderter Nachdruck dieser Übersetzung von Henriette von Runckel erschien 1771 in München und Leipzig.

Bianconi, Gian Lodovico
Opere del Consigliere Gian Lodovico Bianconi Bolognese, Ministro della Corte di Sassonia presso la S. Sede
Volume Secondo. Lettere al Marchese Filippo Hercolani Ciamberlano delle MM. LL. II. RR. ed APP. sopra alcune particolarità della Baviera, ed altri paesi della Germania. – Milano, 1802

Bianconi, Gian Lodovico
Briefe an den Marchese Hercolani über die Merkwürdigkeiten Bayerns und anderer deutscher Länder ⟨1762⟩ / Gian Lodovico Bianconi. Eingeleitet, verdeutscht und erläutert von Horst Rüdiger. – Mainz ; Berlin, 1964

Bosls Bayerische Biographie : 8000 Persönlichkeiten aus 15 Jahrhunderten / herausgegeben von Karl Bosl. – Regensburg
[Hauptband]. – 1983
Ergänzungsband. – 1988

Burney, Charles
The present state of music in France and Italy. – London, 1771

Eine zweite Auflage erschien 1773, die deutsche Übersetzung von C. D. Ebeling 1772 in Hamburg.

Burney, Charles
The present state of music in Germany, the Netherlands, and United Provinces. – London, 1773

Eine zweite Auflage erschien 1775, die deutsche Übersetzung von C. D. Ebeling bereits 1773 in Hamburg.

Catalogus Librorum qui in Bibliotheca regia Monacensi bis aut pluries exstant quorumque statuta auctionis lege venditio fiet Calendis Novembris et proximis post eas diebus an. MDCCCXV. – Monachium, 1515 [i.e. 1815]

Das unter der Signatur Res. Bavar. 535a aufbewahrte Exemplar dieses Auktionskatalogs ist ein durchschossenes Exemplar mit größeren Blättern, auf denen Preise und Käufer ver-

merkt sind. Unter den Käufern finden sich unter anderen die »Universität Würzburg«, »Sr. Excell. Titl. Hr. Graf von Törring«, »Hr. Hofrath v. Jacobs in Gotha« und »Sr. Excell. Hr. Minister Gr. v. Montgelas«. Die Inkunabeln wurden »dem Buchhändler Herrn Stöger in Gemäßheit eines allerhöchsten Rescriptes d. d. Januar 1816 gegen baare Erlegung von 600 fl. übergeben«. – Die Privatbibliothek des Grafen Maximilian von Montgelas (1759–1838) hat die Bayerische Staatsbibliothek im Jahre 1971 erworben.

Chur-Bairen sowol nach dem Leben derjenigen, die seither dem die Chur auf dieses Haus gefallen, regiert, biß auf gegenwärtiges Monat April ... – Frankfurt ; Leipzig, 1703

Cimelia Monacensia : wertvolle Handschriften und frühe Drucke der Bayerischen Staatsbibliothek München. – Wiesbaden, [1971]
Das Buch ist parallel in deutscher und englischer Sprache erschienen.

Dachs, Karl
Buchausstellungen in wissenschaftlichen Bibliotheken : Gedanken eines Ausstellungsmachers / Karl Dachs
In: Imprimatur, Neue Folge 11 (1984), S. 82–99

Dienst-Ordnung für die königliche Central-Bibliothek zu München, genehmigt durch allerhöchstes Rescript vom 20. Oct. 1811. – München, 1811

Ebert, Friedrich Adolf
Die Bildung des Bibliothekars / Von Friedrich Adolf Ebert, Doctor der Philosophie und Secretaire der Königl. öffentl. Bibliotheken zu Dresden. – Zweite umgearbeitete Auflage. – Leipzig, 1820

Eggert, Klaus
Friedrich von Gaertner : Der Baumeister König Ludwigs I. / von Klaus Eggert. – München, 1963. – (Neue Schriftenreihe des Stadtarchivs München ; Band 15)

Freige, Johann Thomas
Ioannis Thomae Freigii Quaestiones Physicae. In quibus, methodus doctrinam physicam legitime docendi, describendique rudi minerva descripta est, libris XXXVI. – Basileae, 1579

Hacker, Rupert
Die Münchner Hofbibliothek unter Maximilian I. / Rupert Hacker
In: Wittelsbach und Bayern / Herausgegeben von Hubert Glaser. – München ; Zürich
II,1. Um Glauben und Reich : Kurfürst Maximilian I. Beiträge zur Bayerischen Geschichte und Kunst. – 1980. – S. 353–363

Happel, Eberhard Werner
Der Bayerische Max, Oder so genannter Europaeischer Geschicht-Roman, auf das Jahr 1691. Jahr; in welchem in einer Liebes- und Helden-Geschichte die denckwürdigste Wunder-Begebnüsse ... nach Weise der bißherigen Geschicht-Romanen beschrieben werden / von E. G. H. – Ulm, 1692

Hardt, Ignaz
Ueber den Zustand der churfürstlichen Hofbibliotheck überhaupt, und insbesondere über die griechischen Handschriften derselben : eine Rede am Namensfeste Sr. churfürstl. Durchlaucht etc. etc. / Gelesen in einer öffentlichen Versammlung der Akademie vom Ignatz Hardt, Mitgliede der historischen Klasse. – München, 1803

Hartig, Otto
Die Gründung der Münchener Hofbibliothek durch Albrecht V. und Johann Jakob Fugger / Von Otto Hartig. Vorgelegt am 7. Februar 1914. – München, 1917. – (Abhandlungen der Königlichen Bayerischen Akademie der Wissenschaften, Philosophisch-philologische und historische Klasse : XXVIII. Band, 3. Abteilung)

Hauff, Ludwig
Leben und Wirken Maximilian II., Königs von Bayern : Ein Volksbuch / von Ludwig Hauff. – München, 1864

Hauke, Hermann
Die Bedeutung der Säkularisation für die bayerischen Bibliotheken
In: Glanz und Ende der alten Klöster : Säkularisation im bayerischen Oberland 1803. – München, 1991. – S. 87–97. – (Veröffentlichungen zur Bayerischen Geschichte und Kultur; Nr. 21)

Hundert Jahre Bayerische Staatsbibliothek
In: Das Bayerland : Illustrierte Halbmonatsschrift für Bayerns Land und Volk. – Jahrgang 43, S. 385 – 416 (Heft 13)
Heft 13 des 43. Jahrgangs dieser Zeitschrift ist ein Sonderheft aus Anlaß des 100. Jahrestages der Grundsteinlegung des Bibliotheksbaus an der Ludwigstraße.

Johann Andreas Schmeller : 1785–1852 ; Gedächtnisausstellung zum 200. Geburtsjahr / Bayerische Staatsbibliothek. – München, 1985

Kaltwasser, Franz Georg
Einleitung zu: Thesaurus librorum : 425 Jahre Bayerische Staatsbibliothek ; Ausstellung München 18. August – 1. Oktober 1983. – Wiesbaden, 1983

Keyßler, Johann Georg
Johann Georg Keyßlers, der Königlich Großbrittanischen Societät der Wissenschaften Mitgliedes, Neueste Reisen durch Deutschland, Böhmen, Ungarn, die Schweiz, Italien und Lothringen ... – Neue und vermehrte Auflage, welche mit Zusätzen und mit einer Vorrede von dem Leben des Verfassers begleitet hat M. Gottfried Schütze ... – Hannover, 1751

Die königl. Hof- und Staatsbibliothek zu München
In: Allgemeine Zeitung für das Jahr 1845, Viertes Quartal. – Stuttgart ; Augsburg. – 1846. – S. 2562–2564

Konstitutions-Urkunde der königlichen Akademie der Wissenschaften : München den 1. Mai 1807. – München, 1807

Krebber, Carolyn
Der Bau der Bayerischen Staatsbibliothek in München von Friedrich von Gärtner / Carolyn Krebber. – München, 1987. – (Schriften aus dem Institut für Kunstgeschichte der Universität München ; Band 15)
Die Verfasserin erläutert und beschreibt den Gärtnerschen Bau in seinem ursprünglichen Zustand vor seiner teilweisen Zerstörung im Zweiten Weltkrieg. Für die Medaillons über den Fenstern im Treppenhaus gibt sie allerdings die Namen der ursprünglichen Planung und nicht die der etwas abweichenden tatsächlichen Ausführung an.

Lama, Charles de
Bibliothèque des écrivains de la Congrégation de Saint-Maur, Ordre de Saint-Benoît en France / Par Charles de Lama. – Première èdition. – Munich ; Paris, 1872

Langenkamp, Anne
Philipp Hainhofers Münchner Reisebeschreibungen : eine kritische Ausgabe / vorgelegt von Anne Langenkamp aus Düsseldorf. – Berlin, 1990
Diese an der Technischen Universität in Berlin entstandene Dissertation enthält eine Ausgabe der vier Münchner Reisebeschreibungen Hainhofers mit einem ausführlichen Kommentar. Die Hofbibliothek kommt nur in der Reisebeschreibung aus dem Jahre 1611 vor.

Mann, Thomas
Briefe 1889–1936 / Thomas Mann. Herausgegeben von Erika Mann. – Stuttgart, 1961

Merian, Matthäus
Topographia Bavariae, das ist Beschreib[ung] und aigentliche Abbildung der vornembsten Stätt und Orth in Ober und NiederBeyern, der OberPfaltz, und andern zum Hochlöblichen Bayerischen Craiße gehörigen Landschafften / In Truck gegeben u[nd] verlegt durch Matthaeum Merian. – Frankfurt, 1644

Müller, Karl Alexander von
Aus Gärten der Vergangenheit : Erinnerungen 1882–1914 / Karl Alexander von Müller. – Stuttgart, 1951

Muffat, Karl August
Die königliche Hof- und Staats-Bibliothek in München
In: Bayerische Blätter für Geschichte, Statistik, Literatur und Kunst. – München. – 1832. – S. 74–77, 86–88, 189–192, 204–206, 212–215, 238–240, 244–246, 261–264
Verfasser dieser Geschichte der Bibliothek ist der (in der Vorlage nicht genannte) Reichsarchivkanzellist Karl August Muffat. Der Text sowie weitere Mitteilungen Muffats wurden von Johann Michael Söltl für den Beitrag über die »k. Hof- und Staatsbibliothek« in seinem im Jahre 1837 erschienenen Buch »München mit seinen Umgebungen« verwendet.

Die Darstellung Muffats bricht mit dem Jahre 1678 ab. Von der Zeitschrift »Bayerische Blätter für Geschichte ...« sind nur die Nummern 1 bis 35 im Jahre 1832 erschienen.

Die neue Bibliothek in München
In: Illustrirte Zeitung : Wöchentliche Nachrichten über alle Ereignisse, Zustände und Persönlichkeiten der Gegenwart, über Tagesgeschichte, öffentliches und gesellschaftliches Leben, Wissenschaft und Kunst, Musik, Theater und Moden. – Leipzig
Band 4, Monat Januar bis Juni 1845, No 87. – S. 136–100

Neue deutsche Biographie / herausgegeben von der Historischen Kommission bei der Bayerischen Akademie der Wissenschaften. – Berlin
Band 1 (1953) –

Nicolai, Friedrich
Beschreibung einer Reise durch Deutschland und die Schweiz im Jahre 1781 : Nebst Bemerkungen über Gelehrsamkeit, Industrie, Religion und Sitten / von Friedrich Nicolai. – Berlin und Stettin
Band 6 (1785)
Die Münchner Hofbibliothek wird auf den Seiten 616 bis 618 erwähnt.

Petzet, Erich
Friedrich Jacobs über die Münchener Staatsbibliothek vor 100 Jahren / mitgeteilt von Erich Petzet
In: Beilage zur Allgemeinen Zeitung. – München. – 1907, Nr. 225, S. 421–423

Reber, Franz
Bautechnischer Führer durch München : Festschrift zur Zweiten General-Versammlung des Verbandes Deutscher Architekten- und Ingenieur-Vereine / Redigirt von Franz Reber. – München, 1876

Reports from committees / British Museum. – London
Volume X. Session 4 February – 20 August 1836. – 1836

Roccatani, Georg Stanislaus de
Oratio quam recurrente die erectionis Academiae Scientiarum Boicae XXVIII. Martii MDCCLXXXX. habuit Georgius Stanislaus de Roccatani, Praepositus insignis Collegiatae ad S. Swibertum Caesarisinsulae, Bibliothecae Aulicae Praefectus, Academiae Boicae Scientiarum, nec non Academiae Antiquitatum et Bonarum Artium Hasso-Cassellanae Socius Ordinarius, quum praedicta bibliotheca iussu et auspiciis munificentissimi Principis ad publicum commodium aperta esset. – Monachium, [1790]

Romanus, Adrianus
Parvum theatrum urbium sive urbium praecipuarum totius orbis brevis et methodica descriptio / authore Adriano Romano. – Francofurti, 1606
Die Beschreibung Münchens befindet sich auf den Seiten 167 bis 172. Eine frühere Ausgabe erschien 1595.

Rottmann, Leopold
Ornamente aus den vorzüglichsten Bauwerken Münchens : In Farbendruck / Herausgegeben von Leopold Rottmann. – München, [1845/46]
Die Abbildungen Nr. 5 bis 8 sowie 13 und 24 vermitteln in der Art von Architekturzeichnungen einen hervorragenden Eindruck von der Bemalung des Treppenhauses und den Medaillons oberhalb der Fenster.

Rudomino, Margarita
Die Königliche Bibliothek zu München aus der Sicht eines russischen Bibliothekars des 19. Jahrhunderts
In: Bibliothekswelt und Kulturgeschichte : Eine internationale Festgabe für Joachim Wieder zum 65. Geburtstag dargebracht von seinen Freunden. – München, 1977. – S. 221–228

Schauss, Emil von
Historischer und beschreibender Catalog der Königlich Bayerischen Schatzkammer zu München / von Dr. Emil von Schauss, Schatzmeister des Königl. Hausschatzes, Obermünzmeister und Vorstand des Königl. Bayer. Hauptmünzamtes. – München, 1879
Auf den Seiten 133 bis 137 sind die beiden Bücher beschrieben, die nicht der Bibliothek übergeben, sondern bis heute in der Schatzkammer belassen wurden: »Ein geschriebenes Gebetbuch Officium B. M. V.« und »Das Gebetbuch Kaisers Karl des Kahlen«.

Schmeller, Johann Andreas
Ueber die K. Hof- und Staats-Bibliothek für Besucher derselben. – München, 1843

Schmeller, Johann Andreas
Allgemeine Auskunft über die K. Hof- und Staats-Bibliothek zu München. Für Besucher derselben. – Zweite vermehrte Auflage. – München, 1846
Auf dem Umschlag: Allgemeine Auskunft über die K. Hof- und Staats-Bibliothek zu München = Renseignements sur la Bibliothèque à Munich suivis d'un Précis en français

Schmeller, Johann Andreas
Allgemeine Auskunft über die K. Hof- und Staats-Bibliothek zu München. Für Besucher derselben. – Dritte Auflage. – München, 1851

Schmeller, Johann Andreas
Tagebücher : 1801 – 1852 / Johann Andreas Schmeller. Herausgegeben von Paul Ruf. – München. – (Schriftenreihe zur bayerischen Landesgeschichte ; ...)
Band 1 (1954). – (... ; 47)
Band 2 (1956). – (... ; 48)
Band 3 (1957). – (... ; 48a)

Schrettinger, Martin
Versuch eines vollständigen Lehrbuches der Bibliothek-Wissenschaft oder Anleitung zur vollkommenen Geschäftsführung eines Bibliothekärs / in wissenschäftlicher Form abgefasst von Martin Schrettinger, Kön. Baier. Hofbibliothek-Kustos. – München

Heft 1 (1808)
Heft 2 (1808)
Heft 3 (1810)
Heft 4 (1829) [= Band 2]

Schrettinger, Martin
Handbuch der Bibliothek-Wissenschaft, besonders zum Gebrauche der Nicht-Bibliothekare, welche ihre Privat-Büchersammlungen selbst einrichten wollen : Auch als Leitfaden zu Vorlesungen über die Bibliothek-Wissenschaft zu gebrauchen / Von M. Schrettinger, kön. bayer. Hofkaplan und Unterbibliothekar an der königl. Hof- und Staatsbibliothek. – Wien, 1834

Sobol'ščikov, Vasilij Ivanovič
Obzor bol'šich bibliotek evropy v načale 1859 g. [Übersetzt: Über die großen Bibliotheken Europas Anfang des Jahres 1859]
In: Žurnal Ministerstva narodnogo prosveščenija. – Sanktpeterburg. – 1859, Nr. 10 und 11

Söltl, Johann Michael
München mit seinen Umgebungen / historisch, topographisch, statistisch dargestellt von Soeltl. – München, 1837

Der Beitrag über die Hof- und Staatsbibliothek befindet sich auf den Seiten 254 bis 260.

Steigenberger, Gerhoh
Historisch-Literarischer Versuch von Entstehung und Aufnahme der kurfürstlichen Bibliothek in München / Abgelesen am Stiftungstage der hiesigen Akademie, den 28. März 1784, in dem Bibliotheksaale von Gerhoh Steigenberger, Reguliertem Chorherrn von Polling, kurfürstl. wirklichem geistlichen Rath, und Hofbibliothekar, der kurfürstl. Akademie der Wissenschaften frequentierendem Mitgliede. – München, [1784]

Mit dieser anläßlich einer öffentlichen Festversammlung der Akademie gehaltenen Rede über die Geschichte der Hofbibliothek wurde Steigenberger zu ihrem ersten Historiographen.

Vacchiery, Karl Albrecht von
Rede zum Andenken des Kurfürstl. Raths, Hofbibliothekärs, und akademischen Mitgliedes Andre Felix von Oefele : den 10. Hornung auf dem akademischen Saale öffentlich abgelesen / von Karl Albrecht Edeln von Vachiery, Kurfürstl. Revisionsrath, und der Zeit Direktor der historischen Klasse. – München, 1781

Verzeichniß einer Anzahl in der Königl. Hofbibliothek zu München befindlicher Doubletten, welche daselbst vom 6. Nov, d. J. an die Meistbietenden werden versteigert werden. – München
Abtheilung 1 (1820)

Dieser Auktionskatalog verzeichnet Drucke im Folio- und Quartformat, geordnet nach Fachgebieten, aber keine Inkunabeln.

Volk, Peter
Der ehemalige Hofbibliotheksaal von 1783/84 in München : Ein Beitrag zur Geschichte der Bayerischen Akademie der Wissenschaften / Peter Volk. – München, 1974. – (Sitzungsberichte / Bayerische Akademie der Wissenschaften, Philosphisch-Historische Klasse ; Jahrgang 1974, Heft 9)

Das Buch enthält Abbildungen von Fotos aus der Zeit vor dem ersten Weltkrieg, die den Hauptraum der Hofbibliothek, der auch der Festsaal der Akademie war, zeigen. Das Gebäude wurde im Jahre 1944 durch Bomben weitgehend zerstört.

Wening, Michael
Historico-Topographica Descriptio. Das ist: Beschreibung deß Churfürsten- und Herzogthumbs Ober- und Nidern Bayern ... so von Michael Wening, Churfürstl. Portier und Kupfferstecher, in loco delinirter ins Kupffer gegeben worden. – München
Erster Thail. 1701

Wilberforce, Edward
Ein Snob in München : Die erstaunlichen Beobachtungen des Mr. Edward Wilberforce in München / Übersetzt und kommentiert von Gerhart Wiesend. – München, 1990

Der Übersetzer hat den Text leicht gekürzt, so auch das Kapitel über »Die Königliche Bibliothek«. Die Anmerkungen sind sehr aufschlußreich und amüsant. Die Bemerkung über die Befestigungspunkte des Teppichs der Treppe ist allerdings nicht richtig; er schreibt nämlich: »Die imposante Treppe war bis zum Februar 1849 tatsächlich nur dem König und seinen Paladinen vorbehalten. Er schritt über einen roten Läufer, der über die Treppe zum Lesesaal führte. Heute noch sind die Befestigungspunkte für diesen Läufer zu sehen« (S. 260). Die erwähnten Befestigungspunkte stammen jedoch aus dem Jahre 1966, als die Fertigstellung des neuen Osttraktes gefeiert wurde. Für diesen Anlaß hatte man einen langen grünen Teppich über die Treppe gelegt. Die eine Hälfte dieses grünen Teppichs bedeckt noch heute den Gang im ersten Geschoß des Nordostflügels, in dem die Direktion der Bibliothek untergebracht ist.

Zapf, Georg Wilhelm
Vollständige Beschreibung der weltberühmten Churfürstlich-Baierischen Schatzkammer und derselben Kostbarkeiten in der Residenzstadt München. – Augsburg, 1778

Als Verfasser dieser Beschreibung wird (der in der Vorlage nicht genannte) Georg Wilhelm Zapf (1747 – 1810) überliefert.

Liste der Zimelien

1. Nach Zitiertiteln

In folgender Liste sind die in den historischen Texten erwähnten Zimelien (Handschriften und Drucke) unter ihren Zitiertiteln mit den heutigen Signaturen zusammengestellt. Soweit aufgrund einer zu allgemeinen Umschreibung eine Identifizierung nicht möglich war, steht anstelle der Signatur »Nicht ermittelt«. Auf heute nicht mehr vorhandene Zimelien wird entsprechend hingewiesen.

Äthiopisches Gebetbuch in Miniaturformat *Cod.aethiop. 15*
Albertus Bohemus *Clm 2574 b*
Altdeutscher Kalender *(Nicht ermittelt)*
Altes Testament, deutsch, von Berthold Furtmeyr illuminiert *Cgm 8010 a*
Altes Testament, lateinisch, in großem Format *Clm 3901*
Altes Testament, lateinisch, aus dem Jahre 1338, auf Papier *Clm 4161*
Altsächsische Evangelienharmonie *Cgm 25*
Altslawisches Psalterium *Cod.slav. 4*
Andachtsbücher *Clm 23637, 23638, 23639 und 23640*
Antiquités Etrusques, Grecques et Romaines, tirées du Cabinet de M. Hamilton. Neapel, 1766 *Res. 2° Arch. 127 s*
Apian, Philipp: Bairische Landtaflen *2° Bavar. 53*
Apian, Philipp: Erdglobus *Mapp. XXVI,1 h*
Apian, Philipp: Große Landkarte *(Im Jahre 1782 vernichtet)*
Arabische Ziffern (in einer Sammelhandschrift) *Clm 14733*
Arboreus, Heinrich: Himmelsglobus *Mapp. I,5 ux*
Arias Montanus: Biblia polyglotta. Antwerpen, Plantin, 1569 – 1572 *Rar. 2105*
Armenisches Evangeliar *Cod.armen. 1*
Audebert, J. P., et L. P. Veillot: Histoire naturelle et générale des Colibris. Paris, 1802 *Rar. 323*
Augustinus: Homilien *Clm 6298*
Augustinus: Sermo de symbolo *Clm 14098*
Augustinus: Tractatus in epistolam Sancti Joannis *Clm 14437*
Auserlesene Schneckenmuscheln. Kopenhagen, 1758 *2° Zool. 131 und 132 (Im 2. Weltkrieg verbrannt)*
Babylonischer Talmud *Cod.hebr. 95*
Bayerisches Landrecht *Cgm 15 und Cgm 35*
Bibel, deutsch. Straßburg, J. Mentelin, 1466 *Rar. 285*
Bibel, deutsch. Wittenberg, H. Lufft, 1560/61 *2° L.impr.membr. 21*
Bibel, lateinisch. Mainz, J. Fust und P. Schöffer, 1462 *2° L.impr.membr. 11*
Bibel, lateinisch. Rom, Typographia Vaticana, 1592 *2° B.lat. 125*
Biblia complutensis. Alcalá, A. G. de Brocar, 1514 – 1517 *2° B.polygl. 3 a (Im 2. Weltkrieg verbrannt)*
Biblia pauperum. Nürnberg, H. Sporer, 1471 *Xyl. 25*
Biblia polyglotta von Arias Montanus. Antwerpen, Plantin, 1569 – 1572 *Rar. 2105*
Birkenrinden-Handschrift *(Nicht ermittelt)*
Boccaccio, Giovanni: Des cas des nobles hommes et femmes *Cod.gall. 6*
Braminische Handschrift *Cod.panj. 2*
Breviarium Alarici *Clm 22501*
Breviarium Romanum. Paris, 1588 *2° Liturg. 53*
Bücheranzeige Peter Schöffers. Mainz, 1469/1470 *Einbl. VIII,1 m*
Burcardus, Johannes: Diaria ceremoniarum Curiae Romanae *Clm 132* – 145
Bußpsalmen von Orlando di Lasso *Mus.Ms. A*
Calderon: Theaterstücke *Cod.hisp. 29*

Catena von Nicola Muzano *Cod.graec. 14*
Chronicon ecclesiae Augustensis *(Nicht ermittelt)*
Chronik von Hirsau *Clm 703 und 704*
Chronique des Princes de Clèves *Cod.gall. 19*
Chrysostomus, Johannes: Werke *Cod.graec. 352–356*
Cicero: De officiis. Mainz, J. Fust, 1465 *4° L.impr.membr. 2*
Codex Alarici *Clm 22501*
Codex aureus von St. Emmeram *Clm 14000*
Codex purpureus *Clm 23631*
Codex Theodosianus *Clm 22501*
Codex traditionum ecclesiae Ravennatensis *Clm 44*
Codex Valerianus *Clm 6224*
Cranach, Lucas: Randzeichnungen für das Gebetbuch Kaiser Maximilians I. *2° L.impr.membr. 64*
Cyprianus: Briefe *Clm 208*
Cyrillus: Griechisches Wörterbuch *Cod.graec. 230 und 298*
Dante, Alighieri: La Commedia. Florenz, N. Laurentii, 1481 *Rar. 290*
De legationibus variarum gentium ad Romanos ex diversis historicis *(Nicht ermittelt)*
Delaune, Jean: Christi historia *(Nicht mehr nachweisbar)*
Delle antichità di Ercolano. Neapel, 1757–1771 *Res. 2°* Arch. 3 q
Demosthenes: Reden *Cod.graec. 485*
Description de l'Egypte ou Recueil des observations et des recherche qui ont été faites en Egypte pendant l'expédition de l'armée française. Paris, 1808–1828 *Res. 2° H.afr. 40*
Deutsche Bibel. Straßburg, J. Mentelin, 1466 *Rar. 285*
Diaria ceremoniarum Curiae Romanae *Clm 132–145*
Didymus von Alexandrien *Cod.graec. 165*
Dietrich von Mainz: Schrift wider Adolph von Nassau. 1462 *Einbl.VI,24*
Dioskurides *Clm 337*
Dürer, Albrecht: Randzeichnungen für das Gebetbuch Kaiser Maximilians I. *2° L.impr.membr. 64*
Durandus: Rationale divinorum officiorum, auf Pergament. Mainz, J. Fust und P. Schäffer, 1459 *2° L.impr.membr. 13 (Im Jahre 1853 verkauft)*
Ehrenspiegel des Hauses Österreich *Cgm 895 und 896*
Elfenbein-Einband eines Evangelistars *Clm 23630*
Elogium der Margarete von Österreich *Clm 23568*
Erdglobus von Philipp Apian *Mapp. XXVI,1 h*
Eustathius *Cod.graec. 96*
Evangeliar auf Purpurpergament *Clm 23631*
Evangeliar des heiligen Korbinian *Clm 6224*
Evangeliar mit Goldbuchstaben *Clm 14000*
Evangeliarien aus dem Bamberger Domschatz *Clm 4451 und 4454*
Evangeliarien, von Heinrich II. dem Bamberger Dom geschenkt *Clm 4452, 4453 und 4454*
Evangelien, griechisch, in Unzialschrift *Cod.graec. 329*
Evangelien, lateinisch, in Unzialschrift *Clm 6224*
Evangelien, ungarisch *Cod.hung. 1*
Evangelienbuch aus St. Emmeram *Clm 14000*
Evangeliar Ottos III. *Clm 4453*
Evangelistar aus Niedermünster in Regensburg *Clm 13601*
Faber, Felix: Descriptio Sueviae *Clm 462*
Firdausi: Schahname *Cod.pers. 8*
Flämischer Kalender *Clm 23638*
Francolino, Gratiano de: Medizinbuch *Cod.ital. 147*
Freisinger Pater noster *Clm 6330*

2. Nach Signaturen

Die Zahlen verweisen auf die Seiten, auf denen die betreffenden Stücke erwähnt werden.

Register